T0259758

Elektronik für Entscheider

Marco Winzker

Elektronik für Entscheider

Grundwissen für Wirtschaft und Technik

3. aktualisierte Auflage

Mit Aufgaben und Lösungen sowie Anwendungsbeispielen

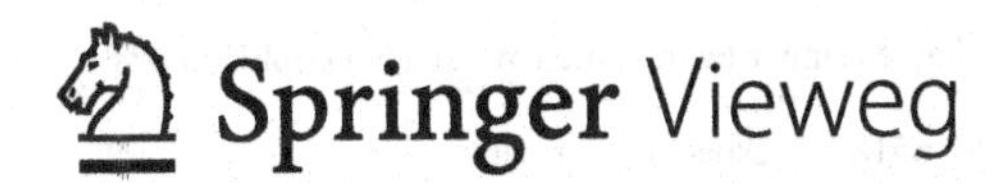

Marco Winzker
Hochschule Bonn-Rhein-Sieg
Sankt Augustin, Deutschland

ISBN 978-3-658-40090-3 ISBN 978-3-658-40091-0 (eBook)
https://doi.org/10.1007/978-3-658-40091-0

Die Deutsche Nationalbibliothek verzeichnet diese Publikation in der Deutschen Nationalbibliografie; detaillierte bibliografische Daten sind im Internet über http://dnb.d-nb.de abrufbar.

Planung/Lektorat: Reinhard Dapper
Springer Vieweg ist ein Imprint der eingetragenen Gesellschaft Springer Fachmedien Wiesbaden GmbH und ist ein Teil von Springer Nature.
Die Anschrift der Gesellschaft ist: Abraham-Lincoln-Str. 46, 65189 Wiesbaden, Germany

Vorwort zur dritten Auflage

Für die zweite und dritte Auflage wurden alle technischen Angaben und die Referenzen aktualisiert und die Anwendungsbeispiele auf den neuesten Stand gebracht, sodass weiterhin der Bezug zu aktuellen technischen Einsatzfeldern deutlich wird.

Für die dritte Auflage wurde der Abschnitt „Elektronik in der Energietechnik“ aufgenommen, um die Bedeutung dieses Technikfeldes zu berücksichtigen.

Bad Honnef
im März 2023

Marco Winzker

Vorwort

Bei der Entwicklung, Produktion und Vermarktung elektronischer Güter arbeiten Personen aus verschiedenen Fachgebieten interdisziplinär zusammen, um Produkte zum richtigen Preis, mit den richtigen Eigenschaften und zum richtigen Zeitpunkt anbieten zu können. Jedoch können Kosten, Qualität und Entwicklungszeit eines Produktes nicht unabhängig voneinander optimiert werden. Also müssen die Verantwortlichen eines Projektes miteinander über Projektziele kommunizieren können.

Darum vermitteln Hochschulen in den Ingenieurstudiengängen in deutlichem Umfang nichttechnische Themen, wie Betriebswirtschaftslehre, Projektmanagement und Recht. Ingenieure können so die Sichtweise von „Nicht-Technikern" verstehen und ihnen technische Zusammenhänge besser vermitteln.

Dieses Buch soll der „anderen Seite", den Managern, Betriebswirten, Juristen, PR-Fachleuten und Journalisten, aber auch Ingenieuren aus anderen Fachgebieten, die Möglichkeit geben, sich ein Stück auf das Gebiet der Elektronik zu begeben, um sowohl Aufgaben als auch Sprache und Denkweise der Ingenieure verstehen zu können. Ziel ist es dabei nicht, dass Sie nach dem Lesen dieses Buches eine elektronische Schaltung entwickeln können. Im Vordergrund steht vielmehr ein generelles Verständnis für die Zusammenhänge und Grundbegriffe der Elektronik.

Grundlage für Kommunikation ist eine gemeinsame Sprache, darum werden die wesentlichen Fachausdrücke eingeführt und erläutert. Formeln hingegen brauchen Sie nicht zu lernen. An den wenigen Stellen, an denen dann doch eine Formel auftaucht, steht sie zusätzlich zu einem im Text erläuterten Zusammenhang und dient als Brücke zu einer ingenieurmäßigen Darstellung.

Ein Wort zum Aufbau. Ich würde mich natürlich freuen, wenn Sie dieses Buch so spannend finden, dass Sie es ohne innezuhalten von vorne bis hinten lesen. Ich freue mich aber genauso, wenn Sie sich genau die Informationen heraussuchen, die Sie für Ihre spezielle Fragestellung benötigen. Und hier hat sicher der PR-Leiter eines IT-Dienstleisters andere Schwerpunkte als die Juristin mit einem Mandanten aus der Elektronikfertigung.

Die einzelnen Kapitel können darum relativ unabhängig voneinander gelesen werden. Bezüge zwischen den Kapiteln werden hergestellt; es ist Ihnen aber freigestellt, diesen

Verbindungen zu folgen. Für Ihre Auswahl und Übersicht sorgen Lernziele am Anfang der Kapitel sowie eine Zusammenfassung der wichtigsten Aussagen am Kapitelende.

Die zum Verständnis notwendigen allgemeinen Informationen über Elektrizität und elektronische Bauelemente werden im Abschnitt „Grundwissen" erläutert. Diesen Abschnitt sollten Sie sich auf jeden Fall ansehen, wobei Ihnen, je nach Vorwissen, diese Informationen möglicherweise schon bekannt sind.

Im Anhang des Buches finden Sie Wiederholungs- und Transferfragen zu den Kapiteln. Außerdem sind dort zur Vertiefung und als weiterer Praxisbezug mehrere ausführliche Anwendungsbeispiele für elektronische Schaltungen enthalten.

Das vorliegende Buch entstand aus der Vorlesung „Elektronik für Technikjournalisten" an der Fachhochschule Bonn-Rhein-Sieg. Den Studentinnen und Studenten danke ich für ihre Fragen und skeptischen Blicke an den Stellen, an denen ich Sachverhalte noch besser erklären musste.

Für vielfältige Anregungen zu Inhalt und Form geht mein Dank an Fachleute aus Industrie und Hochschule, von denen ich hier insbesondere Prof. Dr.-Ing. Klaus Grüger, Prof. Dr. Irene Rothe, Dr.-Ing. Mirjam Schönfeld und Dipl.-Ing. Andrea Schwandt nennen möchte. Für die Bereitstellung von aktuellem Bildmaterial danke ich den jeweils angegebenen Firmen. Besonders erwähnt sei die Firma Freescale für die umfangreichen, im Anhang zitierten Unterlagen.

Mein größter Dank geht an meine Eltern und meine Frau für ihre stete Unterstützung, weit über die Erstellung dieses Buches hinaus.

Königswinter
im November 2007

Marco Winzker

Inhaltsverzeichnis

Abbildungsverzeichnis

Tabellenverzeichnis

Teil I
Einleitung

Bedeutung der Elektronik

1

In diesem Kapitel lernen Sie,

- wie sich die Elektronik über die letzten Jahrhunderte und Jahrzehnte entwickelt hat,
- warum die Elektronik so wichtig ist, dass Sie dieses Buch weiter lesen sollten.

1.1 Kurze geschichtliche Einordnung

Antike

Kenntnisse über Elektrizität waren bereits in vorchristlicher Zeit vorhanden. Im antiken Griechenland war bekannt, dass Bernstein nach dem Reiben kleine Gegenstände anziehen kann. Grund hierfür ist eine elektrische Aufladung. Das altgriechische Wort für Bernstein „elektron" bildet daher den Wortstamm für die Elektronik.

Aufklärung

Im Zeitalter der Aufklärung, also ab dem 17. Jahrhundert, untersuchten Forscher in ganz Europa das Wesen der Elektrizität. Das Prinzip der Ladungserzeugung durch Reibung wurde zu Ladungsgeneratoren weiterentwickelt. Die ersten Kondensatoren, die Leidener Flaschen, erlaubten diese Ladung zu speichern. Mit Ladungsgeneratoren konnte jedoch nur eine geringe Menge Ladung erzeugt werden. Für weitere Versuche war eine konstante Quelle für elektrischen Strom erforderlich. Diese wurde schließlich in den ersten Batterien gefunden, bei denen durch eine chemische Reaktion Spannung entsteht.

Die Wirkung des Stroms war Gegenstand weiterer Experimente. Es wurde erkannt, dass fließender Strom eine Magnetnadel auslenken kann. Dies ist der sogenannte elektromagnetische Effekt, auf dem zum Beispiel Elektromotoren basieren. Umgekehrt kann Bewegungsenergie in elektrische Energie gewandelt werden, was am Fahrraddynamo alltäglich

M. Winzker, *Elektronik für Entscheider*,
https://doi.org/10.1007/978-3-658-40091-0_1

beobachtet werden kann. Diese Forschungen dienten zunächst dem Erkenntnisgewinn und bildeten das Wissen über das Phänomen Elektrizität. Zu den bedeutendsten Forschern zählen, neben vielen anderen, Leibniz, Volta, Ampere, Ørsted und Maxwell.

Industrielle Nutzung
Neben der weiteren Erforschung der Grundlagen begann in der zweiten Hälfte des 19. Jahrhunderts die wirtschaftliche Nutzung der Elektrizität. Sie hat entscheidend zu der heutigen Bedeutung der Elektrizität geführt. Als wichtige Persönlichkeiten können hier Siemens und Edison stellvertretend für andere genannt werden.

Die Nutzung der Elektrizität erfolgt damals wie heute für zwei Hauptanwendungen:

- Die Übertragung von Energie.
- Die Übertragung von Informationen.

Ein Schalten und Verstärken der elektrischen Ströme und Spannungen erfolgte zunächst mechanisch und elektromechanisch. Mechanische Schalter sind auch heute noch im Einsatz, zum Beispiel als Lichtschalter, ebenso elektromechanische *Relais,* bei denen ein Elektromagnet den Schalter bewegt.

20. Jahrhundert
Anfang des 20. Jahrhunderts wurde die *Elektronenröhre* entwickelt, die nicht nur ein Ein- und Ausschalten erlaubt, sondern auch ein stufenloses Verstärken von Signalen ermöglicht. Diese Fähigkeit zur Verstärkung bildet die Grundlage zu dem Teilgebiet der Elektrotechnik, welches als *Elektronik* bezeichnet wird.

Werden Ströme hingegen mechanisch ein- und ausgeschaltet, spricht man im Gegensatz zur Elektronik von *Elektrik.* Der Begriff *Elektrotechnik* umfasst die gesamte technische Nutzung der Elektrizität.

Die Erfindung des *Transistors* im Jahre 1947 war ein weiterer Meilenstein in der Geschichte der Elektronik. Transistoren können, wie Elektronenröhren, Signale verstärken, sind aber wesentlich preisgünstiger und kompakter. Transistoren haben deshalb die Elektronenröhre mittlerweile fast vollständig abgelöst Abb. 1.1.

Weiterhin können mehrere Transistoren zu einem Baustein zusammengefasst werden. Eine solche *integrierte Schaltung* entstand erstmals 1958 und umfasste einige wenige Bauelemente. Die Erfinder des Transistors Shockley, Bardeen und Brattain wurden 1956 durch den Nobelpreis geehrt, ebenso Kilby im Jahre 2000 als Erfinder der integrierten Schaltung.

Heute
Kennzeichnend für die Entwicklung der Elektronik in den letzten Jahrzehnten bis zum heutigen Tage ist eine kontinuierliche Steigerung der *Integration.* Das heißt, immer mehr Transistoren können auf immer kleinerem Raum untergebracht werden. In einer integrierten

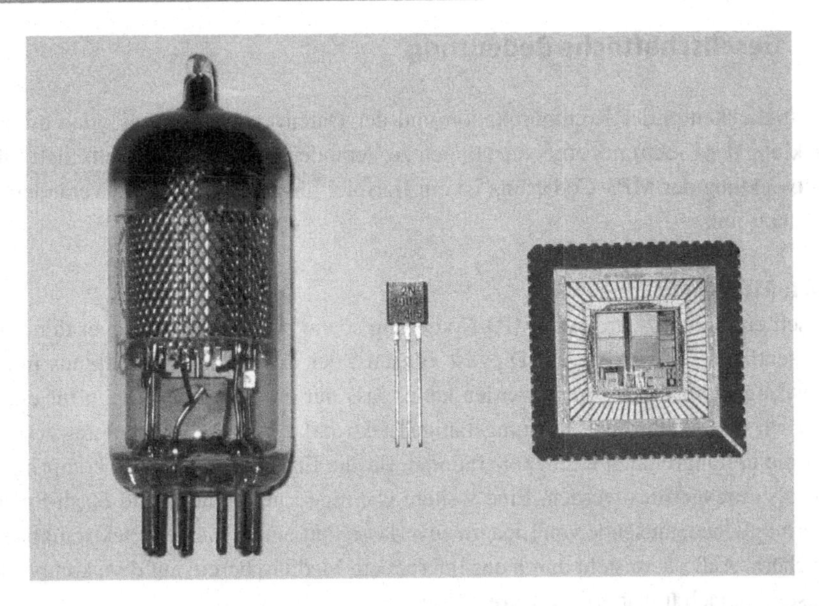

Abb. 1.1 Elektronenröhre, Transistor, integrierte Schaltung – Entwicklungsschritte der Elektronik im 20. Jahrhundert

Schaltung, zum Beispiel einem Computer-Prozessor, finden heute bis zu fünfzig Milliarden Transistoren Platz.

Ermöglicht wurde diese Entwicklung durch kleine wie große Verbesserungen und Ideen aus Physik, Chemie und Ingenieurwissenschaft. Ein Ende dieser kontinuierlichen Leistungssteigerung wird für die nahe Zukunft nicht erwartet.

Zukunft der Elektronik

Auch für das 21. Jahrhundert zeigt sich eine weitere Fortentwicklung der Elektronik. Absehbar ist eine weiter steigende Integration, insbesondere durch noch kleinere Bauelemente der Nanoelektronik.

Die Mikro- und Nanotechnik gilt als Hauptimpulsgeber für Innovationen [10]. Insbesondere die in Deutschland starken Branchen Maschinenbau und Automobiltechnik werden ihre Produkte durch den Einsatz elektronischer Komponenten aufwerten können und müssen. Außerdem entstehen innovative Anwendungen, wie die Kombination von Elektronik und Sensoren zu einem kleinen Labor auf einem Chip, geeignet für Umwelt- und Medizintechnik.

1.2 Gesellschaftliche Bedeutung

Neue Möglichkeiten der Kommunikation und der Datenverarbeitung, die sich durch die Entwicklung der Elektronik ergeben, können zu Veränderungen in der Gesellschaft führen. Die Entwicklung der MP3-Codierung ist ein Beispiel für gesellschaftliche Veränderungen durch Elektronik.

Beispiel: MP3-Codierung
Technisch ermöglicht wurde die MP3-Codierung sowie portable MP3-Player durch mehrere wesentliche Entwicklungen. Dies ist zunächst der eigentliche Algorithmus mit dem ein Musiksignal so komprimiert werden kann, dass nur einige MByte Daten für ein Lied erforderlich sind. Weiterhin ist leistungsfähige Elektronik zur Signalverarbeitung verfügbar, mit der die umfangreichen Rechenoperationen für die Entschlüsselung des komprimierten Tonsignals durchgeführt werden. Eine weitere wichtige Entwicklung sind Flash-Speicher, die es ermöglichen, tausende von Liedern zuverlässig auf einem kleinen Elektronikbaustein zu speichern. Außerdem steht durch das Internet ein Medium bereit, auf dem komprimierte Musik sehr einfach transportiert werden kann.

Mit der Tauschbörse Napster entwickelte sich ein Forum zum Austausch von Musik, bei dem allerdings die Künstler und die Musikindustrie übergangen und um Ihren Verdienst gebracht wurden. Dies rief Protest hervor und führte in vielen Ländern zu verschärften Gesetzen und neuen Regelungen zum Urheberrecht.

Mittlerweile wird Musik kaum noch auf CD, sondern mehr als Download verkauft oder über Streaming gemietet. Während man früher ganze Alben von Künstlern kaufte, ist es heute einfacher sich einzelne Lieder herauszupicken oder bestimmte Musikgenres zu abonnieren. Als weitere Entwicklung ist mit Podcasting eine neue Form der Kommunikation entstanden.

Beispiel: Elektronische Überwachung
Hohe Rechenleistung und Datenkommunikation über das Internet bieten auch für die Überwachung neue Möglichkeiten. Überwachungskameras sind seit längerem an vielen öffentlichen Plätzen zu finden Abb. 1.2, aber noch immer wird über ihren Einsatz debattiert. In welchem Maße können sie Straftaten verhindern oder zumindest bei deren Aufklärung helfen? Werden unbeteiligte Bürger in ihrer Freiheit unzulässig eingeschränkt?

Für diese Diskussion sollte auch die zukünftige Entwicklung der Technik bedacht werden. Durch die Weiterentwicklung der Elektronik wird es zukünftig möglich sein, dass Kameras individuelle Personen identifizieren, mit Fahndungsfotos vergleichen oder über mehrere Kamerastandorte hinweg verfolgen. Durch Bewegungs- und Verhaltenserkennung können vermeintlich verdächtige Aktivitäten identifiziert werden. Eine Diskussion über elektronische Überwachung sollte auch solche zukünftigen Szenarien rechtzeitig gesellschaftlich hinterfragen.

Abb. 1.2 Überwachungskamera – Vereitelung von Straftaten oder Verlust der Privatsphäre?

Elektronik verändert die Welt
Es lassen sich viele weitere Beispiele finden, bei denen Fortschritte in der Elektronik zu kleineren oder größeren gesellschaftlichen Veränderungen führen. Autonom fahrende Kraftfahrzeuge können die Verkehrssicherheit erhöhen, legen aber auch große Verantwortung in die Hände einer Maschine und den Menschen, die diese entwickeln.

Elektronik verändert die Welt. Und zwar in einem Tempo, dass die Veränderungen von jedem erlebt und erfahren werden können. Dies ist zum einen spannend zu beobachten und mitzuverfolgen. Zum anderen sollte sich jeder mündige Bürger aber auch informieren und eine Meinung bilden, welche Veränderung wir wünschen und welche nicht.

1.3 Wirtschaftliche Bedeutung

Neben der gesellschaftlichen Bedeutung hat Elektronik auch eine hohe wirtschaftliche Bedeutung.

Anteil an Wertschöpfung, Exporten und Patenten
Die deutsche Elektro- und Digitalindustrie erzeugt laut ZVEI (Zentralverband Elektrotechnik- und Elektronikindustrie) ein Zehntel der dt. Industrieproduktion, welches etwa 3 % des Bruttoinlandsprodukts beträgt. Diese Wertschöpfung erfolgt vor allem im Bereichen Industriegüter, wie Automation, Energietechnik, Medizintechnik. Weitere Produkte sind Halbleiter und Gebrauchsgüter, wie Elektrohausgeräte und Unterhaltungselektronik. Die Produkte haben eine hohe Innovationskraft; 3 von 4 Unternehmen geben regelmäßige

Produkt- oder Prozessinnovationen an und es erfolgen 13.500 Patentanmeldungen pro Jahr. (Daten für das Jahr 2020 nach [10].)

Die Elektronik ist somit eine *Schlüsseltechnologie,* wird also in Geräte eingebaut und wertet diese Produkte auf oder macht sie erst möglich. Die Wirkung der Elektronik geht somit über die unmittelbaren Elektronikgeräte hinaus. In vielen Produkten finden sich elektronische Steuerungen, die mechanische Funktionen abgelöst haben. Diese Ablösung kann durch mehrere Gründe veranlasst sein. Meist gehören dazu geringere Kosten, höhere Zuverlässigkeit und mehr Flexibilität. Diese Entwicklung kann man sich am Beispiel einer Waschmaschine verdeutlichen.

Beispiel: Elektronik zur Steuerung von Waschmaschinen
Vor 50 Jahren hatten viele Waschmaschinen eine einfache mechanische Steuerung. Ein Drehschalter wurde, abhängig vom gewünschten Programm, auf einen Startpunkt gedreht und lief dann durch einen kleinen Antrieb bis zu einer Endstellung. Durch diese Steuerung waren jedoch nur wenige Programme möglich.

Elektronische Steuerungen ermöglichen deutlich mehr Programme und sparen dadurch Energie, beispielsweise indem bei nur leicht verschmutzter Wäsche ein Waschgang gespart wird. Außerdem sind elektronische Steuerungen zuverlässiger, da sich keine mechanischen Teile abnutzen können.

Hochwertige Waschmaschinen können durch eine grafische LCD-Anzeige und Touch-Steuerung aufgewertet werden und bieten durch eine Zeitschaltuhr und die Anzeige der verbleibenden Waschzeit mehr Komfort in der Anwendung. Die Kosten für LCD-Anzeige und Elektronik sind nur wenige Euro, aber das Produkt kann mit einem deutlich höheren Preisaufschlag verkauft werden.

Beispiel: Elektronik im Automobil
Der Anteil der Elektronik im Automobil hat in den letzten Jahren kontinuierlich zugenommen. Dies beginnt beim Motor, der durch eine elektronische Steuerung den Benzinverbrauch und die Umweltbelastung reduziert. Für die Sicherheit sorgen Airbag, Antiblockiersystem (ABS) und elektronisches Stabilitätsprogramm (ESP). Zentralverriegelung und automatische Sitzverstellung bedeuten erhöhten Komfort. Zur Unterhaltung und zur Kommunikation dienen Radio, CD-Spieler und Smartphone.

Am Beispiel Automobilelektronik zeigt sich auch die Bedeutung der Elektronik für die Wettbewerbsfähigkeit. Abhängig von der Fahrzeugklasse ist ein Fahrzeug ohne bestimmte elektronische Ausstattung nicht konkurrenzfähig. Selbst für Kleinwagen ist mittlerweile ABS und Zentralverriegelung eine Standardausrüstung. Bei einem Wagen der Oberklasse wird unter anderem Antriebs-Schlupf-Regelung (ASR), elektronischer Bremsassistent und Einparkhilfe erwartet Abb. 1.3.

Erwähnt werden müssen jedoch auch die Nachteile eines erhöhten Elektronikanteils im Automobil. Ein steigender Anteil an Störungen war zwischenzeitlich auf die Elektronik

Abb. 1.3 Eine elektronische Steuerung verbessert das Fahrverhalten in Kurven. (Foto: Bosch)

zurückzuführen. Darum wurde in letzter Zeit besonders auf erhöhte Zuverlässigkeit Wert gelegt.

Auch in Zukunft wird der Anteil der Elektronik im Automobil weiter steigen, da Umweltanforderungen, Sicherheitsauflagen und erhöhter Komfort oft nur durch leistungsfähige Elektronik zu erfüllen sind.

Zukunftsfeld: Internet der Dinge

Das Zukunftsfeld *Internet der Dinge* („Internet of Things") bietet Potenziale für den Standort Deutschland [11]. Dabei vernetzen sich Geräte selbstständig untereinander. Hierfür werden unter anderem Technologien wie Mobilfunk, berührungslose Objekterkennung mit RFID („Radio-Frequency Identification"), eingebettete Systeme und verlustleistungsarme Elektronik genutzt.

In der industriellen Fertigung erfolgt unter dem Stichwort „Industrie 4.0" bereits eine Vernetzung zwischen einzelnen Maschinen. Damit ist eine stärkere Individualisierung bei der Produktion möglich. Ebenfalls können Maschinen sich selbst überwachen und bei benötigter Wartung den Service informieren.

Im Consumerbereich wurde die Vision, dass der Kühlschrank selbstständig Milch bestellt, teilweise belächelt. Auch eine „elektronische Taste", mit der Verbrauchsmaterial einfach bestellt wird, konnte sich nicht durchsetzen. Dafür sind mittlerweile sprachgesteuerte Assistenten verfügbar, um Einkäufe zu tätigen, aber auch zur Steuerung von Musik und Heizung. Auch eine Anbindung an mobile Geräte ist möglich, so dass die Türsprechanlage mit Kamera aus der Ferne verfügbar ist. Manche Anwendungen werden momentan noch durch eine begrenzte Anzahl an Enthusiasten genutzt, bieten aber Potential für breite Nutzung.

Bestehende und zukünftige Anwendungen der Elektronik sind somit Grundlage für die Konkurrenzfähigkeit unserer Wirtschaft. Das Verständnis für Elektronik und ihren Einsatz eröffnet Marktchancen für Unternehmen und die Menschen, die in ihnen arbeiten; seien es Ingenieure oder Nichtingenieure.

Zusammenfassung

Elektronik ist ein Teilgebiet der Elektrotechnik. Sie befasst sich mit dem Schalten und Verstärken elektrischer Signale.

Elektronische Systeme sind durch kontinuierliche Verbesserungen immer leistungsfähiger geworden. Diese Leistungssteigerung wird auch für die nahe Zukunft anhalten.

Die zunehmenden Fähigkeiten der Elektronik haben sowohl gesellschaftliche als auch wirtschaftliche Bedeutung.

Teil II
Grundwissen

Elektrische Ladung, Strom, Spannung 2

In diesem Kapitel lernen Sie,

- ein Grundverständnis der Elektrizität zur Beschäftigung mit Elektronik,
- welche physikalischen Grundgrößen in der Elektronik verwendet werden und wie sie voneinander abhängen,
- die verwendeten Einheiten.

2.1 Elektrische Ladung

Ursprung

Elektrische Ladung ist ein physikalisches Naturphänomen der Materie. Materie, also alle Stoffe um uns herum, sind aus winzigen *Atomen* aufgebaut. Die Atome wiederum bestehen aus *Protonen, Neutronen* und *Elektronen.* Protonen haben eine positive elektrische Ladung, Elektronen haben eine negative Ladung, Neutronen sind elektrisch neutral. Die Elektronen sind wesentlich kleiner als Protonen und Neutronen und können sich daher leichter bewegen.

Die elektrische Ladung kann also positiv oder negativ sein. Normalerweise sind in einem Körper gleich viele Protonen wie Elektronen enthalten und der Körper ist elektrisch neutral. Durch Reiben zweier Stoffe kann dieses Gleichgewicht verändert werden, wodurch ein Körper elektrisch geladen wird. Dies passiert beim Reiben von Bernstein, kann aber auch im Alltag auftreten, zum Beispiel wenn man mit Gummisohlen über einen Teppich geht. Dadurch wird eine Person elektrisch geladen und die Ladung entlädt sich dann spürbar beim Berühren eines geerdeten Metallteils, zum Beispiel einer Türklinke.

M. Winzker, *Elektronik für Entscheider*,
https://doi.org/10.1007/978-3-658-40091-0_2

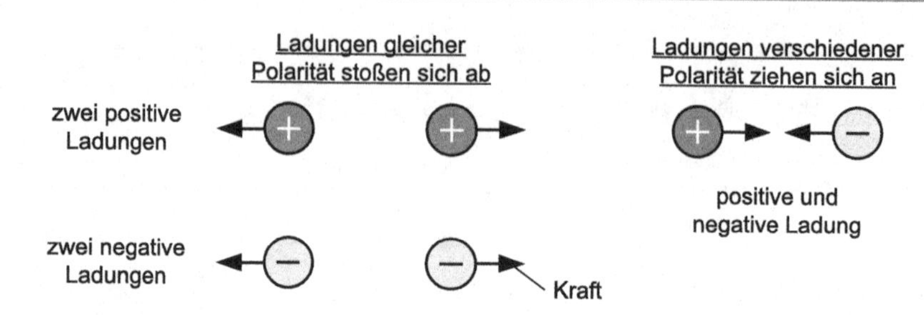

Abb. 2.1 Anziehung und Abstoßung elektrischer Ladungen

Kraftwirkung
Ladungen üben Kräfte aufeinander aus, vergleichbar der Schwerkraft. Anders als bei der Schwerkraft sind jedoch bei der elektrischen Ladung nicht nur Anziehungskräfte sondern auch Abstoßungskräfte möglich.

Die Richtung der Kraftwirkung hängt von der *Polarität* ab. Ladungen gleicher Polarität, also zwei positive oder zwei negative Ladungen stoßen sich voneinander ab. Ladungen unterschiedlicher Polarität, also eine positive und eine negative Ladung ziehen sich gegenseitig an (Abb. 2.1).

In einem elektrisch neutralen Stoff befinden sich gleich viele positive wie negative Ladungen. Dadurch heben sich insgesamt die Anziehungskräfte und Abstoßungskräfte auf. Lediglich, wenn in einem bestimmten Bereich mehr positive oder negative Ladungen vorhanden sind, tritt eine Wirkung nach außen auf.

Formelzeichen und Einheit
Als Formelzeichen für die Ladung wird in der Elektrotechnik der Buchstabe Q verwendet. Die Einheit der Ladung ist Coulomb, abgekürzt C.

2.2 Strom und Spannung

Taschenlampe als einfacher Stromkreis
Zur Erläuterung von Strom und Spannung soll der in Abb. 2.2 dargestellte einfache *Stromkreis* dienen. In einer Taschenlampe ist eine Glühlampe über Leitungen und einen Schalter an zwei Batterien angeschlossen und leuchtet.

Die Batterie übt eine Kraft auf die Ladungsträger aus und treibt sie an. Während die größeren Protonen sich im Leitungsdraht nicht bewegen können, fließen die kleineren Elektronen fast ungehindert. Sie bewegen sich von einem Pol der Batterie zur Glühlampe und wieder zurück zum anderen Pol der Batterie. Da in der Glühlampe die Elektronen durch einen sehr dünnen Draht geführt werden, erwärmt sich der Draht durch die Bewegung, glüht und sendet Licht aus.

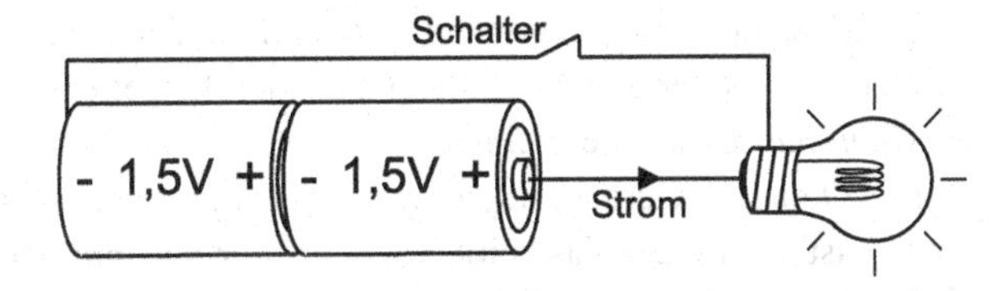

Abb. 2.2 Prinzipielle Schaltung einer Taschenlampe

Strom – Bewegung von Elektronen

Die Bewegung von Elektronen wird als *Strom* bezeichnet. Je mehr Elektronen sich durch eine Leitung bewegen und je schneller sie sind, umso höher ist der Strom.

Als Formelzeichen für den Strom wird der Buchstabe I verwendet. Die Einheit des Stroms ist Ampere, abgekürzt A.

Spannung – Ursache der Bewegung

Die Ursache der Elektronenbewegung wird als *Spannung* bezeichnet. Eine Spannungsquelle hat zwei Anschlüsse, genannt Pole und zieht Elektronen von einem Pol zu dem anderen.

Die Spannung, also die Kraft auf den Strom, entsteht in einer Batterie durch eine chemische Reaktion. Spannung kann aber auch durch andere Effekte hervorgerufen werden, zum Beispiel durch Sonneneinstrahlung auf eine Solarzelle oder durch die Drehbewegung der Achse eines Generators.

Als Formelzeichen für die Spannung wird der Buchstabe U verwendet. Die Einheit der Spannung ist Volt, abgekürzt V.

2.3 Zusammenhang von Strom und Spannung

Elektrischer Widerstand

Wenn Strom durch einen elektrischen Leiter fließt, werden die Elektronen in ihrer Bewegung abgebremst. Dies kann man sich anschaulich wie eine Abbremsung durch Luftwiderstand vorstellen, etwa beim Fahrrad oder Auto. Die Abbremsung des Stroms wird als *elektrischer Widerstand* bezeichnet. Die Metallleitung in der Taschenlampe leitet Strom sehr gut und hat einen geringen elektrischen Widerstand. Die Glühlampe bremst den Strom ab und hat einen höheren elektrischen Widerstand.

Der elektrische Widerstand bestimmt, wie viel Strom in einer Schaltung fließt. Wird an eine Spannungsquelle ein kleiner Widerstand angeschlossen, kann viel Strom fließen. Bei einem hohen Widerstand ist nur ein geringer Stromfluss möglich. Der Strom ist aber auch von der Spannung abhängig. Je höher die Spannung ist, umso höher ist der Strom.

Der Zusammenhang zwischen Strom und Spannung ist für viele Materialien linear, das heißt, bei doppelter Spannung fließt auch der doppelte Strom. Dieser Zusammenhang wird als *Ohmsches Gesetz* bezeichnet.

Das Ohmsche Gesetz gilt jedoch nicht für alle Materialien. Elektronische Bauelemente sind meist nichtlinear, das heißt, bei doppelter Spannung fließt nicht der doppelte Strom.

Das Formelzeichen für den elektrischen Widerstand ist der Buchstabe R. Die Einheit ist Ohm, abgekürzt durch Ω, den griechischen Buchstaben „Omega".

Leistung

Durch Elektrizität wird *Leistung* übertragen und kann nutzbringend eingesetzt werden, beispielsweise in der Glühlampe, einem Elektromotor oder einem Elektroherd. Die Leistung berechnet sich aus dem Produkt von Strom und Spannung, das heißt, je höher Strom und/oder Spannung sind, umso mehr Leistung wird übertragen.

Neben der eigentlich gewollten Leistung, der *Nutzleistung*, entsteht oft auch nicht nutzbare *Verlustleistung*, die als Wärme abgegeben wird. Bei einem Motor wird etwa 80 % der elektrischen Leistung genutzt, bei einer Glühlampe hingegen sind es nur etwa 2 %. Der Anteil der Nutzleistung an der gesamten Leistung ist der *Wirkungsgrad*.

Als Formelzeichen für die Leistung wird der Buchstabe P verwendet. Seine Einheit ist Watt, abgekürzt W.

Energie

Energie bezeichnet die Möglichkeit, eine Leistung zu erbringen. Sie kann als gespeicherte Energie oder als benötigte Energie betrachtet werden. Ein Beispiel aus der Elektrotechnik für gespeicherte Energie ist die Kapazität einer Batterie. Ein Beispiel für benötigte Energie ist der Energiebedarf eines Geräts.

Energie kann über verschiedene Rechenwege beschrieben werden. In der Elektrotechnik wird oft Leistung über eine gewisse Zeit berechnet. Aus dem Physikunterricht ist vielleicht noch „Kraft mal Weg" bekannt und auch dies entspricht Energie. Anschaulich vorstellbar ist es in einem Pumpspeicherwerk, bei dem Wasser gegen die Schwerkraft über einen Weg angehoben wird. Dies erfordert Energie, die beim Ablassen des Wassers wieder nutzbar ist. Und über die Formel $E = m \cdot c^2$ wird eine Äquivalenz von Energie und Masse beschrieben.

Als Formelzeichen für Energie wird der Buchstabe E verwendet. Seine Einheit ist Joule, abgekürzt J. Ein Joule ist ein Watt pro Sekunde. Für höhere Energiewerte wird auch Watt mal Stunde gerechnet. Eine Wh (Wattstunde) sind 3600 J, berechnet entsprechend der Anzahl an Sekunden pro Stunde.

Zusammenhang der elektrischen Größen

Der Zusammenhang zwischen Spannung, Strom und Leistung lässt sich am Beispiel der Taschenlampe verdeutlichen. Aus der Batterie wird Leistung an die Glühlampe übertragen. Um eine genügende Leistung und damit Leuchtkraft zu erhalten, wird mit mehreren Batterien eine höhere Spannung erzeugt. Bei alten Batterien sinkt die Spannung und als Folge sinken auch der Strom und die Leuchtkraft.

Beispiel: Als Zahlenbeispiel nehmen wir an, die Batteriespannung sei 3 V und die Glühlampe habe einen Widerstand von 50 Ω. Dann berechnet sich der Strom aus dem Ohmschen Gesetz:
$R = U/I$, umgeformt: $I = U/R = 3\,\mathrm{V}/50\,\Omega = 0,06\,\mathrm{A}$
Für die Leistung gilt:
$P = U \cdot I = 3\,\mathrm{V} \cdot 0,06\,\mathrm{A} = 0,18\,\mathrm{W}$
Wenn die Glühlampe eine Stunde leuchtet, wird elektrische Energie in Lichtenergie und Wärmeenergie umgewandelt:
$E = P \cdot t = 0,18\,\mathrm{W} \cdot 3600\,\mathrm{s} = 648\,\mathrm{J}$ (mit t als Formelzeichen für die Zeit)

2.4 Darstellung als Schaltplan

Elektrische Schaltungen werden meist als *Schaltplan* (auch Schaltbild) dargestellt. Die oben beschriebene Taschenlampe hat den in Abb. 2.3 gezeigten Schaltplan. Auf der linken Seite sind die Batterien als Spannungsquelle mit der Spannung U dargestellt. Die Glühlampe hat den Widerstand R und ist rechts angegeben. Beide Elemente sind über Leitungen und einen Schalter verbunden.

Ein Schaltplan stellt nur die wichtigen Informationen über eine Schaltung dar. Unnötige Details werden weggelassen. So ist zum Beispiel in Abb. 2.3 nicht dargestellt, dass die Spannungsquelle aus zwei Batterien besteht. Derartige Vereinfachungen sind gewollt, da ansonsten ein Schaltplan unübersichtlich wäre.

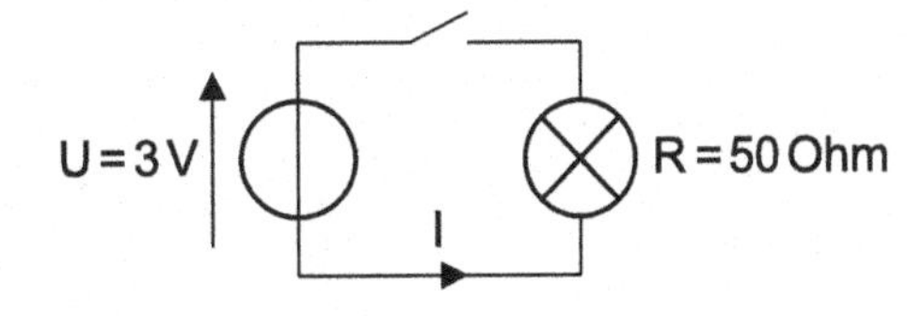

Abb. 2.3 Schaltplan der Taschenlampe

2.5 Übersicht über Formelzeichen und Einheiten

Tab. 2.1 enthält Formelzeichen und Einheiten für wichtige physikalische Größen der Elektronik.

Tab. 2.1 Physikalische Größen der Elektronik und ihre Einheiten

Physikalische Größe	Formelzeichen	Name der Einheit	Kurzzeichen der Einheit
Ladung	Q	Coulomb	C
Strom	I	Ampere	A
Spannung	U	Volt	V
Widerstand	R	Ohm	Ω
Leistung	P	Watt	W
Energie	E	Joule	J

Zusammenfassung

Elektrische Ladung kann sich in Form von Elektronen durch elektrisch leitende Materialien bewegen.

Strom entspricht der Bewegung von Ladungsträgern. Je höher der Strom ist, umso mehr Ladungsträger bewegen sich pro Zeiteinheit.

Spannung ist die Kraft auf Ladungsträger. Je höher die Spannung ist, umso stärker werden Ladungsträger angetrieben und umso höher kann der Strom sein.

Bauelemente der Elektronik 3

In diesem Kapitel lernen Sie,

- die passiven Bauelemente Widerstand, Kondensator und Spule mit ihren Eigenschaften kennen,
- die aktiven Bauelemente Diode, Transistor und integrierte Schaltungen kennen,
- den Aufbau von Platinen und wie elektronische Bauelemente mit Platinen verbunden werden.

3.1 Passive Bauelemente

Als *passive Bauelemente* werden Widerstände, Kondensatoren und Spulen bezeichnet. Im Gegensatz zu aktiven Bauelementen können sie keine Informationen schalten oder verstärken.

Widerstand

Ein *Widerstand* ist ein Bauelement, welches den elektrischen Strom bremst, dem Strom also einen elektrischen Widerstand entgegensetzt. Widerstände werden häufig in elektronischen Schaltungen eingesetzt. Sie können dazu dienen, den Strom durch andere Bauelemente zu begrenzen, damit diese nicht zerstört werden.

Widerstände unterscheiden sich in dem Widerstandswert, der Toleranz und der Bauform voneinander.

Der *Widerstandswert* gibt den elektrischen Widerstand in Ohm (Ω) an. Um die Anzahl der herzustellenden Varianten zu begrenzen, werden nur bestimmte Widerstandswerte angeboten. Diese Widerstandswerte sind in *Normreihen* festgelegt.

Die häufig verwendete Normreihe E6 hat pro Dekade sechs Werte. Das heißt, in den Intervallen zwischen den Stufen 10 Ω, 100 Ω, 1000 Ω, und so weiter, werden jeweils sechs

M. Winzker, *Elektronik für Entscheider*,
https://doi.org/10.1007/978-3-658-40091-0_3

Widerstandswerte angeboten. Zwischen 10 und 100 Ω sind dies die Werte 10, 15, 22, 33, 47 und 68 Ω. Zwischen 100 und 1000 Ω gibt es die Werte 100, 150, 220, 330, 470 und 680 Ω. Die zunächst ungewöhnlich erscheinende Staffelung folgt daraus, dass der nächste Widerstand immer etwa um den Faktor 1,5 größer als der vorherige ist.

Die *Toleranz* eines Widerstands gibt an, wie genau der Nennwert bei der Herstellung eingehalten wird. Je geringer die Toleranz ist, umso teurer ist der Widerstand. Gängige Toleranzen für günstige Widerstände liegen bei 10 % oder 5 %. Präzisionswiderstände sind mit Toleranzen von 1 % bis zu 0,1 % erhältlich.

Eine Toleranz von 5 % bedeutet, dass ein Widerstand, der einen Nennwert von 100 Ω hat, in der Realität einen Widerstand zwischen 95 und 105 Ω hat. Welche Toleranz benötigt wird, hängt vom Einsatzgebiet ab.

Der Begriff *Bauform* bezeichnet die äußere Form eines Widerstands. Die bekannteste Bauform ist die des bedrahteten Bauelements. Die Widerstandswerte und die Toleranz werden durch Farbringe angegeben. Wesentlich kleinere äußere Abmessungen haben Bauelemente für die Oberflächenmontage. Solche SMD-Widerstände („Surface Mount Device") sparen Platz und werden zum Beispiel in Smartphones eingesetzt. Daneben existieren weitere Bauformen, beispielsweise Hochlastwiderstände für hohe Ströme. Abb. 3.1 zeigt Widerstände in verschiedenen Bauformen.

Kondensator

Ein *Kondensator* dient der Speicherung von elektrischer Ladung. Er verhält sich prinzipiell ähnlich wie eine Batterie, ist jedoch für wesentlich schnellere Geschwindigkeiten ausgelegt. Das heißt, er lässt sich sehr schnell aufladen und gibt seine Ladung auch sehr schnell wieder ab.

Die Ladungsspeicherung wird beispielsweise für Rücklichter von Fahrrädern benutzt. Wenn das Fahrrad an einer Ampel steht, kann mit der im Kondensator gespeicherten Ladung das Rücklicht noch für kurze Zeit leuchten. In elektronischen Schaltungen werden Kondensa-

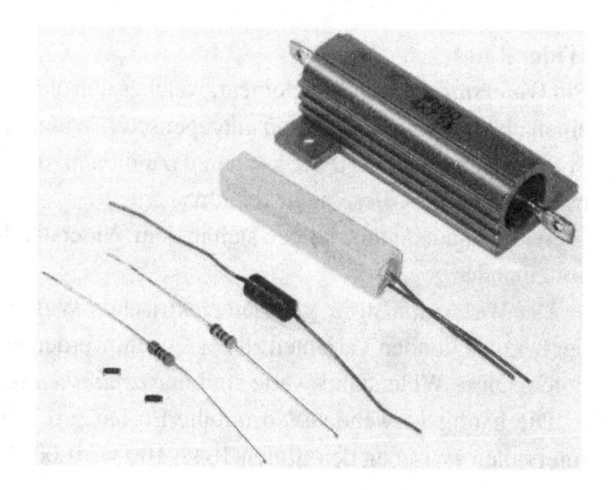

Abb. 3.1 Widerstände in verschiedenen Bauformen (von links: SMD-Widerstände, bedrahtete Widerstände, Hochlastwiderstände)

toren unter anderem zur Stabilisierung von Spannungen eingesetzt. Eine andere Anwendung ist die Filterung von Signalen.

Das Speichervermögen eines Kondensators wird als *Kapazität* bezeichnet. Die Einheit ist Farad, abgekürzt F. Es gibt verschiedene Bauformen, die sich nicht nur in den äußeren Abmessungen, sondern auch im inneren Aufbau unterscheiden.

Große Kapazitäten können durch Elektrolytkondensatoren erreicht werden. Diese sind jedoch für sehr schnelle Schaltungen nicht geeignet. Keramikkondensatoren können ihre Ladung schneller abgeben, haben jedoch eine kleinere Kapazität. Daneben gibt es noch weitere Kondensatortypen. In elektronischen Schaltungen werden verschiedene Kondensatortypen kombiniert, um ihre jeweiligen Vorteile auszunutzen. Abb. 3.2 zeigt einige Kondensatoren.

Spule

Eine *Spule* wird aus einem schraubenförmig gewickelten Draht gebildet. Durch die Windungen bildet sich ein Magnetfeld, wie in einem Elektromagneten. Die Wicklung kann um einen Eisenkern erfolgen, was die Wirkung des Magnetfeldes erhöht. Eine Spule dient, oft gemeinsam mit Kondensatoren, zur Stabilisierung in Netzteilen und zur Filterung von Signalen. Auf Grund höherer Kosten werden Spulen seltener als Kondensatoren eingesetzt.

Spulen unterscheiden sich in ihrer *Induktivität,* die Einheit hierfür ist Henry, abgekürzt H. In Abb. 3.3 ist ein Teil der Spannungsstabilisierung eines Computer-Motherboards mit einer Spule und zwei Kondensatoren abgebildet. Eine andere Bezeichnung für Spule ist *Drossel.*

Abb. 3.2 Kondensatoren in verschiedenen Bauformen

Abb. 3.3 Spule und Kondensatoren auf einem Computer-Motherboard

3.2 Aktive Bauelemente

Mit *aktiven Bauelementen,* hauptsächlich Dioden und Transistoren, können Ströme und Spannungen gerichtet, geschaltet und verstärkt werden. Deshalb sind sie die Grundbauelemente der Elektronik.

In diesem Abschnitt soll zunächst die prinzipielle Funktion von Dioden und Transistoren erläutert werden. Ihre Anwendung in elektronischen Schaltungen wird später in Kap. 5 beschrieben. In Kap. 9 erfahren Sie schließlich, wie die Bauelemente aufgebaut sind und ihre Funktion erzielen.

Diode

Die *Diode* ist ein elektronisches Bauelement mit zwei Anschlüssen. Sie dient zur Stromrichtung, das heißt, die Diode lässt den Strom nur in eine Richtung durch; in die andere Richtung kann kein Strom fließen. Dieses Verhalten wird durch einen Halbleiter, üblicherweise Silizium oder Germanium, erzielt.

Eine wichtige Anwendung der Stromrichtung von Dioden ist die Umwandlung von Wechselspannung in Gleichspannung. Wechselspannung eignet sich sehr gut zum Transport von Energie. Im Haushalt steht darum an den Steckdosen eine Wechselspannung von 230 V zur Verfügung. Manche Geräte, zum Beispiel ein Wasserkocher, können diese Wechselspannung direkt nutzen. Andere Geräte, wie Radio oder Internet-Router, benötigen jedoch Gleichspannung. Durch Dioden wird für diese Geräte die Wechselspannung in Gleichspannung gerichtet.

Dioden unterscheiden sich untereinander durch mehrere Parameter, beispielsweise Maximalwerte für Strom und Spannung. Es gibt darum für Dioden keine Wertangabe wie bei Widerständen. Stattdessen werden Dioden mit Typenbezeichnungen versehen und die Parameter in Datenblättern angegeben. Es gibt hunderte verschiedener Diodentypen.

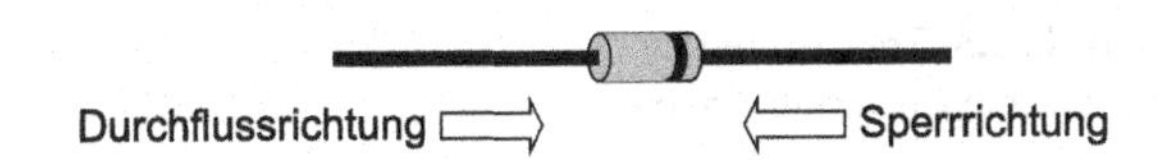

Abb. 3.4 Diode – der Farbring gibt die Sperrrichtung an

Eine bekannte Sonderform der Diode ist die *Leuchtdiode* (*LED*, „Light Emitting Diode"). Sie strahlt sichtbares Licht aus und wird für viele Geräte als preiswertes und wartungsfreies Anzeigeelement benutzt.

In Abb. 3.4 ist eine Diode skizziert. In Durchflussrichtung kann ein Strom fließen, in Sperrrichtung nicht.

Transistor

Transistoren können Signale schalten und verstärken. Dies macht sie zu dem wichtigsten Bauelement der Elektronik. Transistoren bestehen, wie Dioden, aus einem Halbleitermaterial, meist Silizium oder Germanium.

Ein Transistor hat drei Anschlüsse, die als *Basis, Emitter* und *Kollektor* bezeichnet werden. Die Basis dient als Steuersignal und verändert den Widerstand zwischen Emitter und Kollektor. Das Entscheidende dabei ist, dass mit einer kleinen Leistung an der Basis eine große Leistung an Emitter und Kollektor gesteuert werden kann. Dadurch wirkt der Transistor als *Verstärker.*

Diese Verstärkungsfunktion macht die hohe Bedeutung des Transistors aus. Ein kleines Signal, etwa das Empfangssignal einer Antenne, kann verstärkt werden und einen Lautsprecher ansteuern. Transistoren können auch zum Schalten benutzt werden. Beispielsweise kann durch einen Helligkeitssensor oder einen Bewegungssensor eine Lampe ein- und ausgeschaltet werden.

Es gibt viele verschiedene Transistortypen, deren prinzipielle Funktion die gleiche ist, die sich aber in der nötigen Steuerspannung, dem möglichen Strom, der Verstärkung und weiteren Parametern unterscheiden. Weit über hundert verschiedene Typen sind erhältlich. Ihre Eigenschaften werden in Datenblättern beschrieben.

Transistoren sind in verschiedenen Bauformen verfügbar. Kleine Gehäuse sind platzsparend. Um hohe Ströme zu schalten, werden große Gehäuse benötigt, denn über sie kann die aus der Verlustleistung entstehende Wärme besser abgeführt werden.

In Abb. 3.5 sind einige Transistoren abgebildet. Die verschiedenen Transistortypen können durch ihren Aufdruck identifiziert werden.

3.3 Integrierte Schaltungen

Wenn sich auf einem Stück Halbleitermaterial nicht nur ein einzelner Transistor, sondern gleich mehrere befinden, bezeichnet man dies als eine *integrierte Schaltung.* Im Vergleich zu einzelnen Bauelementen ist eine integrierte Schaltung meist günstiger und spart Platz.

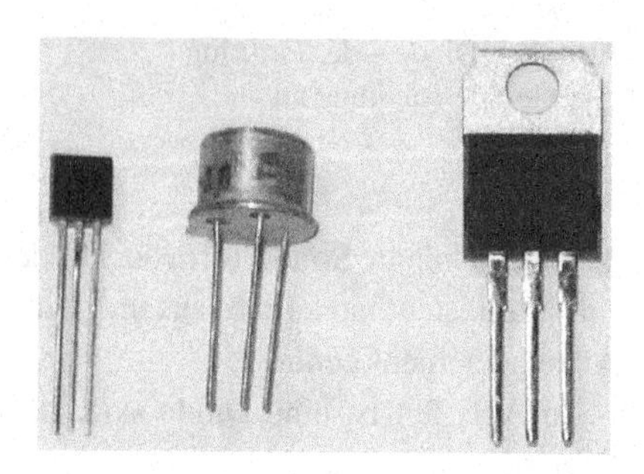

Abb. 3.5 Transistoren in verschiedenen Bauformen

Operationsverstärker

Der *Operationsverstärker* ist eine integrierte Schaltung, die relativ wenige Bauelemente vereint. In einem Operationsverstärker sind circa 20 Transistoren sowie einige passive Bauelemente enthalten.

Operationsverstärker sind eine komplette Verstärkerstufe aus mehreren Transistoren. Vor der Verbreitung von Computern wurden sie für einfache Berechnungen verwendet, etwa die Addition, Subtraktion oder Multiplikation von Signalen. Heutzutage werden Operationsverstärker vielfach in der Messtechnik verwendet, um die Werte von Sensoren zu verarbeiten.

Ein besonderer Vorteil der Integration auf einen einzelnen Baustein ist, dass zwischen den Transistoren praktisch keine Toleranzen bestehen. Natürlich kann zwischen verschiedenen Bausteinen eine Abweichung auftreten, aber innerhalb eines Operationsverstärkers haben die Transistoren die gleichen Herstellungsparameter und arbeiten mit gleicher Spannungsversorgung und bei gleicher Temperatur. Dadurch kann ein Operationsverstärker bessere Genauigkeit als ein Verstärker aus einzelnen Transistoren erzielen.

Mikrochip

Ein Mikrochip vereint meist eine sehr hohe Anzahl an Transistoren. Die bekanntesten Mikrochips sind die Computer-Prozessoren, insbesondere der Firmen Intel und AMD. Die größten dieser Mikrochips enthalten mittlerweile rund fünfzig Milliarden Transistoren.

Mikrochips sind jedoch auch in vielen anderen Anwendungen enthalten. Im Fernseher verbessern Mikrochips die Bildqualität, im Mobiltelefon wird Sprache in Funksignale und zurück gewandelt und im Auto entscheidet ein Mikrochip, ob der Airbag ausgelöst werden muss. Für viele Anwendungen sind keine Rekordzahlen an Billionen Transistoren erforderlich, sondern „nur“ Millionen oder sogar weniger.

Entsprechend vielfältig wie die Anwendungen sind die Typen und Bauformen. Mikrochips haben ab fünf bis zu über tausend Anschlüsse. Bei Mikrochips werden die Bauformen als *Gehäuse* und ein Anschluss als *Pin* bezeichnet. Einige Mikrochips sind in Abb. 3.6 dargestellt. Daneben existieren noch etliche weitere Gehäusearten. Die Eigenschaften von Mikrochips werden für einfache Schaltungen in Datenblättern beschrieben. Für komplexe Schaltungen wie einen Computer-Prozessor sind ganze Handbücher erforderlich.

Abb. 3.6 Mikrochips in verschiedenen Gehäusen

Andere oft gebrauchte Bezeichnungen für Mikrochips sind *IC* („Integrated Circuit"), *ASIC* („Application Specific Integrated Circuit") sowie *Chip*.

3.4 Platinen

Aufbau

Elektronische Geräte bestehen aus hunderten bis tausenden von einzelnen Bauelementen. Diese Bauelemente müssen im Gerät mechanisch montiert und elektrisch verbunden werden. Dies erfolgt durch *Platinen,* flache, meist grüne oder braune Platten aus einem Kunststoff, auf dem metallene Leiterbahnen angebracht sind. Weitere Bezeichnungen sind *Leiterplatte* und *PCB* („Printed Circuit Board").

Als Basismaterial von Platinen wird üblicherweise Glasfasergewebe verwendet, welches mit Epoxydharz vergossen ist. Dies wird als *Laminat* bezeichnet. Es ist elektrisch isolierend, sodass zwischen den Bauelementen zunächst keine elektrische Verbindung besteht. Außerdem ist das Laminat so stabil, dass die Komponenten sicher montiert werden können. Es ist aber auch nicht zu fest und lässt sich durch Bohren, Fräsen und Sägen gut bearbeiten.

Zur elektrischen Verbindung der Bauelemente auf einer Platine dienen *Leiterbahnen.* Sie sind meist aus Kupfer, denn dieses Material hat eine hohe Leitfähigkeit, transportiert Strom also mit nur geringem Widerstand. Gleichzeitig lassen sich die Bauelemente sehr gut durch Löten mit Kupfer verbinden.

Abb. 3.7, links zeigt ein Beispiel für eine unbestückte Platine, also ohne Bauelemente. Eine bekannte Anwendung von Platinen ist als Hauptplatine oder „Motherboard" eines Computers sowie von Einsteckkarten wie Grafikkarte oder Soundkarte.

Neben starren Leiterplatten gibt es Platinen, die flexible Zwischenstücke haben oder vollständig flexibel sind. Eine Anwendung hierfür ist der Einbau in enge Gehäuse. Eine starr-flexible Platine ist in Abb. 3.7, rechts zu sehen.

Eine oft benutzte Größenbeschreibung für Platinen ist der Begriff *Europaformat.* Damit wird eine Platine von 10 cm mal 16 cm bezeichnet.

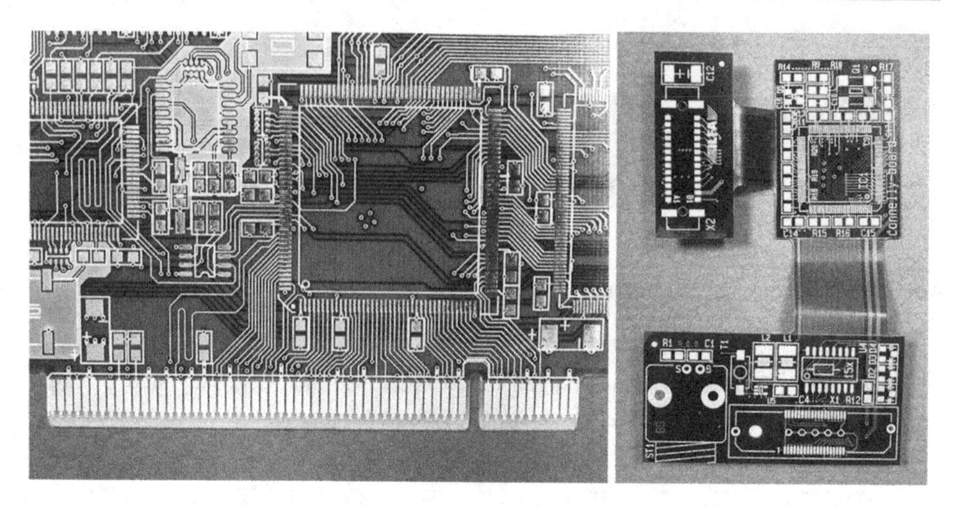

Abb. 3.7 Platine mit Stecker für Steckverbinder und starr-flexible Platine. (Fotos: Ilfa GmbH)

Verdrahtungslagen

Für einfache Schaltungen reicht es aus, wenn sich die Leiterbahnen auf einer oder beiden Seiten der Platine befinden. Größere Schaltungen benötigen jedoch so viele Verbindungen, dass mehrere Ebenen mit Leiterbahnen benötigt werden. Diese Ebenen werden als *Verdrahtungslagen* bezeichnet.

Den Querschnitt einer Platine mit vier Verdrahtungslagen zeigt Abb. 3.8. Zwei Lagen an Leiterbahnen befinden sich auf Ober- und Unterseite der Platine, zwei weitere Lagen zwischen Schichten des Laminats. Eine Verbindung der Verdrahtungslagen erfolgt mittels *Durchkontaktierungen,* auch *Via* genannt. Dies sind dünne Bohrungen durch die Platine, welche mit einer Strom leitenden Kupferschicht ausgekleidet werden. Meist gehen die Vias durch alle Verdrahtungslagen. Ein „Buried Via" verbindet nur einzelne Lagen, wird aber seltener eingesetzt, da die Herstellung aufwendiger ist.

Je mehr Verdrahtungslagen eine Platine umfasst, umso höher sind die Herstellungskosten. Für mittlere Anforderungen werden darum häufig Platinen mit maximal vier Lagen eingesetzt. Oft werden dabei zwei Lagen komplett für die Spannungsversorgung verwendet. Platinen für hohe Anforderungen können über zehn Lagen enthalten.

In Anhang C.3 wird als Anwendungsbeispiel eine vierlagige Platine für einen USB-Stick näher erläutert.

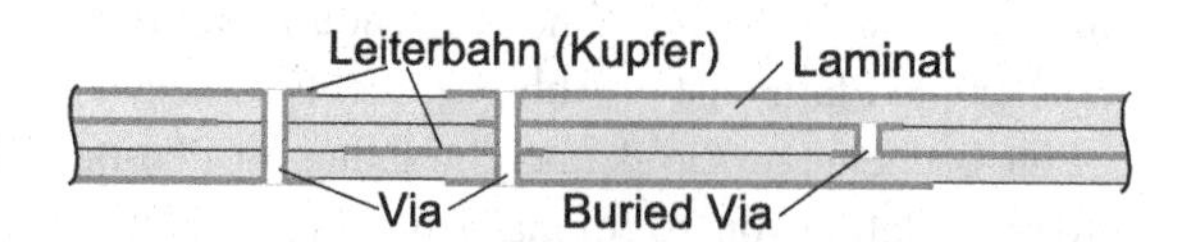

Abb. 3.8 Querschnitt durch eine 4-Lagen-Platine

Verbindungstechnik

Auf einer Platine werden die elektronischen Komponenten durch Löten befestigt. Es gibt verschiedene Montageformen, insbesondere *Durchsteckmontage* und *Oberflächenmontage*. Abb. 3.9 zeigt diese beiden Montageformen.

Bei der Durchsteckmontage („Through Hole Technology") werden die Anschlüsse des Bauelements durch Bestückungslöcher, ein Via, in der Platine gesteckt. Auf der Rückseite der Platine wird das Bauelement dann durch Löten mit der Leiterbahn verbunden.

Bei der Oberflächenmontage (SMT, „Surface Mount Technology") werden die Bauelemente direkt auf der Oberfläche der Platine aufgelötet. Hierzu sind spezielle Bauelemente erforderlich, die keinen Anschlussdraht, sondern einen seitlichen Kontakt haben. Diese Bauelemente werden als *SMD* („Surface Mount Device") bezeichnet.

Vorteil der Oberflächenmontage ist ein geringerer Platzbedarf, da kleinere Bauteile ohne Anschlussdrähte verwendet werden können. Außerdem ist kein Bestückungsloch erforderlich, sodass die Leiterbahnen unter dem Bauelement nicht eingeschränkt sind. Für kommerzielle Anwendungen wird darum meist die Oberflächenmontage verwendet.

Allerdings ist für die Oberflächenmontage eine maschinelle Fertigung vorgesehen. Der manuelle Aufbau von Prototypen, die Reparatur und der Einsatz im Amateurbereich ist daher aufwendig und unpraktikabel.

Bauelemente mit *Ball-Grid-Array,* kurz *BGA,* werden ebenfalls für die Oberflächenmontage eingesetzt. Bei ihnen befinden sich die Anschlüsse nicht seitlich am Bauelement, sondern unter dem Chip (siehe Abb. 3.10). Diese Bauform ist für Bauelemente mit sehr vielen Anschlüssen geeignet. So gibt es Gehäuse mit über 1000 Anschlüssen. Gelötet werden diese Bauelemente in einer speziellen Art von Ofen.

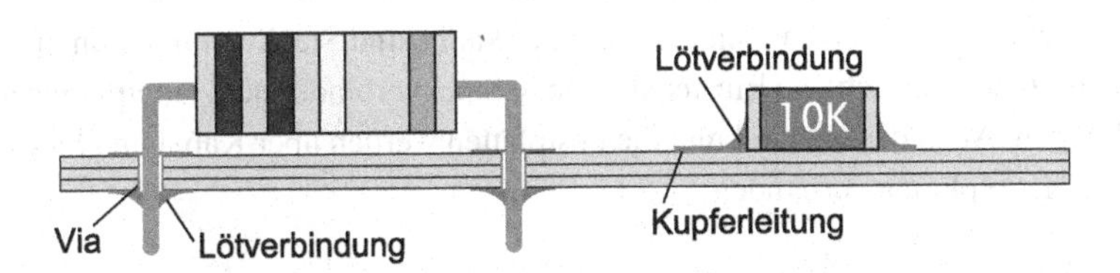

Abb. 3.9 Durchsteckmontage (links) und Oberflächenmontage (rechts)

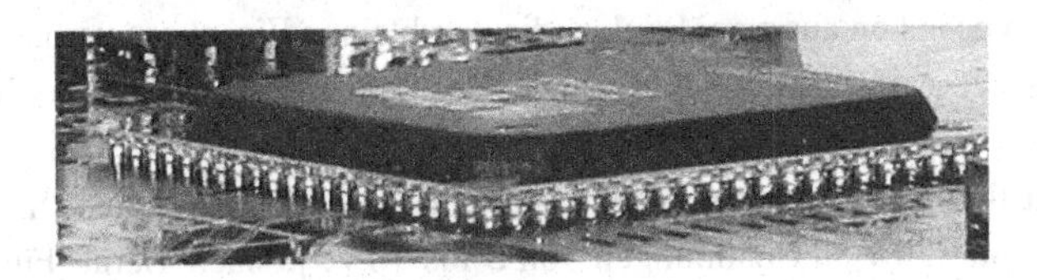

Abb. 3.10 Gehäuse mit Ball-Grid-Array auf einer Platine

3.5 Weitere Komponenten

Sensoren, Aktoren

Elektronische Schaltungen arbeiten normalerweise nicht zum Selbstzweck, sondern sollen eine bestimmte Aufgabe erfüllen, meist Steuerung und Regelung oder Kommunikation. Dabei werden Informationen aus der Umwelt aufgenommen und verarbeitet oder transportiert. Schließlich wird wieder ein Ergebnis oder eine Reaktion an die Umwelt abgegeben.

Bauelemente zur Wandlung von Umweltinformationen in eine elektrische Größe werden als *Sensoren* bezeichnet. Der umgekehrte Weg, von der elektrischen Größe zu einer nichtelektrischen Reaktion erfolgt durch *Aktoren*.

So vielfältig wie die Anwendungen sind auch die möglichen Sensoren und Aktoren. Für einen Tonverstärker wird ein Mikrofon als Sensor und ein Lautsprecher als Aktor verwendet. Eine automatische Gartenlampe ermittelt mit einem Helligkeitssensor die Tageszeit und mit einem Infrarotsensor Bewegung von Besuchern. Als Aktor kann eine Lampe geschaltet werden.

In der Mechatronik wird der Begriff Aktor etwas enger gefasst. Als Aktor gilt hier eine Komponente, die eine mechanische Aktion hervorruft. Beispiele hierfür sind Motoren und Druckluftzylinder, aber auch der Vibrationsalarm eines Smartphones.

Schalter, Steckverbinder

Als Bedienelemente elektronischer Geräte sind verschiedene Formen von Schaltern und Tastern möglich. Steckverbinder und Kabel stellen elektrische Verbindungen zwischen Geräten und Geräteteilen her.

Neben den für den Anwender sichtbaren Schaltern und Steckverbindern befinden sich innerhalb eines Gerätes häufig weitere Komponenten. Interne Schalter können zum Beispiel einen Wartungszugriff freischalten. Steckverbinder erlauben einen modularen Geräteaufbau und den Anschluss von Sensoren und Aktoren. Bekannt sind Steckverbinder unter anderem aus dem Computer-Bereich, wo Einsteckkarten in Steckverbinder der Hauptplatine gesteckt werden können. Auch das Netzteil und die Festplatten werden über Kabel und Steckverbinder mit der Hauptplatine verbunden.

Transformator

Ein *Transformator* dient zur Umwandlung des Spannungswertes für Wechselspannungen. Transformatoren bestehen aus zwei Spulen, die durch einen Eisenkern verbunden sind. Aus dem Verhältnis der Anzahl an Wicklungen in den Spulen ergibt sich das Verhältnis der Spannungen.

Im Haushalt finden sich kleine Transformatoren in Steckernetzteilen. Sie wandeln die Netzspannung von 230 V in Spannungen von 5 bis 10 V, je nach Gerät. Für die Energieverteilung werden ebenfalls Transformatoren eingesetzt. In Umspannwerken werden mit großen Transformatoren Spannungen über 100.000 V erzeugt, denn mit hohen Spannungen lässt sich Energie besser über längere Entfernungen transportieren.

Quarz

Ein *Quarz* (auch Schwingquarz), ist ein kleines Stück Quarzkristall, welches an zwei Seiten mit Metallflächen und Anschlüssen versehen ist. Bei entsprechender Ansteuerung erzeugt der Quarz eine elektrische Schwingung bei einer festen Frequenz. Die Frequenz ist von der Geometrie des Kristalls abhängig, sodass Bauelemente für verschiedene Frequenzen hergestellt werden können.

Ein solcher *Schwingkreis* oder *Oszillator* wird in fast allen elektronischen Schaltungen zur Erzeugung eines Taktes oder einer Referenzfrequenz benutzt. Die durch den Quarz erzeugte Schwingung kann auch zur präzisen Zeitmessung benutzt werden und hat der Quarzuhr den Namen gegeben. Für Fernsteuerungen im Modellbau wurden früher verschiedene Frequenzen durch unterschiedliche Quarze erzeugt.

Zusammenfassung

Die wichtigsten passiven Bauelemente der Elektronik sind Widerstand, Kondensator und Spule.

Dioden und Transistoren sind aktive Bauelemente und können Strom richten, schalten und verstärken.

Integrierte Schaltungen enthalten eine Vielzahl an Transistoren, meist etliche Millionen. Weitere Bezeichnungen für integrierte Schaltungen sind Chip, Microchip, IC, ASIC.

Platinen dienen der mechanischen Befestigung und elektrischen Verbindung von Bauelementen.

Teil III
Analog- und Digitaltechnik

Analoge Signale 4

In diesem Kapitel lernen Sie,

- was in der Elektronik mit dem Begriff analoges Signal gemeint ist,
- dass eine sinusförmige Schwingung die Grundform analoger Signale ist,
- wie ein Signal durch die Kenngrößen Amplitude und Frequenz beschrieben wird.

4.1 Grundformen analoger Signale

Analoge Signale

Mit der Bezeichnung *analog* werden physikalische Größen bezeichnet, die prinzipiell beliebig viele verschiedene Werte einnehmen können. Dabei ist der Wert meist abhängig von der Zeit. Die Wassertemperatur in einer Waschmaschine ist eine analoge Größe, denn zwischen 0 °C und 100 °C kann jeder beliebige Temperaturwert auftreten.

Als *Signal* versteht man in der Elektronik die Darstellung einer physikalischen Größe durch ein elektrisches Signal, meist durch eine Spannung. Eine Wassertemperatur zwischen 0 °C und 100 °C könnte etwa durch eine Spannung zwischen 0 V und 1 V dargestellt werden. Die Temperatur 85 °C entspräche dann 0,85 V.

Die Wandlung zwischen physikalischer Größe und elektrischem Signal erfolgt durch einen Sensor, zum Beispiel einen Temperatursensor. Da sich die physikalische Größe mit der Zeit ändern kann, ist auch das elektrische Signal zeitveränderlich.

Audiosignale

Ein weiteres Beispiel für analoge Signale sind *Audiosignale,* also Sprache, Musik und Geräusche. Sie werden in vielen Anwendungen der Elektronik verarbeitet. Darum sollen Audiosignale hier etwas näher erläutert werden.

M. Winzker, *Elektronik für Entscheider*,
https://doi.org/10.1007/978-3-658-40091-0_4

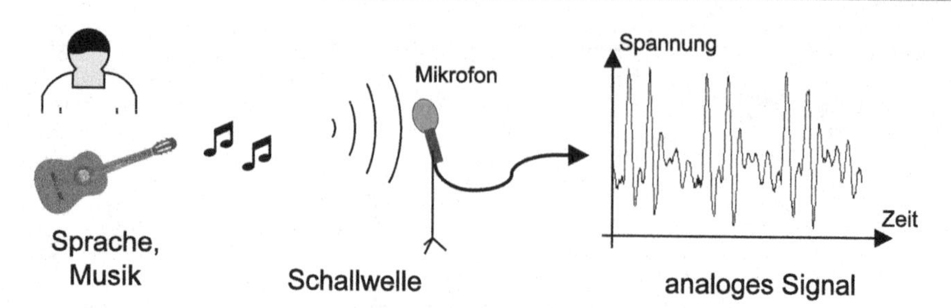

Abb. 4.1 Eine Schallwelle wird durch ein Mikrofon in Spannungswerte gewandelt

Audiosignale sind prinzipiell Druckschwankungen der Luft, die vom menschlichen Ohr wahrgenommen werden können. Diese Druckschwankungen, auch als Schallwellen bezeichnet, werden durch Schwingungen verursacht. Bei Sprache schwingen die Stimmbänder, angeregt durch die Atemluft. Bei Musikinstrumenten entstehen Schwingungen durch verschiedene Ursachen, beispielsweise durch Luftströmung in einer Flöte oder durch eine sich bewegende Saite bei einer Gitarre.

Um ein elektrisches Signal zu erhalten, werden die Schallwellen durch ein Mikrofon in einen elektrischen Wert gewandelt. Das Mikrofon ist somit ein Sensor für Schallwellen. Abb. 4.1 illustriert die Übertragung von Sprache und Musik durch Schallwellen und ihre Umwandlung in eine elektrische Spannung, das Audiosignal.

Sinusförmige Signale

Die Grundform für analoge Signale ist die *Sinusform,* also ein zeitlicher Verlauf, welcher der mathematischen Sinusfunktion entspricht. Sie ist in Abb. 4.2 dargestellt. Die Sinusfunktion ist deswegen die Grundform, weil viele physikalische Vorgänge, insbesondere Schwingungen, einen sinusförmigen Ablauf haben.

Als Beispiel für den sinusförmigen Ablauf von Schwingungen kann man sich eine Gitarrensaite vorstellen. Beim Anschlagen wird die Saite in eine Richtung ausgelenkt und bewegt sich von dort mit ansteigender Geschwindigkeit zur Mitte. Ab der Mitte nimmt die Geschwindigkeit wieder ab, bis zum maximalen Ausschlag in entgegengesetzter Richtung. Nun schwingt die Saite wieder zur Mitte und der Vorgang setzt sich periodisch fort.

Abb. 4.2 Die Sinusfunktion ist die Grundform analoger Signale

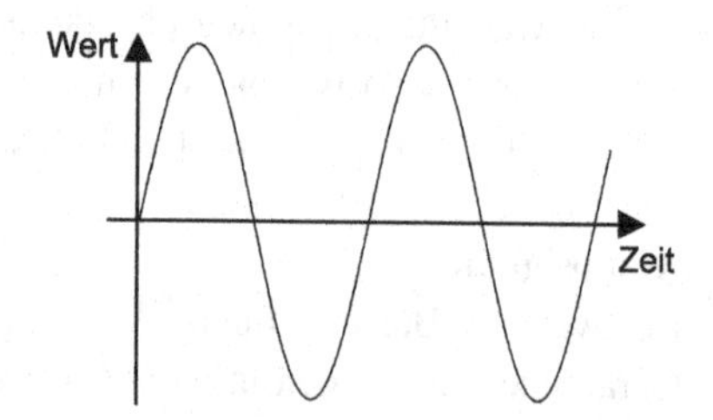

Die Grundform des sinusförmigen Verlaufs findet sich auch bei *Wechselspannung*. In Kraftwerken wird eine Drehbewegung durch Generatoren in elektrische Energie gewandelt. Die erzeugte Spannung hat für die meisten Generatoren einen sinusförmigen Verlauf.

Nichtsinusförmige Signale

Natürlich haben nicht alle analogen Signale einen sinusförmigen Verlauf. Die Sinusfunktion ist jedoch auch für nichtsinusförmige Signale die Grundform, denn nichtsinusförmige Signale können in eine Überlagerung mehrerer Sinusfunktionen aufgeteilt werden.

Diese Aufteilung in mehrere Sinusfunktionen ist ein wichtiges Prinzip für die Arbeit mit analogen Signalen. Sie wird als *Fourierzerlegung* bezeichnet. Abb. 4.3 illustriert dies für ein Dreieckssignal. Ein Dreiecksignal ist ein nichtsinusförmiges Signal bei dem eine Spannung linear, also gleichmäßig, ansteigt und wieder abfällt. Durch eine Fourierzerlegung kann dieses Signal in mehrere Sinusfunktionen aufgespaltet werden. Drei dieser Sinusfunktionen und ihre Überlagerung sind im Bild dargestellt.

Die Fourierzerlegung ermöglicht eine sehr einfache Berechnung von analogen Signalen. Für das im Abb. 4.3 gezeigte Beispiel würden drei Rechnungen für die drei Frequenzen erfolgen und die Ergebnisse addiert werden. Wie im Bild zu sehen, wird mit den drei Frequenzen kein perfektes Dreieckssignal erzeugt, aber durch Rechnung mit mehr Frequenzen ist eine bessere Genauigkeit möglich. Allerdings steigt damit auch der Rechenaufwand.

Eine Zerlegung in mehrere Frequenzen entspricht auch der physikalischen Realität. Die meisten Schwingungen laufen nicht exakt sinusförmig ab. Bei Musikinstrumenten entstehen neben der *Grundwelle* weitere Frequenzen, die sogenannten *Oberwellen*. Allerdings sind Oberwellen nicht unbedingt als Störungen anzusehen, sondern sorgen in der Musik für den harmonischen Klang eines Instruments.

Als weitere Einschränkung gegenüber sinusförmigen Signalen sind reale Signale nur von begrenzter Dauer. Während die mathematische Sinusfunktion unendlich weiterläuft, erklingt der Ton eines Musikstücks nur kurz; bei Sprache ändert sich die Stimme während eines Satzes. Für die Berechnung von Signalen kann die begrenzte Zeitdauer jedoch oft

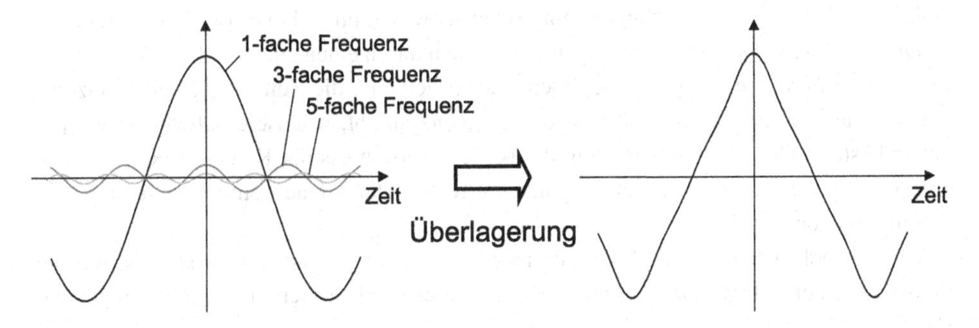

Abb. 4.3 Nichtsinusförmige Signale bestehen aus der Überlagerung mehrerer Sinusfunktionen

vernachlässigt werden. Es wird meist angenommen, dass ein Signal für einen gewissen Zeitraum gleichmäßig anliegt.

4.2 Amplitude und Frequenz

Ein sinusförmiges Signal lässt sich durch zwei Eigenschaften beschreiben. Dies sind die Stärke der Auslenkung und die Geschwindigkeit der Schwingung.

Amplitude
Die *Amplitude* beschreibt die Stärke der Auslenkung eines Signals. Je höher die Auslenkung ist, umso höher ist die Amplitude. In der Elektronik wird die Amplitude mit dem *Effektivwert* beschrieben. Der Effektivwert ist eine Art Mittelwert und beschreibt die Intensität oder Stärke eines Signals.

Der Effektivwert entspricht allerdings nicht der maximalen Auslenkung des Sinussignals. Die maximale Auslenkung wird nur für einen kurzen Moment erreicht und als *Scheitelwert* bezeichnet. Effektivwert und Scheitelwert können ineinander umgerechnet werden.

In Formeln wird der Effektivwert durch einen Großbuchstaben gekennzeichnet, der Scheitelwert durch ein Dach über dem Kleinbuchstaben. Der Faktor zwischen den Werten beträgt $\sqrt{2}$, also etwa 1,41.

Beispiel: Die Netzspannung im Haushalt beträgt 230 V. Dieser Wert ist der Effektivwert U. Der Scheitelwert $\hat{u}$ beträgt 325 V, das heißt, die Spannung in einer Steckdose wechselt zwischen plus 325 V und minus 325 V. Dies kann wie folgt als Formel ausgedrückt werden:
$U = 230\,\text{V} \qquad \hat{u} = \sqrt{2} \cdot U = 325\,\text{V}$

Frequenz und Periodendauer
Die *Frequenz* beschreibt als zweite Eigenschaft eines sinusförmigen Signals die Geschwindigkeit der Schwingung. Je schneller ein Signal schwingt, umso höher ist die Frequenz.

Die Geschwindigkeit der Schwingung kann auch durch einen anderen Wert ausgedrückt werden, die *Periodendauer*. Die Periodendauer bezeichnet die Zeit, die für eine einzelne Schwingung erforderlich ist, während die Frequenz angibt, wie viele Schwingungen pro Sekunde stattfinden. Zur Umrechnung der beiden Werte muss der Kehrwert gebildet werden. Wenn pro Sekunde zehn Schwingungen erfolgen, dann dauert eine Schwingung eine Zehntelsekunde.

Das Formelzeichen für die Frequenz ist f, für die Periodendauer T. Die Einheit der Frequenz ist der Kehrwert der Sekunde. Diese Einheit wird als Hertz bezeichnet, abgekürzt Hz.

Beispiel: Die Netzspannung in Europa hat eine Frequenz f von 50 Hz. Die Periodendauer T beträgt also 0,02 s. Als Formel wird dies wie folgt ausgedrückt:
$f = 50\,\text{Hz} \qquad T = \frac{1}{f} = 0,02\,\text{s}$

Der zeitliche Verlauf der in deutschen Haushalten üblichen Wechselspannung ist in Abb. 4.4 dargestellt. Die Spannung schwankt zwischen dem Scheitelwert 325 V und –325 V. Der Effektivwert liegt bei 230 V. Eine komplette Periode der Sinusschwingung benötigt eine Zeit von 0,02 s. Diese Periodendauer entspricht der Frequenz von 50 Hz.

Vorsätze für Einheiten

Wenn physikalische Werte in den Grundeinheiten angegeben werden, entstehen oft sehr große oder sehr kleine Zahlen. Diese Werte lassen sich sprachlich besser ausdrücken, wenn die Einheiten durch *Vorsätze* verändert werden.

Diese Vorsätze für Einheiten sind aus dem alltäglichen Leben bekannt. Die Grundeinheit für eine Länge ist der Meter. Entfernungen zwischen Städten werden jedoch nicht in Metern, sondern in Kilometern angegeben, da dies einfacher und anschaulicher ist. Die Einheit Kilometer entsteht durch den *Vorsatz* „kilo“ und die *Grundeinheit* „Meter“.

Ein Vorsatz entspricht einem Faktor, mit dem der Zahlenwert multipliziert werden muss. Für technische Anwendungen werden Faktoren von Tausend und ihre Potenzen verwendet. Für Werte, die kleiner als die Grundeinheit sind, gibt es entsprechend Faktoren von Tausendstel und ihre Potenzen. Die wichtigsten Vorsätze für Einheiten sind in Tab. 4.1 angegeben.

Die Faktoren werden in Technik und Mathematik auch durch eine *Exponentendarstellung* mit *Zehnerpotenzen* beschrieben. In der Exponentendarstellung 10^n ist die Zahl 10 die Basis, der Wert n ist der Exponent. Die Zahl 1000 entspricht $10 \cdot 10 \cdot 10$ und damit 10^3. Eine Zehnerpotenz von 10^6 ist eine Multiplikation von sechs Zehnen, was einer Million entspricht. Ein negativer Exponent bezeichnet als Faktor den Kehrwert der Zehnerpotenz. Die Zehnerpotenz 10^{-3} ist somit ein Tausendstel. Die Zehnerpotenzen der wichtigsten Vorsätze sind ebenfalls in Tab. 4.1 enthalten.

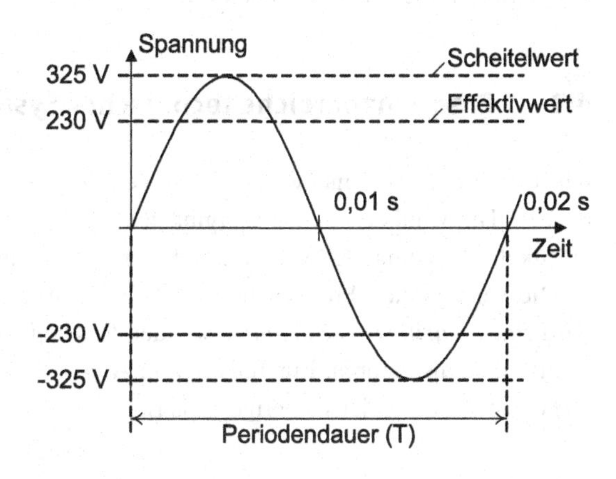

Abb. 4.4 Zeitlicher Verlauf der 230 V, 50 Hz Netzspannung in Deutschland

Tab. 4.1 Gebräuchliche Vorsätze für Einheiten

Name	Zeichen	Zehnerpotenz	Wert
Zetta	Z	10^{21}	1 000 000 000 000 000 000 000
Exa	E	10^{18}	1 000 000 000 000 000 000
Peta	P	10^{15}	1 000 000 000 000 000
Tera	T	10^{12}	1 000 000 000 000
Giga	G	10^{9}	1 000 000 000
Mega	M	10^{6}	1 000 000
kilo	k	10^{3}	1 000
milli	m	10^{-3}	0,001
mikro	μ	10^{-6}	0,000 001
nano	n	10^{-9}	0,000 000 001
piko	p	10^{-12}	0,000 000 000 001
femto	f	10^{-15}	0,000 000 000 000 001

Tipp: Die meisten Vorsätze sind sicherlich aus dem Sprachgebrauch bekannt, insbesondere „kilo“ und „milli“ von Längenangaben.
Die Vorsätze für große Zahlen, „Mega“, „Giga“ und „Tera“, sind durch Speicherplatz von Computern und Festplatten gebräuchlich. Die Vorsätze mit höheren Werten werden zunehmend verwendet, wenn über Datenvolumen berichtet wird.
Bei den Vorsätzen für kleine Zahlen ist „mikro“ von dem Messinstrument Mikrometerschraube bekannt. Merkt man sich „**n**ano“ wie „**n**eun“ und „**f**emto“ wie „**f**ünfzehn“, bleibt „piko“ für 10^{-12} übrig. (Wobei „nano“ eigentlich vom griechischen Wort für Zwerg stammt.)

Beispiele zum Rechnen mit Zehnerpotenzen sowie Übungsaufgaben mit Lösungen und Rechenweg finden sich im Anhang B.

4.3 Frequenzbereiche technischer Systeme

Für technische Systeme werden analoge Signale in verschiedenen *Frequenzbereichen* benutzt. Die Wahl der Frequenz ergibt sich aus verschiedenen Randbedingungen, teilweise physikalisch bedingt, teilweise durch Eigenschaften menschlicher Sinnesorgane.

Die verwendeten Frequenzbereiche sind in Abb. 4.5 dargestellt. Für die Frequenzen wird eine *logarithmische Skala* verwendet. Das heißt, die Teilstriche der Skala entsprechen Multiplikationsfaktoren. Ein Teilstrich in Abb. 4.5 entspricht dem Faktor 10, hat also den 10fachen Wert wie der vorherige Teilstrich.

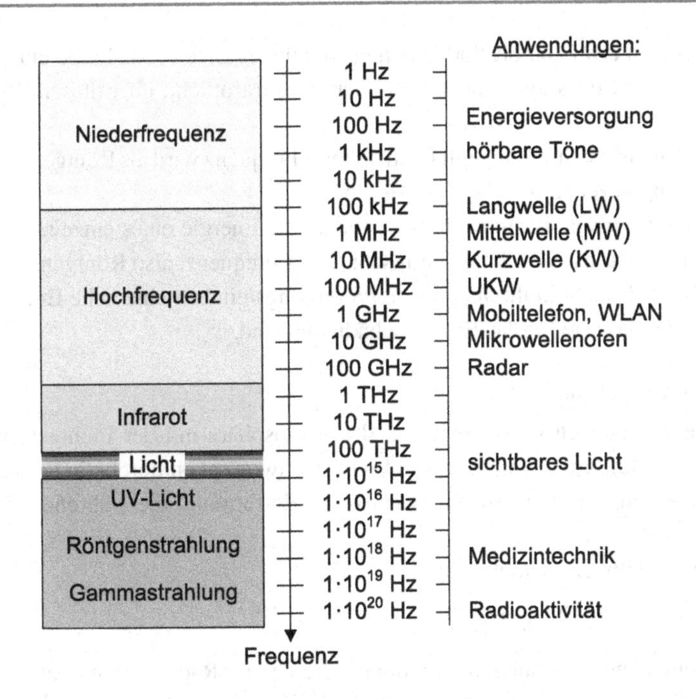

Abb. 4.5 Frequenzbereiche technischer Systeme und Anwendungen

Niederfrequenz

Der technisch genutzte Frequenzbereich beginnt mit niedrigen Frequenzen für die Energieversorgung. Die Netzspannung in Europa hat 50 Hz, in den USA und Japan 60 Hz. Für elektrische Bahnen werden 16,66 Hz verwendet.

Frequenzen zwischen etwa 16 Hz und 20 kHz können vom menschlichen Ohr als Schallwellen wahrgenommen werden. Dieser Frequenzbereich sowie Frequenzen bis 100 kHz werden als *Niederfrequenz* bezeichnet.

Hochfrequenz

Ab der Frequenz von 100 kHz spricht man von *Hochfrequenz*. Elektromagnetische Wellen dieser Frequenzen werden zur Nachrichtenübertragung für Radio, Fernsehen, Funk und Mobiltelefon benutzt.

Die Frequenzen haben unterschiedliche Eigenschaften der Ausbreitung in der Erdatmosphäre und werden darum unterschiedlich genutzt. Radiosignale im Bereich der Kurzwelle werden an der Ionosphäre reflektiert und können darum für die Übertragung mit großer Reichweite benutzt werden. Signale im UKW-Bereich werden nicht in der Atmosphäre reflektiert und haben darum eine geringere Ausbreitung, etwa bis zur Sichtweite der Sender.

Im Bereich von etwa 400 bis 800 THz liegt sichtbares Licht. Jede Farbe entspricht einer anderen Frequenz. Etwas unter diesem Bereich ist Infrarotlicht, über diesem Bereich liegt UV-Licht.

Elektromagnetische Strahlung mit noch höherer Frequenz wird als Röntgenstrahlung und Gammastrahlung bezeichnet.

Je höher die Frequenz ist, umso höher ist auch die Energie eines einzelnen Strahlungsteilchens, eines Photons. Strahlungen mit sehr hoher Frequenz, also Röntgen- und Gammastrahlung, haben deshalb in ihren einzelnen Strahlungsteilchen eine hohe Energie. Dies ist der Grund dafür, dass sie für das Erbgut schädigend sind.

Angabe als Wellenlänge

Radiosignale breiten sich in Vakuum und der Atmosphäre mit der Lichtgeschwindigkeit von rund 300 000 km/s aus. Teilt man die Lichtgeschwindigkeit durch die Frequenz, ergibt sich die *Wellenlänge* einer Schwingung, also die Entfernung, die während einer Periode durchlaufen wird.

In Formelschreibweise lautet dies:

$$\text{Wellenlänge} = \frac{\text{Lichtgeschwindigkeit}}{\text{Frequenz}}$$

Nach der Wellenlänge sind auch die Frequenzbereiche im Radio benannt, also Langwelle, Mittelwelle, Kurzwelle und Ultrakurzwelle (UKW). Die „langen Wellen“ entsprechen dabei einer geringen Frequenz, die „kurzen Wellen“ einer hohen Frequenz. Auch für Frequenzbereiche von Sprechfunkkanälen wird teilweise die Wellenlänge benutzt, beispielsweise „2 m-Band“.

Als Zahlenbeispiel soll die Wellenlänge für die UKW-Frequenz 100 MHz berechnet werden:

$$\text{Wellenlänge} = \frac{300\,000\,\text{km/s}}{100\,\text{MHz}} = \frac{300 \cdot 10^6 \cdot \text{m/s}}{100 \cdot 10^6 \cdot 1/\text{s}} = 3\,\text{m}$$

4.4 Analoge Datenübertragung

Anwendung

Für die Übertragung von Informationen können analoge Signale auf eine andere Frequenz umgesetzt werden. Dies wird als *Modulation* bezeichnet. Das Signal, welches übertragen werden soll, ist das *Nutzsignal*. Die Frequenz, mit der das Nutzsignal übertragen wird, ist die *Trägerfrequenz*.

Ein Anwendungsbeispiel für Modulation sind Radiosignale. Das Nutzsignal ist ein Audiosignal, also Sprache und Musik, mit dem Frequenzbereich von 16 Hz bis 20 kHz. Das Trägersignal liegt zwischen etwa 150 kHz bei einem Radiosender der Langwelle und etwa 100 MHz bei einem UKW-Radiosender.

Amplitudenmodulation

Für Langwelle, Mittelwelle und Kurzwelle wird *Amplitudenmodulation* (kurz AM) als Übertragungsverfahren benutzt. Das Prinzip ist in Abb. 4.6 dargestellt. Das Trägersignal ist die Frequenz, die im Radio eingestellt wird, beispielsweise 198 kHz für BBC Radio 4 auf Langwelle.

Bei der Amplitudenmodulation wird die Amplitude des Trägersignals entsprechend der Information im Nutzsignal verändert. Dieses Verfahren ist technisch relativ einfach und robust. Ein weiterer Vorteil ist, dass relativ viele Sender in einem Frequenzbereich senden können. Nachteilig ist jedoch, dass die Übertragung anfällig für Störsignale ist.

Frequenzmodulation

Für Ultrakurzwelle wird als Übertragungsverfahren die *Frequenzmodulation* (kurz FM) benutzt. Die Trägerfrequenz ist im UKW-Frequenzbereich höher, beispielsweise 100,4 MHz für WDR 2 im Bereich Köln/Bonn. Die Frequenzmodulation verändert die Trägerfrequenz entsprechend des Nutzsignals. Je nach Nutzsignal beträgt die Frequenz des ausgestrahlten Signals also beispielsweise 100,37 MHz oder 100,45 MHz.

Auch die Frequenzmodulation ist in Abb. 4.6 dargestellt. Die Verhältnisse der Frequenzänderung entsprechen nicht der Realität, sondern sind übertrieben, um das Prinzip zu verdeutlichen. Vorteil der Frequenzmodulation ist eine geringere Anfälligkeit für Störungen und damit eine bessere Tonqualität. Allerdings benötigt dieses Verfahren einen größeren Abstand zwischen den Frequenzen unterschiedlicher Sender. Es können in einem Frequenzbereich

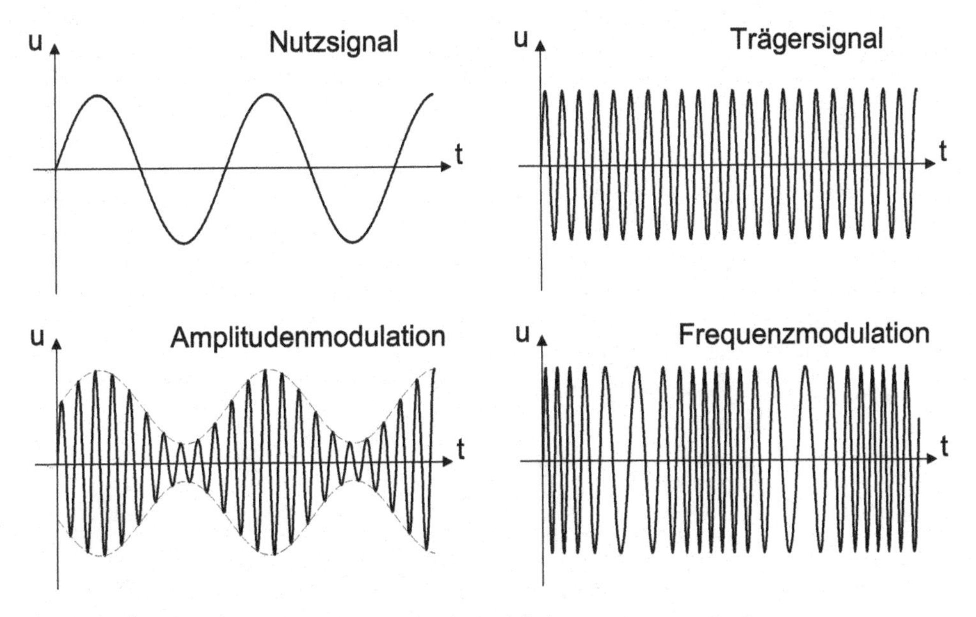

Abb. 4.6 Übertragung analoger Signale durch Modulation

also weniger Sender als bei einer Amplitudenmodulation senden. Da das UKW-Band aber einen ausreichend großen Frequenzbereich umfasst, wird diese Einschränkung zugunsten der Tonqualität akzeptiert.

Zusammenfassung
Die wichtigste Kurvenform der Analogtechnik ist die Sinuskurve.

Sinusförmige Spannungen und Ströme können durch ihre Frequenz und Amplitude beschrieben werden.

Andere Kurvenformen können durch Überlagerung von Sinuskurven verschiedener Frequenzen dargestellt werden.

Grundschaltungen der Analogtechnik

5

In diesem Kapitel lernen Sie,

- wie eine elektronische Schaltung durch einen Schaltplan dargestellt wird,
- die Schaltzeichen für die gängigen Bauelemente,
- das Grundprinzip von Schaltungen zur Gleichrichtung und Verstärkung.

5.1 Schaltungsdarstellung in der Elektrotechnik

Schaltplan und Schaltsymbole

Eine elektronische Schaltung entsteht durch Verbindung mehrerer Bauelemente. In einem *Schaltplan* werden die Bauelemente und ihre Verbindungen graphisch dargestellt. Die Bauform der Bauelemente und ihre Anordnung zueinander werden üblicherweise nicht angegeben. Ein einfacher Schaltplan war bereits im Kap. 2 für das Beispiel der Taschenlampe angegeben.

Die Anordnung der Bauelemente auf einem Schaltplan ist nicht festgelegt. Oft wird der Schaltplan so gezeichnet, dass Eingangssignale auf der linken Seite liegen und Ausgangssignale auf der rechten Seite. Der Signalfluss und die Arbeitsweise der Schaltung entspricht damit der Schreibrichtung „von links nach recht“ der westlichen Sprachen.

Größere Schaltungen können auf mehrere Blätter eines Schaltplans verteilt werden. Zur besseren Übersichtlichkeit werden die Schaltungsteile dann nach ihren Funktionen aufgeteilt, etwa Spannungsversorgung, Signaleingänge, Signalausgänge.

Schaltsymbole

Die Bauelemente werden in einem Schaltplan durch *Schaltsymbole* (auch *Schaltzeichen* oder einfach *Symbole*) dargestellt. Elektrische Verbindungen zwischen den Bauelementen

M. Winzker, *Elektronik für Entscheider*,
https://doi.org/10.1007/978-3-658-40091-0_5

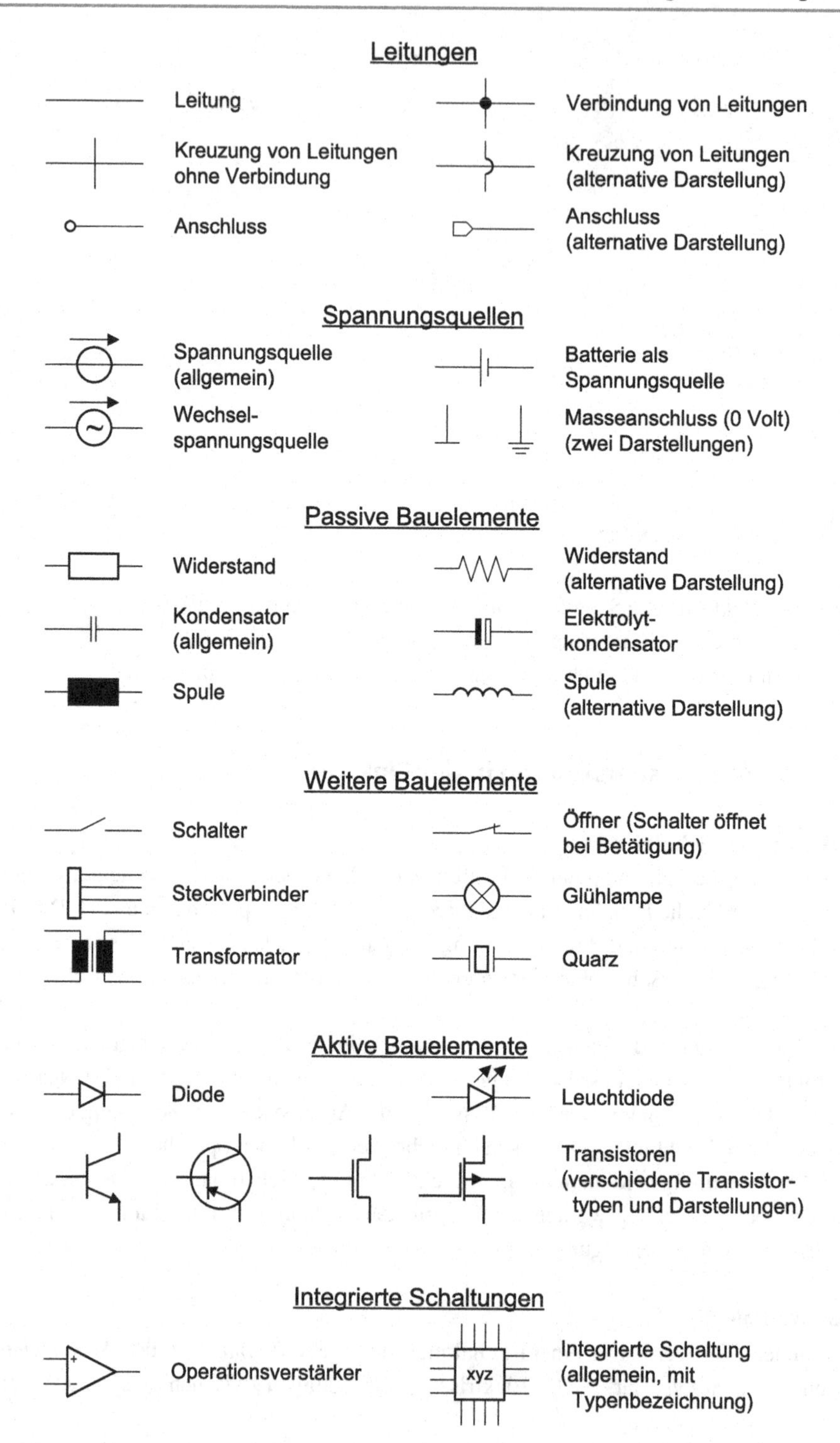

Abb. 5.1 Häufig verwendete Schaltsymbole für Schaltpläne

werden durch Linien angegeben. Sich kreuzende Linien haben keinen Kontakt zueinander. Ein Kontakt wird durch einen Punkt dargestellt.

Eine Übersicht über die wichtigsten Symbole gibt Abb. 5.1. Die Funktion der Bauelemente wurde bereits in Kap. 3 erläutert.

Für einige Bauelemente, zum Beispiel Widerstände, sind mehrere gleichbedeutende Darstellungen gebräuchlich. Beim Elektrolytkondensator wird auf seinen inneren Aufbau durch ein besonderes Symbol hingewiesen. Dies ist dadurch begründet, dass dieser Kondensatortyp, anders als andere Kondensatoren, in einer bestimmten Polarität, also einer bestimmten Spannungsrichtung, eingebaut werden muss. Bei Transistoren kann durch verschiedene Symbole der Transistortyp dargestellt werden.

Bauteileigenschaften und Typenbezeichnung

Zusätzlich zu den Symbolen können Eigenschaften der Bauelemente im Schaltplan angegeben sein, bei einem Widerstand beispielsweise der Widerstandswert. Detaillierte Angaben, wie etwa die Toleranz oder die Bauform finden sich nur in besonderen Fällen, etwa wenn darauf hingewiesen werden soll, dass ein spezielles Bauelement eine sehr niedrige Toleranz haben muss. Für aktive Bauelemente kann die *Typenbezeichnung* angegeben sein.

Aus der Vielzahl integrierter Schaltungen (ICs) werden lediglich *Operationsverstärker* durch ein eigenes Symbol gekennzeichnet. Andere ICs werden üblicherweise durch einen Kasten mit den Anschlussleitungen dargestellt. Sehr große ICs werden auch durch mehrere Kästen repräsentiert, verteilt auf verschiedene Blätter eines Schaltplans. Die Funktion wird durch eine Bezeichnung, etwa „Speicher“ oder „Controller“ angegeben. Zusätzlich oder alternativ kann die Typenbezeichnung angegeben sein.

5.2 Diodenschaltungen zum Gleichrichten

Eigenschaften von Dioden

Dioden sind Bauelemente mit zwei Anschlüssen. Ihr Verhalten hängt von der Richtung ab. Strom kann nur in *Durchflussrichtung* fließen. In *Sperrrichtung* wird ein Stromfluss verhindert. Die Durchflussrichtung wird im Symbol durch die Richtung des Dreiecks angezeigt (Abb. 5.2).

Ein wichtiges Einsatzgebiet von Dioden ist die *Gleichrichtung*, also das Umwandeln von Wechselspannung in Gleichspannung. Während die Energieversorgung mit Wechselspannung arbeitet, benötigen viele Geräte eine Gleichspannung zum Betrieb.

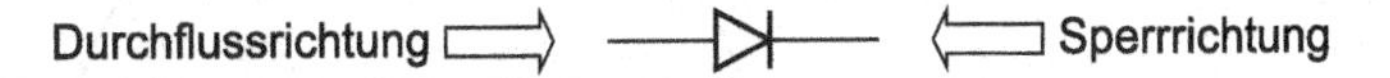

Abb. 5.2 Durchfluss- und Sperrrichtung im Symbol einer Diode

Einfacher Gleichrichter

Eine einfache Gleichrichterschaltung ist in Abb. 5.3 dargestellt. Die Spannungsquelle auf der linken Seite erzeugt die Wechselspannung u_1. Am dargestellten Zeitverlauf ist ersichtlich, dass u_1 zwischen positiver und negativer Richtung wechselt. Der Widerstand auf der rechten Seite soll nur mit positiver Spannung betrieben werden, u_2 soll also nicht negativ werden.

Die erforderliche Gleichrichtung wird durch die Diode erzielt. Bei positiven Werten für die Wechselspannung u_1 ist die Diode in Durchlassrichtung. Dadurch wird die Spannung an den Widerstand weitergeleitet. Bei negativen Werten für die Wechselspannung u_1 ist die Diode in Sperrrichtung. Somit kann die Spannung nicht an den Widerstand weitergegeben werden.

Wie im Zeitdiagramm von Abb. 5.3 zu sehen, ist die Spannung nach der Gleichrichtung immer noch pulsierend. Die Spannung schwankt zwischen dem Scheitelwert der Wechselspannung und Null. Diese starken Schwankungen sind für viele elektronische Geräte zu stark.

Verbesserter Gleichrichter

Eine verbesserte Schaltung zur Gleichrichtung ist in Abb. 5.4 dargestellt. Diese Schaltung findet sich in vielen einfachen Steckernetzteilen, zum Beispiel bei Internet-Routern, Set-Top-Boxen für Fernseher oder zum Aufladen von Smartphones. Die Netzspannung von

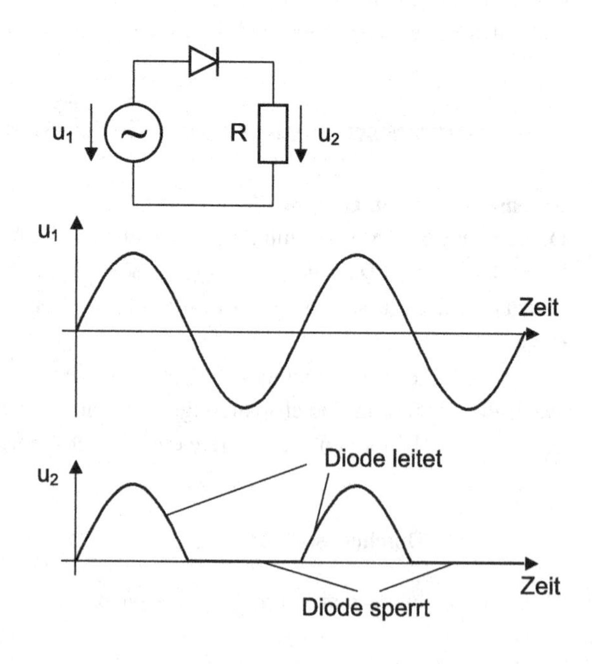

Abb. 5.3 Einfache Gleichrichterschaltung

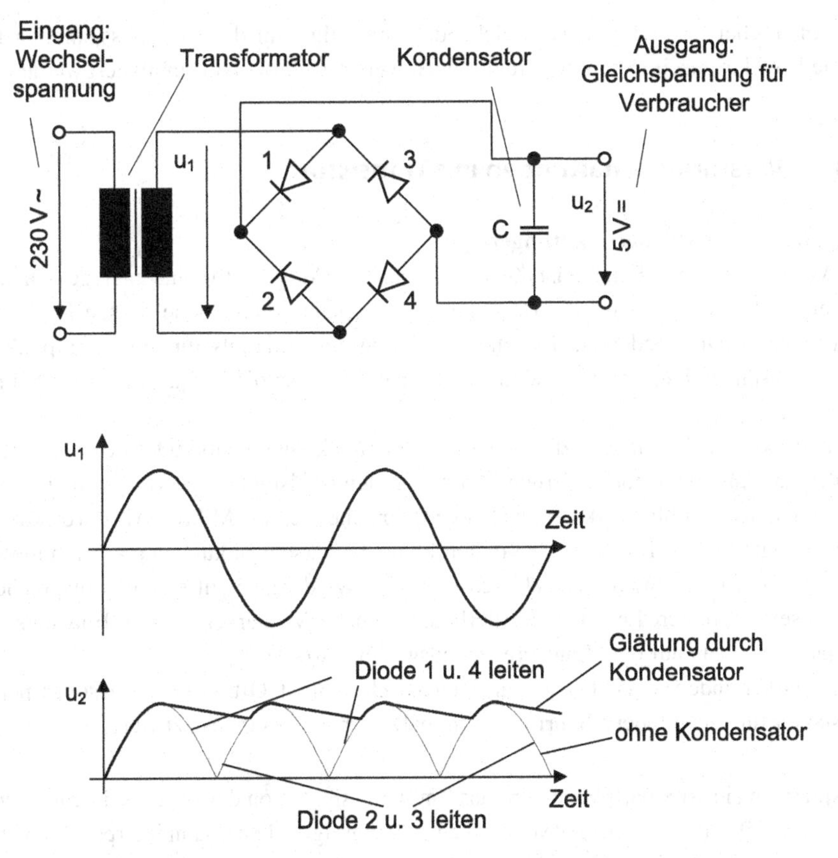

Abb. 5.4 Schaltung eines Steckernetzteils

230 V Wechselspannung soll durch das Netzteil in eine Gleichspannung von beispielsweise 5 V gewandelt werden.

Auf der linken Seite des Schaltplans wird mit einem Transformator zunächst die Spannung von 230 V auf 5 V reduziert. Durch den Transformator bleibt die Spannung jedoch noch eine Wechselspannung. Mit vier Dioden erfolgt dann die Gleichrichtung. Anders als in der einfachen Schaltung mit nur einer Diode werden in dieser verbesserten Schaltung beide Halbwellen der Wechselspannung ausgenutzt. Sowohl bei positiver als auch bei negativer Spannung sind jeweils zwei Dioden in Durchflussrichtung und sorgen dafür, dass die Spannung am Ausgang stets positiv ist. Eine weitere Verbesserung der Ausgangsspannung erfolgt durch einen Kondensator am Ausgang. Der Kondensator speichert die Spannung kurzzeitig auch dann, wenn die Wechselspannung gerade auf Null zurückgeht.

Wie im Zeitdiagramm gezeigt, ergibt sich durch die verbesserte Gleichrichtschaltung eine gleichmäßige Spannung am Ausgang. Da sich die im Kondensator gespeicherte Ladung langsam entlädt, ist die Spannung nicht vollständig konstant. Für viele Anwendungen ist eine solche Gleichrichtung aber ausreichend. Wenn nötig, kann die Ausgangsspannung durch spezielle elektronische Spannungsregler noch weiter geglättet und stabilisiert werden.

5.3 Verstärkerschaltungen mit Transistoren

Aufgabe von Verstärkerschaltungen

Die Verstärkung von Signalen ist die wohl wichtigste Aufgabe für eine analoge Schaltung. Bei einer Verstärkung wird die Leistung eines Signals erhöht, ohne dessen Information zu verändern. Dies bedeutet, dass die Amplitude eines Signals für jeden Zeitpunkt mit einem konstanten Faktor erhöht wird. Die Signalform, also die Frequenz, wird dabei nicht verändert.

Verstärker werden eingesetzt, wenn Signale nur mit kleiner Amplitude vorliegen, aber mit größerer Amplitude benötigt werden. Ein Anwendungsbeispiel ist die Verstärkung in einem Megaphon, wie in Abb. 5.5 skizziert. Hier wird Sprache in einem Mikrofon in ein elektrisches Signal umgewandelt. Da das Mikrofon auf kleine Druckschwankungen reagieren muss, ist das erzeugte elektrische Signal sehr schwach. Zur Wiedergabe auf einem Lautsprecher ist eine wesentlich höhere Leistung erforderlich. Durch den Verstärker wird das Eingangssignal verstärkt und kann auf dem Lautsprecher ausgegeben werden.

Verstärker finden sich in fast jedem elektronischen Gerät. Oftmals müssen sogar mehrere Verstärker für verschiedene Schritte der Signalverarbeitung eingesetzt werden.

Beispiel: In einem Smartphone wird das Empfangssignal von der Antenne in einem ersten Schritt verstärkt. Das verstärkte Empfangssignal kann dann interpretiert werden. Es wird also entschieden, ob eine SMS oder ein Sprachsignal empfangen wird. Bei einem Sprachsignal wird dieses dann über einen weiteren Verstärker an den Lautsprecher gegeben.

Transistorverstärker

Zur Verstärkung von Signalen werden Transistoren als aktive Bauelemente eingesetzt. Der innere Aufbau eines Transistors wird später in Kap. 9 erläutert. An dieser Stelle soll zunächst die Anwendung betrachtet werden.

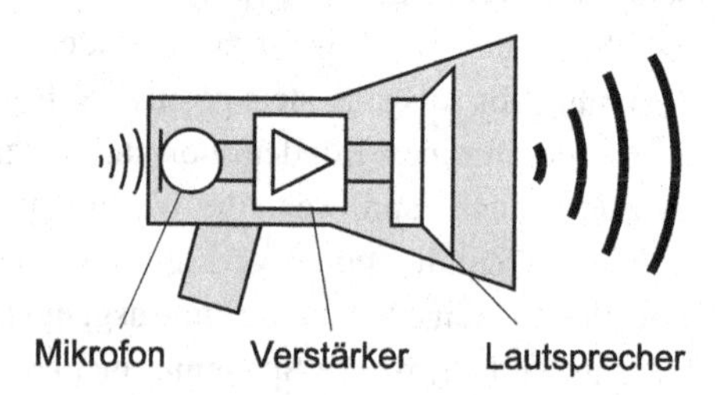

Abb. 5.5 Verstärker in einem Megaphon

Die häufig verwendeten Bipolartransistoren haben drei Anschlüsse, die als Basis, Emitter und Kollektor bezeichnet werden. In der üblichen Schaltung wird die Basis als Eingang verwendet und steuert die Verbindung zwischen Emitter und Kollektor an.

Funktion des Bipolartransistors:

Der Widerstand zwischen Emitter und Kollektor wird durch Ansteuerung der Basis (gegenüber dem Emitter) verändert.

Einen Transistor kann man sich vereinfacht als ein Ventil vorstellen, ähnlich einem Wasserventil. Wie in Abb. 5.6 gezeigt, kann ein regelbarer Strom zwischen Emitter und Kollektor fließen. Durch die Basis wird das Ventil geöffnet oder geschlossen, sodass mehr oder weniger Strom fließen kann. Da zum Öffnen und Schließen des Ventils nur eine geringe Kraft nötig ist, wird das Eingangssignal verstärkt.

Eine einfache Verstärkerschaltung mit Transistor ist in Abb. 5.7 dargestellt. An einer Spannungsquelle, gekennzeichnet durch den Anschluss „U_B“, sind hintereinander ein Lautsprecher und ein Transistor angeschlossen. Das Eingangssignal für den Verstärker wird an die Basis (B) des Transistors angeschlossen. Abhängig vom Eingangssignal lässt der Transistor zwischen Emitter (E) und Kollektor (C) einen kleinen, mittleren oder großen Strom durch. Dadurch wird der Lautsprecher angesteuert. Die Membran des Lautsprechers schwingt und erzeugt so ein akustisches Signal entsprechend des Eingangssignals.

Auf diese Art und Weise verstärkt der Transistor die Information des Eingangssignals. Der Transistor selbst erzeugt dabei allerdings keine Energie, sondern die Energie der Spannungsquelle wird gesteuert. Dies entspricht wieder der Analogie des Ventils. Eine Pumpe oder ein Wasserreservoir sorgt für den Fluss des Wassers, das Ventil steuert den Wasserfluss.

Ein ausführlich erläutertes Beispiel für eine komplette Transistorschaltung ist in Anhang C. 1 gegeben.

Komplexe Verstärkerschaltungen

Neben der oben gezeigten Prinzipschaltung existieren weitere Grundschaltungen, bei denen der Transistor etwas anders angeschlossen wird. Sie unterscheiden sich darin, wie stark das Eingangssignal sein muss, welche Last am Ausgang angesteuert werden kann und ob die Spannung, der Strom oder beides verstärkt wird.

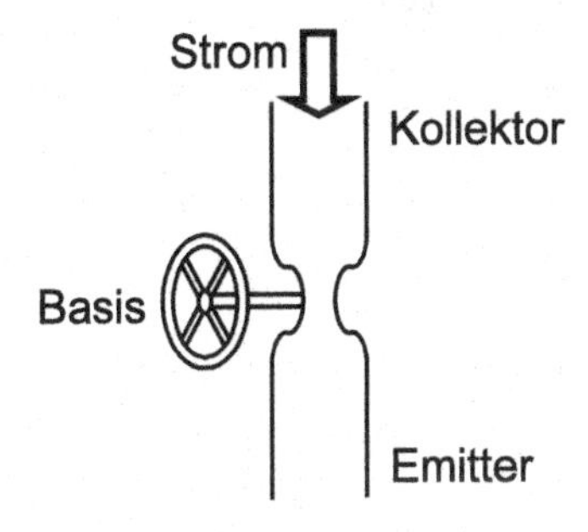

Abb. 5.6 Analogie von Transistor und Ventil

Abb. 5.7 Prinzip eines Transistorverstärkers

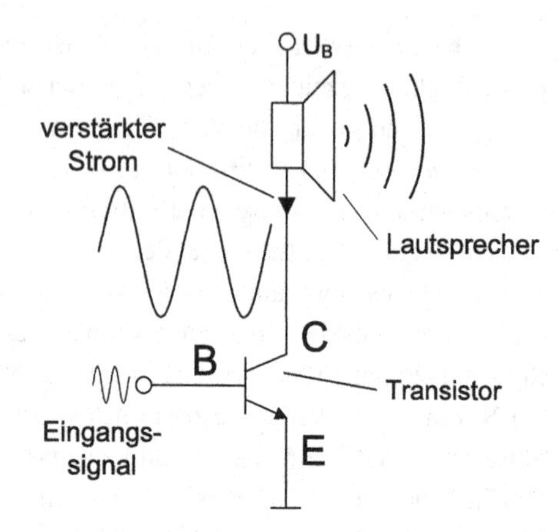

Meistens werden in einem Verstärker mehrere Transistorstufen verwendet. Außerdem sind einige Widerstände und Kondensatoren erforderlich, um den Transistor in einem geeigneten Spannungsbereich einzusetzen. Dieser Spannungsbereich wird als *Arbeitspunkt* bezeichnet. Zum Beispiel verstärkt ein bestimmter Transistortyp nur dann sinnvoll, wenn die Eingangsspannung zwischen 0,7 und 0,8 V liegt. Der Arbeitspunkt muss dann so liegen, dass dieser Bereich genutzt wird.

Abb. 5.8 zeigt als Beispiel einen Verstärker aus zwei Transistoren T1 und T2. Die Versorgungsspannung „U_B", die Parameter für die Widerstände R1 bis R8, die Kondensatoren C1, C2 sowie die Typen der Transistoren müssen entsprechend der Anwendung gewählt werden.

Außerdem können für den Aufbau von Verstärkern Operationsverstärker als integrierte Schaltungen benutzt werden. Sie können flexibel eingesetzt und mit wenigen Widerständen an die jeweilige Anwendung angepasst werden.

Abb. 5.8 Komplette Schaltung eines Verstärkers mit zwei Transistoren

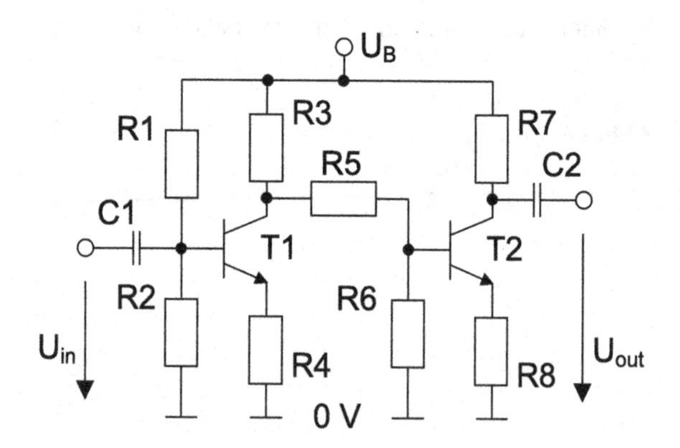

Zusammenfassung

Elektronische Schaltungen werden durch einen Schaltplan mit Schaltsymbolen für die Bauelemente dargestellt.

Eine wichtige Anwendung für das aktive Bauelement Diode ist die Gleichrichtung von Wechselspannung in Gleichspannung.

Eine wichtige Anwendung für das aktive Bauelement Transistor ist die Verstärkung von Signalen.

Bei einem Bipolartransistor wird der Widerstand zwischen Emitter und Kollektor durch Ansteuerung der Basis verändert.

Digitale Signale 6

In diesem Kapitel lernen Sie,

- die wichtigsten Begriffe und Eigenschaften der Digitaltechnik,
- verschiedene Zahlendarstellungen und Codes zur Darstellung von Informationen,
- wie die Werte der Digitalelektronik durch Spannungen repräsentiert werden.

6.1 Digitaltechnik

Begriffsbestimmung

Der Begriff *digital* beschreibt das Gegenteil zu *analog* und bedeutet im eigentlichen Sinne „abzählbar". Abgeleitet wird der Begriff vom lateinischen „digitus", der Finger, welcher ja zum Zählen benutzt werden kann. Als digital werden also Signale bezeichnet, die nur eine bestimmte, abzählbare Menge von Werten einnehmen können.

Als Beispiel für einen digitalen Wert kann man sich ein Regal vorstellen, in dem die Bretter mittels Metallstiften in vorgegebenen Bohrungen eingehängt werden (Abb. 6.1, links). Die Höhe eines Regalbretts ist ein digitaler Wert, da nur eine begrenzte, vorgegebene Möglichkeit von vielleicht 50 Positionen möglich ist.

Wird ein Regalbrett hingegen durch einen Winkel mit Bohrer und Dübel an einer Wand befestigt (Abb. 6.1, rechts), ist die Höhe des Bretts ein analoger Wert, da der Winkel in jeder beliebigen Höhe angebracht werden kann. Theoretisch sind also unendlich viele Werte möglich. Natürlich kann in der Praxis die Höhe nur mit einer bestimmten Genauigkeit bestimmt werden, aber dies ist nur eine Frage der Messmöglichkeiten. Vom Prinzip her können unbegrenzt viele Werte auftreten.

M. Winzker, *Elektronik für Entscheider*,
https://doi.org/10.1007/978-3-658-40091-0_6

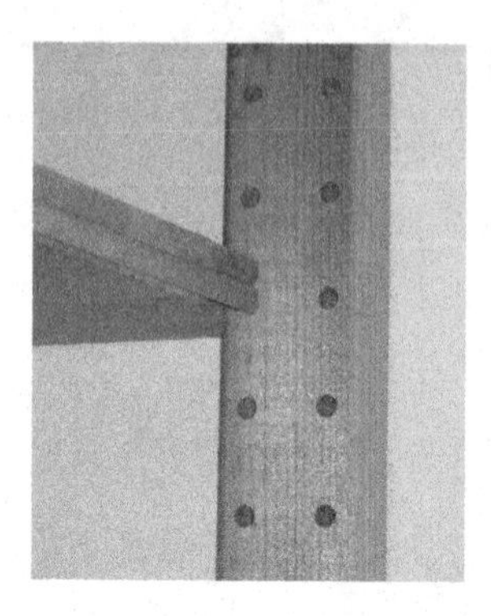

Abb. 6.1 Befestigung in einem „digitalen“ und einem „analogen“ Regal

Vergleich analoger und digitaler Signale

Da analoge Signale wesentlich mehr Werte als digitale Signale einnehmen können, enthalten sie prinzipiell mehr Informationen. Dennoch lösen in vielen Anwendungsbereichen Geräte mit digitaler Verarbeitung analoge Systeme ab. Der Grund liegt darin, dass digitale Signale heute meist wesentlich einfacher gespeichert, übertragen und verarbeitet werden können. Der Informationsverlust durch Verwendung digitaler Signale ist darum nur theoretischer Natur. Eine Qualitätsverschlechterung durch digitale Signale kann allerdings auftreten, wenn aus Kostengründen Daten stark komprimiert werden.

Die Ablösung analoger Signale durch digitale Systeme kann am Beispiel Fotoapparate betrachtet werden. Für die meisten Anwendungen haben Digitalkameras heutzutage analoge Modelle abgelöst, denn digitale Bilder sind deutlich günstiger, schneller verfügbar und können leichter weiterverarbeitet werden. Auch im Bereich der Musik haben digitale Audio-CDs die analoge Schallplatte größtenteils verdrängt.

Kontinuierliche und diskrete Signale

Der Unterschied zwischen analogen und digitalen Signalen wird technisch präzise durch die Begriffe kontinuierlich und diskret beschrieben. Dabei wird zwischen dem Wertebereich und dem Zeitverlauf unterschieden.

Der Wertebereich eines Signals kann sein:

- **wertkontinuierlich:** Innerhalb eines Dynamikbereichs kann jeder beliebige Wert eingenommen werden. Ein Beispiel hierfür ist die Temperatur. Der Begriff Dynamikbereich sagt aus, dass es Minimal- und Maximalwerte gibt, also etwa die Wassertemperatur in einer Waschmaschine nicht größer als 100 °C sein kann.
- **wertdiskret:** Ein Signal kann nur bestimmte vorgegebene Werte einnehmen. Ein Beispiel hierfür ist die Tabellenposition einer Fußballmannschaft. In der 1. Bundesliga sind nur die Werte 1 bis 18 möglich. Der Tabellenplatz 3,5 kann nicht auftreten.

Daneben kann noch beschrieben werden, zu welchen Zeitpunkten ein Signal definiert ist:

- **zeitkontinuierlich:** Dieser Begriff gibt an, dass ein Signal zu jedem Zeitpunkt definiert ist. Ein Beispiel hierfür ist wiederum die Temperatur. Zu jedem Zeitpunkt kann etwa die Wassertemperatur an einer Messposition bestimmt werden.
- **zeitdiskret:** Hiermit ist gemeint, dass ein Signal nur zu bestimmten abzählbaren Zeiten definiert ist. Es kann also nicht für jeden beliebigen Zeitpunkt ein neuer Wert bestimmt werden. Beim Beispiel Fußball etwa wird nur einmal im Jahr der deutsche Meister ermittelt, sodass es sich um ein zeitdiskretes Signal handelt.

Die Definition eines zeitdiskreten Signals erscheint zunächst etwas pedantisch. Schließlich kann zu jedem Zeitpunkt benannt werden, wer amtierender Meister ist. Dabei handelt es sich jedoch stets um den letzten gültigen Wert, der sich nicht kontinuierlich ändern kann. Ein neuer Wert steht zu einem bestimmten Zeitpunkt fest und bleibt dann bis zum Ende der nächsten Saison unverändert.

Ein anderes Beispiel für ein zeitdiskretes Signal ist die Sonnenscheindauer eines Tages. Erst bei Sonnenuntergang kann angegeben werden, wie viele Stunden, Minuten und Sekunden an diesem Tag die Sonne schien. Ein Wert wird also nur einmal pro Tag ermittelt.

Ein Signal wird als analog bezeichnet, wenn es sowohl wertkontinuierlich als auch zeitkontinuierlich ist. Ein digitales Signal ist wertdiskret und zeitdiskret.

Als Sonderfälle sind auch die Kombinationen wertkontinuierlich, zeitdiskret sowie wertdiskret, zeitkontinuierlich möglich. Sie haben in der Praxis jedoch kaum eine Bedeutung. Ein Beispiel für einen solchen Sonderfall ist die Sonnenscheindauer. Sie wird nur einmal pro Tag ermittelt, ist also zeitdiskret. Der Wert kann innerhalb des Dynamikbereichs 0 bis 24 h theoretisch jeden beliebigen Wert einnehmen und ist damit wertkontinuierlich.

Physikalische Darstellung von Daten

Zur Verarbeitung in einer elektronischen Schaltung müssen digitale Signale durch eine elektrische Größe dargestellt werden. Üblicherweise wird die elektrische Spannung zur Darstellung verwendet. Der Spannungswert wird dabei auch als *Pegel* oder *Spannungspegel* bezeichnet.

Digitale Signale werden fast immer als *Binärdaten* verarbeitet. Binär bedeutet *zweiwertig* und sagt aus, dass ein Signal nur zwei mögliche Werte haben kann. Diese beiden Werte werden in der Digitaltechnik als ‚0' und ‚1' bezeichnet. In manchen Datenblättern finden sich auch die Bezeichnungen ‚L' („low") und ‚H' („high").

Der Grund für die Verwendung von Binärdaten liegt darin, dass sie sich sehr einfach durch zwei entgegengesetzte Zustände darstellen lassen. In Schaltungen erfolgt die Darstellung meist durch hohe und niedrige Spannung. In anderen Anwendungen können auch geöffnete und geschlossene Schalter oder Licht ‚an' und ‚aus' als Darstellung verwendet werden.

6.2 Zahlendarstellungen und Codes

Begriffsbestimmung

Binärdaten, die in digitalen Systemen zur Verarbeitung, Speicherung und Übertragung von Daten verwendet werden, kennen nur zwei Zustände. Die Daten der Anwendung haben jedoch oft mehr als zwei mögliche Zustände. Darum werden mehrere Binärdaten verwendet, um eine Information darzustellen.

Eine Information wird durch ein *Codewort* mit mehreren Stellen repräsentiert. Die Stellen sind die einzelnen Binärdaten, genannt *Bit*. In der Computertechnik sind Codewörter mit 8 Bit eine „Grundeinheit" und werden als *Byte* bezeichnet.

Ein *Code* ist die Gesamtmenge der Codewörter mit der Zuordnung zwischen einem Codewort und seiner Bedeutung. Das Wort Code bezeichnet umgangssprachlich vor allem die Verschlüsselung zur Geheimhaltung. Im technischen Sprachgebrauch ist diese Bedeutung mit dem Begriff Code jedoch meistens nicht verbunden.

Ein Codewort mit zwei Stellen kann vier verschiedene Werte darstellen, nämlich ‚00', ‚01', ‚10' und ‚11'. Mit jeder weiteren Stelle verdoppeln sich die möglichen Werte. Mit drei Stellen sind also acht Werte möglich, mit vier Stellen 16 Werte und so weiter. Allgemein können in einem Code mit n Stellen 2^n verschiedene Werte dargestellt werden. Die Anzahl an Stellen wird auch als *Wortbreite* bezeichnet.

Zweierpotenzen

Der Ausdruck 2^n ist die *Zweierpotenz* der Wortbreite. Die Zweierpotenzen für n von 1 bis 10 sind in Tab. 6.1 angegeben.

Tipp: Die Werte braucht man nicht auswendig zu lernen, denn sie können leicht hergeleitet werden. Beginnend von der Zweierpotenz 2 für $n = 1$ ergibt sich jede weitere Zweierpotenz durch Verdopplung. Häufig verwendete Werte sind $2^8 = 256$ (für ein Byte) und $2^{10} = 1024$ oder gerundet $2^{10} \approx 1000$.

Zur Berechnung höherer Zweierpotenzen kann ausgenutzt werden, dass der Exponent, also der Wert n, in mehrere Teile aufgeteilt werden kann. Die Summe der Exponenten entspricht dem Produkt der Zweierpotenzen.

Mathematisch ausgedrückt ist dies $2^{m+n} = 2^m \cdot 2^n$.

Was zunächst vielleicht etwas kompliziert klingt, kann für die praktische Rechnung ganz einfach angewendet werden. Ein Codewort mit 16 Stellen hat 2^{16} mögliche Kombinationen.

Tab. 6.1 Zweierpotenzen von 1 bis 10

n:	1	2	3	4	5	6	7	8	9	10
2^n:	2	4	8	16	32	64	128	256	512	1024

Aus dem Exponenten, der 16, können die Zehner herausgenommen werden und ergeben gerundet den Faktor 1000. Der Rest, die 6, entspricht dem Wert 64. Also ist $2^{16} \approx 64.000$.

Noch einmal mathematisch: $2^{16} = 2^{10+6} = 2^{10} \cdot 2^6 \approx 1000 \cdot 64 = 64.000$.

Zur Berechnung der Codewörter für 32 Stellen kann die 32 in dreimal 10 plus 2 aufgeteilt werden. Die Zweierpotenz von 2 ist 4, dreimal multipliziert mit dem Faktor 1000 ergeben sich 4 Milliarden Codewörter. Weitere Rechenbeispiele finden sich in Anhang B.

Für die Zweierpotenzen 2^{10}, 2^{20}, ... werden auch die Vorsätze „kilo", „Mega", und so weiter benutzt, die eigentlich für die Zehnerpotenzen definiert sind. Dies ist mathematisch zwar nicht korrekt, jedoch ist in der Praxis meistens aus dem Zusammenhang bekannt, welcher Wert gemeint ist.

Ausgenutzt wird die Zweideutigkeit zum Beispiel im Marketing für Festplatten. Eine Festplatte mit 2 TByte, werbewirksam gerechnet mit Zehnerpotenzen, wird vom Betriebssystem in der Rechnung mit Zweierpotenzen nur mit etwa 1,8 TByte angezeigt.

Ganze Zahlen

Ein häufig verwendeter Datentyp ist die Darstellung als *ganze Zahl,* auch als *Integer* bezeichnet. Die ganzen Zahlen sind die positiven und negativen Zahlen ohne Nachkommastellen. Es sind also die Zahlen „$\ldots, -3, -2, -1, 0, 1, 2, 3, \ldots$".

Da nur eine begrenzte Anzahl an verschiedenen Werten dargestellt werden können, ist der Wertebereich beschränkt. Er hängt von der Anzahl an Stellen ab. Für n Stellen kann der Wertebereich von -2^{n-1} bis $2^{n-1}-1$ dargestellt werden.

Als Variante können auch nur positive Zahlen inklusive der Null dargestellt werden. Dann ist der mögliche Wertebereich 0 bis 2^n-1.

Häufig werden Zahlen mit 8 oder 16 Stellen verwendet. Für diese Wortbreiten ergeben sich folgende Zahlenbereiche:

- 8 Bit: Der mögliche Zahlenbereich umfasst –128 bis 127. Für positive Zahlen umfasst er 0 bis 255.
- 16 Bit: Der mögliche Zahlenbereich umfasst etwa den Bereich –32.000 bis 32.000. Für positive Zahlen umfasst er 0 bis etwa 64.000.

Gleitkommazahlen

Reelle Zahlen, also Zahlen mit Werten nach dem Komma, werden als *Gleitkommazahl* dargestellt. Eine Gleitkommazahl in einem digitalen System entspricht prinzipiell der Gleitkommaanzeige in einem Taschenrechner.

Ein Taschenrechner zeigt beispielsweise „–3,4567 E–17" an. Diese Darstellung enthält drei Anteile, nämlich Vorzeichen, Zahlenwert und eine Zehnerpotenz als Multiplikationsfaktor.

Ein Codewort teilt die zur Verfügung stehenden Stellen für die drei Anteile auf. Bei einer Gleitkommazahl mit 32 Bit wird zum Beispiel 1 Bit für das Vorzeichen verwendet, 23 Bit für den Zahlenwert und die restlichen 8 Bit für den Multiplikationsfaktor.

Buchstaben und Schriftzeichen

Neben Zahlen können mit einem Codewort auch andere Informationen dargestellt werden. Der für Text häufig eingesetzte Code ist der *ASCII-Code.* Ursprünglich 7 Bit codierten einen Buchstaben, eine Ziffer, ein Satzzeichen oder ein Steuerzeichen, zum Beispiel „Neue Zeile". Der erweiterte ASCII-Code mit 8 Bit umfasst auch Umlaute und einige Symbole.

Interpretation von Codewörtern

Neben den genannten Beispielen sind noch etliche weitere Codes möglich und werden auch in der Praxis verwendet. Zur Interpretation von Codewörtern ist darum stets die Kenntnis des verwendeten Codes nötig. Dem Codewort selbst ist seine Bedeutung nicht anzusehen.

So kann das 8 Bit Codewort „01000001" als Integer-Zahl den Wert 65 bedeuten, als ASCII-Code dem Buchstaben „A" entsprechen oder eine ganz andere Bedeutung haben.

6.3 Darstellung und Übertragung digitaler Daten

Darstellung durch Spannungspegel

Zur Darstellung von Binärdaten durch Spannungen gibt es verschiedene Standards, denn je nach Anwendung sind verschiedene Spannungen sinnvoll. Für die Automobilelektronik werden zum Beispiel höhere Spannungsabstände verwendet, um eine bessere Sicherheit gegen Störungen durch den Zündfunken des Motors zu erreichen. Für Smartphones werden geringere Spannungen verwendet, um die Batterie geringer zu belasten.

Abb. 6.2 zeigt als ein Beispiel den zeitlichen Verlauf eines binären Wertes im sogenannten LVTTL-Standard. In diesem Standard wird der Wert ‚0' durch eine Spannung zwischen 0 und 0,8 V dargestellt. Eine Spannung zwischen 2,0 und 3,3 V gilt als Wert ‚1'. Um die beiden möglichen Werte zuverlässig unterscheiden zu können, ist der Spannungsbereich zwischen 0,8 und 2,0 V keinem Wert zugeordnet. Spannungen in diesem Bereich sind nur kurzzeitig beim Wechsel zwischen ‚0' und ‚1' zulässig.

Im zeitlichen Verlauf wird bei einem Wechsel des Spannungswertes eine kurze Zeit benötigt, bis der endgültige Spannungswert erreicht wird. Die Binärdaten ‚0' und ‚1' werden jedoch schon vorher beim Erreichen der Schwelle erkannt.

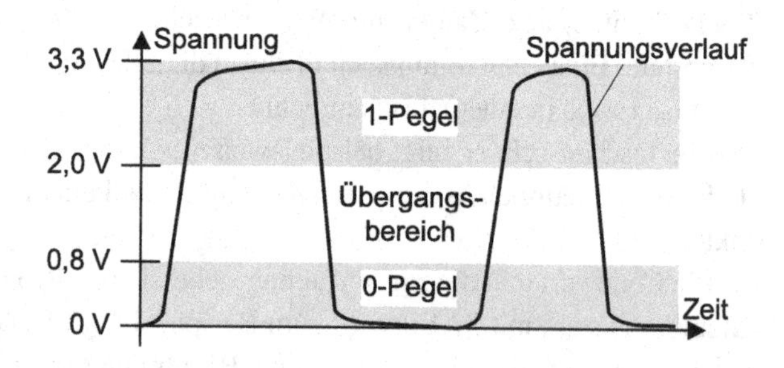

Abb. 6.2 Binärdaten werden durch Spannungspegel dargestellt (hier im LVTTL-Standard)

Differentielle Datenübertragung

Um Daten mit hoher Geschwindigkeit und hoher Störsicherheit über Entfernungen von einigen Metern zu übertragen, kann eine *differentielle Datenübertragung* verwendet werden.

Anstelle eines Spannungswertes werden Binärdaten hierbei durch zwei Spannungswerte auf zwei Leitungen dargestellt, die entgegengesetzt zueinander wechseln (Abb. 6.3). Beim häufig verwendeten Standard LVDS wird eine ‚1' dargestellt, indem Leitung D+ auf etwa 1,4 V und Leitung D– auf etwa 1,1 V liegt. Eine ‚0' wird durch die umgekehrten Spannungen angezeigt, also Leitung D+ auf etwa 1,1 V und Leitung D– auf etwa 1,4 V.

Diese Darstellung erscheint zunächst aufwendiger als die Verwendung eines einzelnen Spannungswertes. Der entscheidende Vorteil bei der differentiellen Datenübertragung liegt jedoch darin, dass geringere Spannungen verwendet werden können und die Übertragung relativ störungssicher ist. Eine mögliche Störung, zum Beispiel durch ein anderes elektrisches Gerät, wirkt sich nämlich immer auf beide Leitungen aus. Zur Entscheidung, ob eine ‚0' oder ‚1' übertragen wird, werden einfach die Spannungen an Leitung D+ und D– verglichen.

Durch die geringen Spannungsunterschiede kann die Geschwindigkeit bei der differentiellen Datenübertragung wesentlich höher sein. Dieses Prinzip wird unter anderem für die Datenübertragung per USB, HDMI und S-ATA (für Computer-Festplatten) verwendet.

Zum Vergleich sind in Abb. 6.3 die Verhältnisse zwischen differentieller Datenübertragung und Übertragung als Einzelleitung skizziert. Bei der differentiellen Datenübertragung ist die Spannungsdifferenz zwischen den Pegeln deutlich geringer, wodurch die Datenleitungen sich schneller ändern können.

Parallele und serielle Datenübertragung

Wenn Codewörter mit mehreren Bits übertragen werden sollen, können die einzelnen Bits gleichzeitig oder nacheinander übertragen werden.

Bei der *parallelen Datenübertragung* werden sämtliche Bits eines Datenwortes auf einer eigenen Leitung als Spannungspegel übertragen. Durch zusätzliche Steuerleitungen wird die

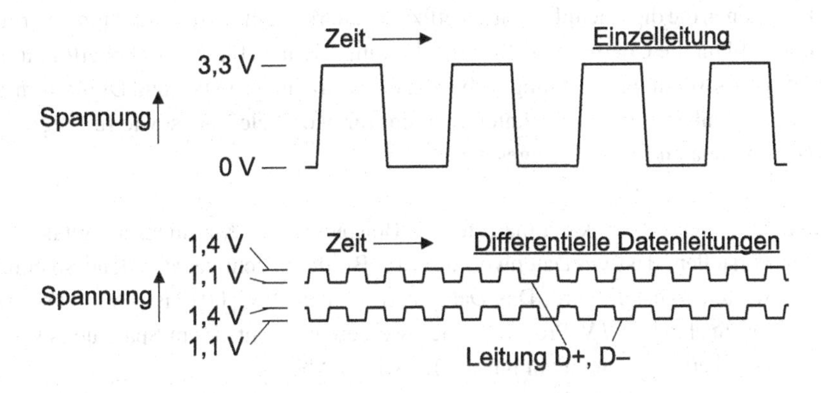

Abb. 6.3 Differentielle Datenübertragung im Vergleich zur Einzelleitung

Datenübernahme angezeigt. Ein Beispiel für die parallele Datenübertragung ist die „klassische" Druckerschnittstelle mit dem 25-poligen Stecker. Die Ausgabe an den Drucker wird in einzelnen Buchstaben im ASCII-Code mit 8 Bit auf 8 Leitungen übertragen. Die übrigen Leitungen werden für Steuerleitungen und die Masseverbindung benutzt.

Bei der *seriellen Datenübertragung* werden die einzelnen Bits nacheinander auf einer einzelnen Leitung übertragen. Bei einem Buchstaben im ASCII-Code werden also die 8 Bit nacheinander auf einer Leitung gesendet. Anfang und Ende eines Codewortes werden durch zusätzliche Steuerbits angezeigt.

Für hohe Übertragungsgeschwindigkeiten wird die serielle Datenübertragung oft mit differentieller Datenübertragung kombiniert und somit zur Datenübertragung ein Leitungspaar verwendet. Ein Beispiel hierfür ist USB („Universal Serial Bus"). Ein USB-Kabel hat vier Leitungen. Zwei davon sind das Leitungspaar für die differentielle Datenübertragung. Die anderen beiden Leitungen transportieren 5 V Versorgungsspannung, damit kleine Geräte, wie USB-Sticks, keine eigene Stromversorgung benötigen.

Der wesentliche Vorteil der seriellen Datenübertragung ist die geringere Anzahl an Leitungen und somit die kleineren, flexibleren und kostengünstigeren Kabel. Durch geschickte Schaltungstechnik, insbesondere die differentielle Datenübertragung, ist die Übertragungsgeschwindigkeit nicht schlechter als bei paralleler Datenübertragung.

Auch für Bussysteme in der Automobiltechnik wird die serielle Datenübertragung eingesetzt. Informationen hierzu finden sich in Kap. 21.

Datenübertragung mit Modulationsverfahren

Die Darstellung von digitalen Daten durch Spannungspegel eignet sich sehr gut für die Verwendung innerhalb von Schaltungen und die Übertragung auf kurzen Strecken. Auch die Verwendung von Spannungsdifferenzen wird für kurze Strecken verwendet. Mit „kurze Strecke" sind Entfernungen bis zu einigen Metern gemeint, bei manchen Anwendungen auch bis zu einigen hundert Metern. Für eine USB-Leitung ist beispielsweise eine maximale Länge von 5 Meter spezifiziert.

Um Daten über größere Entfernungen zu übertragen, werden *Modulationsverfahren* eingesetzt, bei denen die digitale Information effizienter dargestellt wird. Modulationsverfahren werden sowohl für die Übertragung über eine Leitung, als auch für die Funkübertragung verwendet. Eine Anwendung für leitungsgebundene Übertragung ist DSL und Digitalfernsehen per Kabel; Funkübertragung wird unter anderem für Mobiltelefonie sowie für Digitalfernsehen per Antenne und Satellit eingesetzt.

Beispiel: Stark vereinfacht kann man sich als Beispiel für die Modulation digitaler Daten vorstellen, dass ein Datenwort aus drei Bit durch acht verschiedene Spannungswerte dargestellt wird. Das Datenwort ‚000' ist 0 V, ‚001' ist 1 V und so weiter bis zu ‚111' ist 7 V. Pro Zeiteinheit werden dann mit einem Spannungswert drei Bit übertragen und nicht nur ein Bit wie in Abb. 6.2.

Die Modulation, also die Wandlung von mehreren Binärdaten in einen Spannungswert und zurück, erfordert etwas Aufwand. Sie lohnt sich aber, wenn Daten über längere Entfernungen übertragen werden.

In der Praxis werden ausgefeiltere Modulationsverfahren verwendet. Ein häufig verwendetes Verfahren ist *QAM* („Quadraturamplitudenmodulation"). Ähnlich wie bei einem Radiosignal wird eine Sinusschwingung mit bestimmter Frequenz als *Trägerfrequenz* verwendet. Zur Übertragung der digitalen Daten werden Amplitude und Phase der Trägerfrequenz benutzt. Die Amplitude ist die Signalstärke; die Phase ist der Zeitpunkt, an dem bei der Sinusschwingung der Wellenberg auftritt.

6.4 Digitalisierung

Begriffsbestimmung

Die meisten physikalischen Werte sind analog und werden für die Verarbeitung in einem Rechner zu digitalen Signalen gewandelt. Diese Umwandlung wird als *Digitalisierung* bezeichnet. Hierbei wird unterschieden zwischen:

- *Diskretisierung,* der Umwandlung im Wertebereich.
- *Abtastung,* der Umwandlung im Zeitbereich.

Ein anderer Begriff für Digitalisierung ist Analog-Digital-Wandlung (AD-Wandlung). Der umgekehrte Vorgang ist dann die Digital-Analog-Wandlung (DA-Wandlung).

Ein anschauliches Beispiel für Digitalisierung kann bei einem Digitalthermometer beobachtet werden. Die Temperatur ist an sich eine analoge Größe. Der bei einem Digitalthermometer angezeigte Wert wird jedoch nur mit einer Stelle nach dem Komma angezeigt und ist somit wertdiskret. Außerdem wird der angezeigte Wert nur alle 1 oder 2 Sekunden aktualisiert. Damit ist er zeitdiskret.

Abtasttheorem

Bei der Wandlung eines zeitkontinuierlichen Signals zu einem zeitdiskreten Signal muss entschieden werden, wie häufig ein Signal abgetastet wird. Bei dem Beispiel des Digitalthermometers kann dies sicherlich noch intuitiv entschieden werden. Bei schnell veränderlichen Signalen ist es jedoch wichtig, Daten mit der richtigen Geschwindigkeit abzutasten. Wird zu oft abgetastet, entstehen zu viele Daten. Wird zu selten abgetastet, gehen Daten verloren.

Diese Frage nach der richtigen *Abtastfrequenz* (auch *Abtastgeschwindigkeit*) ist von hoher Bedeutung für die digitale Signalverarbeitung. Sie wird durch einen fundamentalen Grundsatz, das *Abtasttheorem,* beantwortet.

Abtasttheorem
Die Abtastfrequenz muss größer als die doppelte Frequenz des abgetasteten Signals sein.

Falls die Abtastgeschwindigkeit zu gering ist, entstehen durch *Aliasing* falsche Informationen. Ein bekanntes Beispiel für Aliasing ist die Wiedergabe drehender Kutschenräder in Filmen. Die Speichen drehen sich zu schnell für die Aufnahmegeschwindigkeit, sodass der Eindruck entsteht, die Räder würden still stehen oder sich rückwärts drehen.

Beispiel: Digitale Audiosignale
Die Digitalisierung an sich und das Abtasttheorem im Besonderen, lassen sich vielleicht am besten am konkreten Beispiel erläutern. Audiosignale sind von Natur aus analog und entsprechen Schwingungen im Frequenzbereich von etwa 16 Hz bis 20 kHz. Zur Digitalisierung müssen eine Auflösung zur Diskretisierung der Amplitude und eine Abtastgeschwindigkeit bestimmt werden.

Für Audio-CDs wurde eine Auflösung von 16 Bit gewählt. Jeder Abtastwert kann somit durch einen von über 64.000 Werten dargestellt werden. Tests haben gezeigt, dass diese Auflösung für eine sehr gute Klangqualität ausreicht.

Für die Wahl der Abtastfrequenz wurde entschieden, dass Audiosignale bis zu der vom Menschen wahrnehmbaren Frequenz von 20 kHz gespeichert werden sollen. Für den Frequenzbereich bis 20 kHz ist laut Abtasttheorem eine Abtastfrequenz von über 40 kHz erforderlich. Als Abtastfrequenz wurde 44,1 kHz festgelegt.

Audiosignale können aber auch mit anderen Parametern digitalisiert werden. Für Telefonverbindungen ist eine geringere Qualität als für den Musikgenuss erforderlich, darum kann Sprache dort beispielsweise mit 12 Bit Auflösung und 8 kHz Abtastfrequenz digitalisiert werden. Dies gilt als ausreichend und spart Bandbreite und damit Kosten bei der Übertragung. Allerdings ist die Sprachqualität hörbar geringer und wird zum Beispiel dadurch deutlich, dass manchmal die Stimme des Gesprächspartners nicht gleich erkannt wird.

Zusammenfassung
Digitale Signale sind wertdiskret und zeitdiskret, können also nur bestimmte Werte einnehmen und sind nur zu bestimmten Zeitpunkten definiert.

Informationen werden durch binäre Daten dargestellt, also Daten die nur zwei Werte, ‚0‘ und ‚1‘, einnehmen können.

Durch Codewörter mit mehreren Bits lassen sich Informationen darstellen, die mehr als zwei mögliche Werte einnehmen können.

Binärdaten werden durch Spannungen dargestellt. In verschiedenen Standards sind Spannungsbereiche für die Werte ‚0‘ und ‚1‘ definiert.

Grundschaltungen der Digitaltechnik 7

In diesem Kapitel lernen Sie,

- wie digitale Signale verarbeitet und gespeichert werden,
- die Grundelemente für digitale Schaltungen kennen,
- die Funktion eines Taktsignals für digitale Schaltungen kennen,
- welche Möglichkeiten es für die Implementierung einer digitalen Schaltung gibt.

7.1 Verarbeitung von digitalen Daten

Verwendung von ‚0' und ‚1'

In Digitalschaltungen werden Binärdaten mit zwei verschiedenen Spannungswerten dargestellt. Die eigentlichen Spannungswerte werden aber bei der Beschreibung und Analyse digitaler Schaltungen normalerweise nicht benutzt. Stattdessen werden die Werte ‚0' und ‚1' zur Beschreibung von Signalen verwendet. Nur im Ausnahmefall, zum Beispiel bei der Fehlersuche, werden die Spannungswerte betrachtet.

Andere Bezeichnungen für ‚0' und ‚1', insbesondere in der mathematischen Logik, sind auch „unwahr" und „wahr", im englischen „false" und „true".

Durch die Verwendung der Werte ‚0' und ‚1' erreicht man eine Abstrahierung und kann sich somit auf die Funktion einer Schaltung konzentrieren. Für den logischen Aufbau einer Schaltung ist es schließlich unwichtig, ob eine ‚1' durch 3,3 V oder 2,5 V dargestellt wird.

Schaltalgebra

Für die Verknüpfung von Nullen und Einsen existieren Rechenregeln. Dieser Satz an Regeln wird als *Schaltalgebra* bezeichnet. Ein anderer Begriff ist *Boolesche Algebra,* benannt nach dem englischen Mathematiker G. Boole.

M. Winzker, *Elektronik für Entscheider*,
https://doi.org/10.1007/978-3-658-40091-0_7

In der Schaltalgebra werden Eingangswerte mittels Funktionen miteinander verknüpft, um einen Ausgangswert zu erzeugen. Im Folgenden bezeichnen die Buchstaben A und B Eingangswerte und Y den Ausgangswert.

Grundfunktionen der Schaltalgebra

Die drei wichtigsten Funktionen der Digitaltechnik sind „nicht", „und" sowie „oder". Häufig werden auch die englischen Bezeichnungen „not", „and", „or" verwendet.

- Die *Nicht-Funktion* dreht die Bedeutung eines Wertes um. Aus einer ‚0' wird eine ‚1', aus einer ‚1' wird eine ‚0'. Die Nicht-Funktion wird auch als *Negation* bezeichnet.
- Die *Und-Funktion* betrachtet zwei Eingangswerte. Nur wenn beide Werte ‚1' sind, wird auch der Ausgangswert zu ‚1' gesetzt. Ansonsten wird eine ‚0' ausgegeben, also wenn nur ein oder kein Eingangswert ‚1' ist.
- Die *Oder-Funktion* betrachtet ebenfalls zwei Eingangswerte. Bei ihr reicht es, wenn ein Wert ‚1' ist, um den Ausgangswert auf ‚1' zu setzen. Auch wenn beide Eingangswerte ‚1' sind, wird der Ausgang zu ‚1'. Nur wenn kein Eingangswert ‚1' ist, wird eine ‚0' ausgegeben.

Und-Funktion sowie Oder-Funktion sind auch für drei oder mehr Eingangswerte möglich.

Die Exklusiv-Oder-Funktion

Bei der Verwendung der Oder-Funktion muss beachtet werden, dass im normalen Sprachgebrauch das Wort „oder" zwei verschiedene Bedeutungen haben kann. Der Unterschied liegt darin, ob das gleichzeitige Auftreten beider Alternativen eingeschlossen ist.

Bei dem Satz „Bei Regen oder Sturm fällt die Wanderung aus." ist das gleichzeitige Auftreten eingeschlossen, das heißt, auch bei Regen und Sturm findet keine Wanderung statt. Anders hingegen in dem Satz: „Zum Kochen komme ich zu dir oder du zu mir." Hier soll nur eine der Alternativen gewählt werden, ansonsten stände jeder alleine vorm Herd des anderen.

In der Digitalelektronik müssen solche Zweideutigkeiten natürlich ausgeschlossen werden. Es ist darum festgelegt, dass die Oder-Funktion das gleichzeitige Auftreten beider Bedingungen einschließt. Für den anderen Fall gibt es eine eigene Funktion, die *Exklusiv-Oder-Funktion,* oder *EXOR-Funktion.*

Die EXOR-Funktion entspricht also „A oder B aber nicht beide". Das heißt, wenn von den zwei Eingangswerten genau einer ‚1' ist, erscheint eine ‚1' am Ausgang. Sind beide Eingangswerte ‚1' oder beide ‚0', so wird der Ausgang ‚0'.

Darstellung als Funktionstabelle

Da jeder Eingangswert nur zwei mögliche Werte hat, können Funktionen der Schaltalgebra relativ übersichtlich in einer Tabelle dargestellt werden. Bei n Eingangswerten sind 2^n

Abb. 7.1 Funktionstabellen für Nicht-, Und-, Oder-, EXOR-Funktion

Nicht-Funktion

A	Y
0	1
1	0

Und-Funktion

A	B	Y
0	0	0
0	1	0
1	0	0
1	1	1

Oder-Funktion

A	B	Y
0	0	0
0	1	1
1	0	1
1	1	1

EXOR-Funktion

A	B	Y
0	0	0
0	1	1
1	0	1
1	1	0

(Zweierpotenz) verschiedene Kombinationen möglich. Abb. 7.1 zeigt die *Funktionstabellen* für die oben genannten Funktionen der Schaltalgebra.

Zusammengesetzte Funktionen

Aus den Grundfunktionen können weitere Funktionen zusammengesetzt werden. Ähnlich wie beim Rechnen mit Zahlen gelten Rechenregeln, wie das Kommutativgesetz, Assoziativgesetz und Distributivgesetz. Mit anderen Worten, man darf die Reihenfolge der Eingangswerte vertauschen und ausklammern. Für größere Funktionen können Zwischenwerte berechnet und wieder in eine neue Funktion eingesetzt werden.

Beispiel: Als eine zusammengesetzte Funktion soll eine einfache Alarmanlage betrachtet werden. Die Alarmanlage soll eine Tür und ein Fenster überwachen und mit einem Schalter ein- und ausgeschaltet werden. Als logische Funktion für einen Alarm muss überprüft werden, ob Tür ODER Fenster geöffnet ist. Wenn dies der Fall ist UND die Alarmanlage per Schalter eingeschaltet ist, wird der Alarm ausgelöst. Die Funktion lautet also:

Alarm = Schalter UND (Tür ODER Fenster)

Dabei bedeutet eine ‚1' bei den Eingangswerten „Tür" und „Fenster", dass die Elemente geöffnet sind. Eine ‚1' beim Eingangswert „Schalter" bedeutet, die Alarmanlage ist eingeschaltet. Ist der Ausgangswert „Alarm" auf ‚1', wird der Alarm ausgelöst.

7.2 Schaltungselemente

Logikgatter

Für die Grundfunktionen der Schaltalgebra gibt es entsprechende Schaltungen. Eine solche Schaltung wird als *Logikgatter* oder kurz *Gatter* bezeichnet. Die Gatter werden entsprechend ihrer Funktion als *Und-Gatter, Oder-Gatter* sowie *EXOR-Gatter* bezeichnet. Das Gatter für die Nicht-Funktion wird als *Inverter* bezeichnet.

In einem Schaltplan werden die Logikgatter durch Symbole dargestellt. Die Symbole für die oben genannten Gatter sind in Abb. 7.2 dargestellt. Die Symbole zeigen nur die digitalen Werte. Die benötigte Spannungsversorgung wird zur besseren Übersicht weggelassen. Das Und-Gatter zeigt das „Kaufmanns-Und“ (&). Das Oder-Gatter gibt mit „≥1“ an, dass ein oder mehrere Eingänge ‚1‘ sein können, während beim EXOR-Gatter durch „=1“ genau ein Eingang mit dem Wert ‚1‘ gemeint ist.

Aufbau von Logikgattern

In einer Elektronikschaltung werden die Logikgatter durch Schaltungen aus mehreren Transistoren aufgebaut. Es gibt verschiedene Möglichkeiten, die Gatter zu implementieren. Für ein Gatter werden je nach Funktion und Aufbau etwa zwei bis zehn Transistoren benötigt.

Als ein Beispiel ist in Abb. 7.3 eine Transistorschaltung für ein Und-Gatter dargestellt. Für den dargestellten Aufbau in CMOS-Technologie werden sechs Transistoren verwendet. Die Bezeichnungen VDD und GND stehen für Versorgungsspannung und Masse (0 V).

Die meisten modernen Digitalschaltungen sind in CMOS-Technologie aufgebaut. Darum wird diese Technologie im Kap. 18, Chip-Technologie, näher erläutert. Mit Abb. 7.3 soll hier schon einmal anschaulich gemacht werden, wie eine Digitalschaltung aus Transistoren aufgebaut ist.

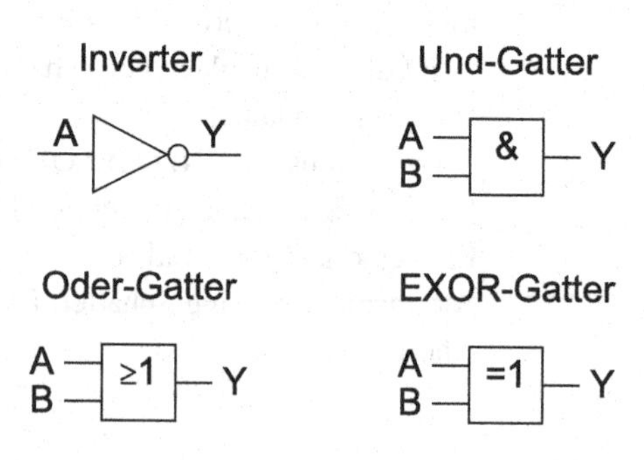

Abb. 7.2 Symbole für Inverter sowie Und-, Oder-, EXOR-Gatter

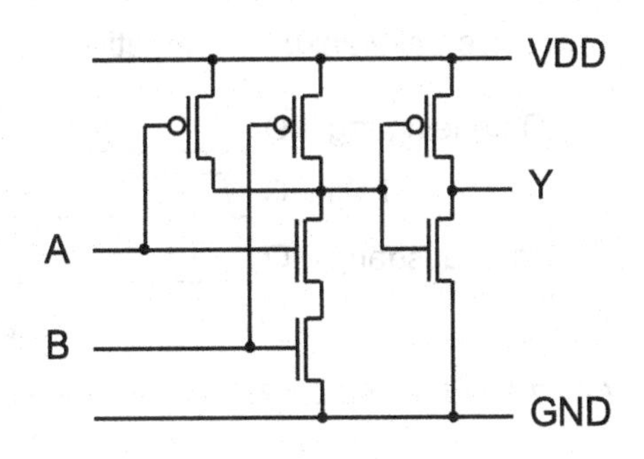

Abb. 7.3 CMOS-Schaltung für ein Und-Gatter

7.3 Speicherelemente

Flip-Flops

In einer Digitalschaltung sind neben Logikgatter auch Schaltungselemente zur Speicherung von Informationen notwendig. In diesen Speicherelementen werden Zwischenwerte und aktuelle Zustände gespeichert.

Beispiel: In einem Fernseher wird in Speicherelementen das aktuell eingestellte Programm gespeichert, also etwa Kanal 5. Beim Drücken der ‚+'-Taste wird durch Logikgatter ermittelt, dass von Kanal 5 auf Kanal 6 umgeschaltet werden soll. Der neue Wert wird dann wieder in den Speicherelementen abgelegt.

Als Speicherelemente dienen sogenannte *Flip-Flops,* kurz *FF.* Ein Flip-Flop kann ein einzelnes Bit speichern. Der aus dem englischen übernommene Name beschreibt das Umschalten von ‚0' und ‚1'. Die deutsche Bezeichnung lautet „bistabile Kippstufe", wird aber eher selten verwendet.

Zur Speicherung großer Datenmengen, beispielsweise im Hauptspeicher eines Computers, werden spezielle Speicherschaltungen eingesetzt. Diese werden später im Kap. 19, Halbleiterspeicher, vorgestellt.

D-Flip-Flop

Das am häufigsten verwendete Flip-Flop ist das *D-Flip-Flop (D-FF),* wobei D für „delay" steht. Ein D-FF hat zwei Eingänge und einen Ausgang (Abb. 7.4). Der Eingang D ist der Dateneingang. Der hier anliegende Wert wird gespeichert und am Ausgang Q ausgegeben. Der Eingang C ist ein Steuereingang für den *Takt,* englisch „clock".

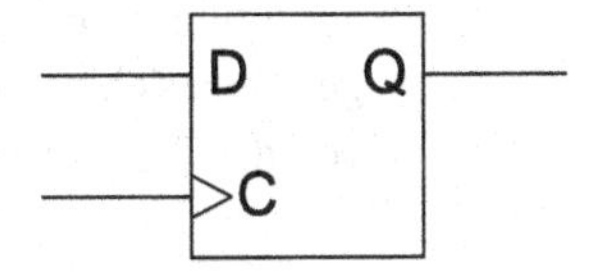

Abb. 7.4 Symbol für das Speicherelement D-Flip-Flop (D-FF)

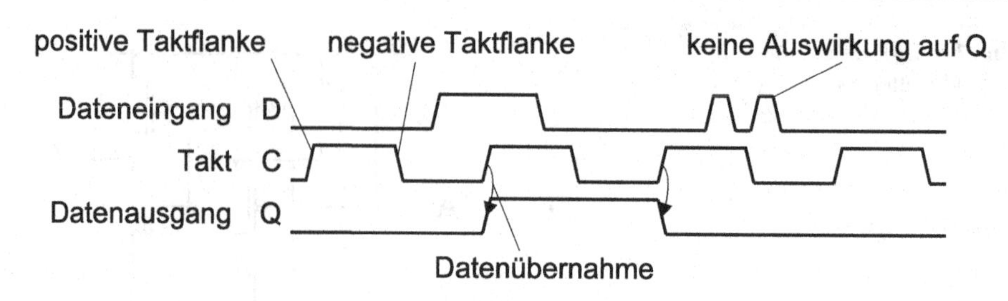

Abb. 7.5 Beispiel für den Zeitverlauf einer D-FF-Ansteuerung

Der Takt ist ein spezielles Signal, welches zyklisch zwischen ‚0‘ und ‚1‘ wechselt. Die Flip-Flops reagieren auf eine positive Taktflanke, also den Zeitpunkt, an dem das Signal von ‚0‘ auf ‚1‘ wechselt. Bei jeder positiven Taktflanke werden die Daten vom Eingang D auf den Ausgang Q übertragen. Tritt keine positive Taktflanke auf, werden Änderungen am Eingang D nicht beachtet. Abb. 7.5 gibt ein Beispiel für die Funktion eines D-Flip-Flops.

Ein D-Flip-Flop kann durch weitere Steuersignale ergänzt werden. Häufig ist ein „Reset" vorhanden, mit dem das Flip-Flop bei Einschalten eines Systems auf den Startwert ‚0‘ gesetzt wird. Als weitere Variante kann ein Flip-Flop bei der negativen Taktflanke die Daten übernehmen, dann hat jedoch die positive Taktflanke keine Auswirkung.

Während ein Logikgatter etwa zwei bis zehn Transistoren benötigt, ist ein Flip-Flop etwas aufwendiger, da eine Information gespeichert wird. Ein D-Flip-Flop wird durch etwa zwanzig Transistoren implementiert.

Takt

Durch den Takt können alle Flip-Flops synchronisiert werden, sodass sie zur gleichen Zeit neue Daten übernehmen. Ein Takt ist praktisch in allen Digitalschaltungen vorhanden.

Die Geschwindigkeit eines Taktes wird in positiven Taktflanken pro Sekunde mit der Einheit Hertz angegeben. Für einfache Schaltungen beträgt der Takt nur einige MHz, für den Prozessor eines Computers können Werte über ein GHz erreicht werden, also über eine Milliarde Operationen je Sekunde.

Je schneller der Takt ist, umso häufiger werden neue Daten übernommen und umso höher ist die Rechenleistung einer Schaltung. Gleichzeitig steigt aber auch der Aufwand und damit die Kosten. In komplexen Schaltungen sind darum mehrere Takte vorhanden, um den Aufwand an die Anforderungen anzupassen.

Beispiel: Ein Computer verwendet mehrere Takte mit verschiedenen Frequenzen. Im Prozessor werden mehrere GHz Taktfrequenz erreicht, um schnelle Rechnungen auszuführen. Ein Zugriff auf den Hauptspeicher kann aber so schnell nicht erfolgen, sodass hier „nur" einige hundert MHz als Takt verwendet werden. Für Daten von der Tastatur sind sogar nur einige kHz erforderlich.

7.4 Implementierung digitaler Schaltungen

Eine Digitalschaltung kann auf verschiedene Art und Weise implementiert, also aufgebaut werden. Die wichtigsten Möglichkeiten werden im Folgenden kurz vorgestellt.

Diskreter Aufbau
Ein diskreter Aufbau Bauelemente, die einzelne Logikgatter und Flip-Flops enthalten. Es wird eine Vielzahl verschiedener Schaltungen angeboten. Die Bausteine werden in Tabellenbüchern und Datenblättern von den Herstellern beschrieben.

Ein Beispiel ist der Baustein 7408, dargestellt in Abb. 7.6. Er enthält vier Und-Gatter. Die beiden Eingänge und der Ausgang der Und-Gatter sind auf Anschlussbeinchen, sogenannten Pins, aus dem Gehäuse herausgeführt und können mit anderen Bauelementen verbunden werden. Am Baustein sind außerdem Versorgungsspannung (VDD) und Masse (GND) angeschlossen, sodass der Baustein 14 Pins hat.

Ein solcher diskreter Aufbau ist schnell und einfach aufgebaut, aber nur für sehr einfache Schaltungen mit wenigen Bauelementen sinnvoll.

Standardbauelemente
Für häufig benötigte Anwendungen werden integrierte Schaltungen (ICs) angeboten, die eine komplette Digitalschaltung mit Tausenden oder Millionen an Gattern und Flip-Flops enthalten. Bekannte Standardbauelemente sind die Prozessoren und Speicherbausteine für Computer.

Aber auch für viele andere Anwendungen sind ICs verfügbar, welche die erforderlichen Funktionen anbieten. Soll beispielsweise ein LCD-Monitor entwickelt werden, so gibt es Standardbauelemente, bei denen fast die komplette Elektronik für den Monitor auf einem einzigen IC enthalten ist.

Kundenspezifische integrierte Schaltung
Falls für ein spezielles Problem (noch) kein Standardbauelement existiert, kann eine *kundenspezifische integrierte Schaltung* entwickelt werden. Bei einem solchen *ASIC* („Application Specific Integrated Circuit") legt ein Team von Entwicklern fest, wie Logikgatter und

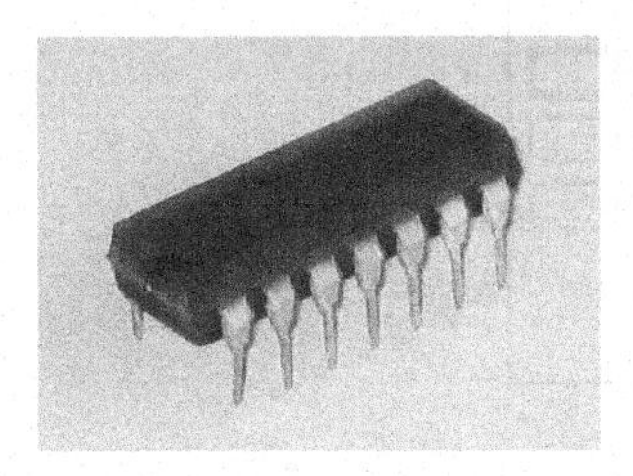

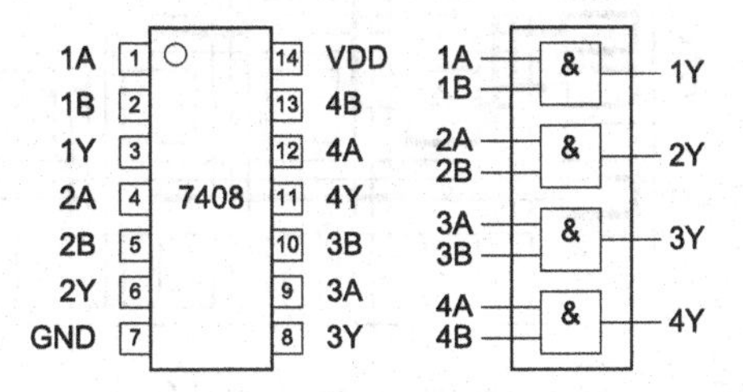

Abb. 7.6 IC 7408 mit vier Und-Gattern

Flip-Flops miteinander verschaltet werden sollen. Diese Schaltung wird dann als IC von spezialisierten Herstellern gefertigt. Weitere Erläuterungen finden sich im Kap. 17, Integrierte Schaltungen.

Eine kundenspezifische integrierte Schaltung ist sehr leistungsfähig und kann speziell an eine Anwendung angepasst werden. So kann beispielsweise ein ASIC für einen LCD-Monitor entwickelt werden, der gleichzeitig das Bild einer Überwachungskamera einblendet. Nachteile sind jedoch hohe Entwicklungskosten und eine relativ lange Entwicklungszeit. Die Entwicklung einer solchen Schaltung lohnt sich darum meist erst ab einer Stückzahl von 10.000, besser 100.000 ICs.

Programmierbare Schaltung

Einen Mittelweg zwischen Standardbauelementen und ASIC bieten *programmierbare Schaltungen,* sogenannte *FPGAs* („Field Programmable Gate Arrays"). Ein FPGA ist wie ein Standardbauelement verfügbar und kann direkt in einer Schaltung eingesetzt werden. Anders als ein Standardbauelement hat ein FPGA aber keine festgelegte Funktion, sondern wird vom Entwicklerteam programmiert.

Abb. 7.7 zeigt den prinzipiellen Aufbau eines FPGAs. Der Baustein enthält verschiedene Logikblöcke, die als Logikgatter und Flip-Flop programmiert werden können. Durch programmierbare Verbindungsleitungen und Ein-/Ausgänge können Schaltungen erstellt werden. Im Bild wird durch die fett gedruckten Elemente eine einfache Digitalschaltung programmiert. Ein FPGA kann mehrere Tausend Logikgatter und Flip-Flops enthalten.

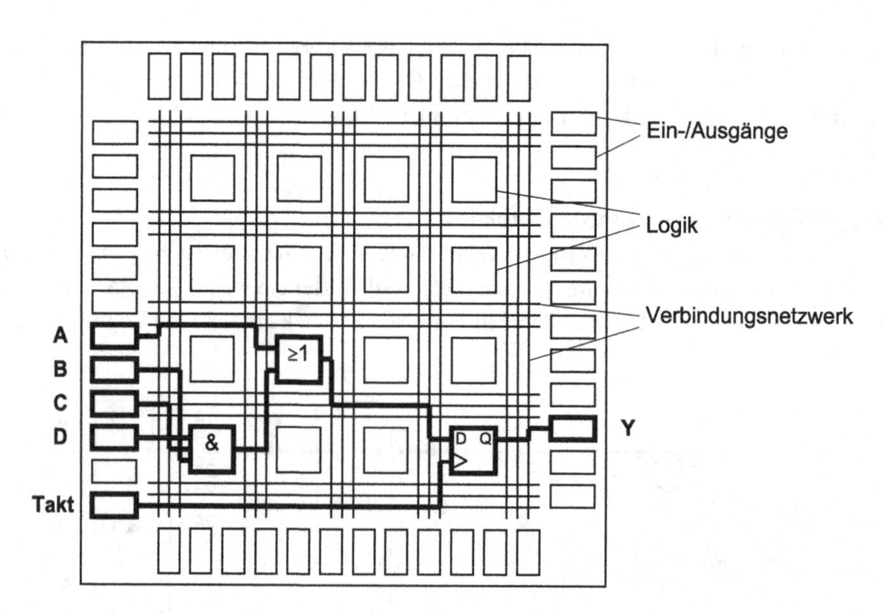

Abb. 7.7 Programmierbare Schaltung (FPGA)

Tab. 7.1 Alternativen zur Implementierung digitaler Schaltungen

	Diskret	IC	ASIC	FPGA
Hohe Flexibilität	+	–	+	++
Geringe Entwicklungszeit	+	+	––	○
Geringe Entwicklungskosten	+	+	––	○
Geringe Stückkosten	–	+	++	○
Mögliche Komplexität	––	++	++	+
Geringe Stückzahlen möglich	++	++	––	++
Hohe Stückzahlen möglich	––	++	++	+

Im Vergleich zu ASICs sind Entwicklungskosten und Entwicklungszeit für eine FPGA-Schaltung geringer, sodass ein Produkt eher am Markt sein kann. Allerdings sind die Stückkosten meist höher.

Vergleich der Alternativen
Wie erläutert, unterscheiden sich die Alternativen in Flexibilität, Entwicklungszeit, Entwicklungskosten und Stückkosten. Tab. 7.1 gibt einen groben Vergleich der Alternativen diskreter Aufbau, Standardbauelement (IC), kundenspezifische integrierte Schaltung (ASIC) und programmierbare Schaltung (FPGA). Die Symbole zur Bewertung bedeuten sehr gut (++), gut (+), mittel (○), schlecht (–), sehr schlecht (––).

Die Wahl einer Alternative ist abhängig von den Randbedingungen eines Entwicklungsprojektes, also unter anderem Komplexität der Schaltung, Zeitdruck, Kostendruck, Konkurrenzsituation. Die Entscheidung für ein Implementierungskonzept ist daher in der Praxis das Ergebnis einer ausführlichen Analyse und wird zwischen Entwicklungsteam, Produktmarketing und Unternehmensleitung abgestimmt.

Zusammenfassung
Digitale Schaltungen sind aus Logikgattern und Speicherelementen (Flip-Flops) aufgebaut.

Die wichtigsten Logikgatter sind Inverter, Und-Gatter, Oder-Gatter sowie EXOR-Gatter.

Die Verarbeitung in digitalen Schaltungen wird durch ein Taktsignal gesteuert.

Für den Aufbau digitaler Schaltungen sind verschiedene Alternativen möglich, die sich in Flexibilität, Kosten und Entwicklungsaufwand unterscheiden.

Teil IV
Halbleitertechnik

Halbleitertechnik und Dotierung 8

In diesem Kapitel lernen Sie,

- was der Begriff Halbleiter bedeutet,
- welche Elemente als Halbleiter verwendet werden und wodurch sie sich auszeichnen,
- wie durch Dotierung die Eigenschaften eines Halbleiters gezielt verändert werden.

8.1 Aufbau der Materie

Atome

Mit der Halbleitertechnik können Ströme gerichtet und geschaltet werden. Dabei wird ausgenutzt, wie sich Elektronen in einem Festkörper bewegen. Zum Verständnis der Halbleitertechnik soll darum zunächst der Aufbau von Halbleitern und Festkörpern erläutert werden.

Materie, also alle Stoffe um uns herum, ist aus Atomen aufgebaut. Es gibt etwas mehr als 100 verschiedene Arten von Atomen. Dies sind die Elemente, die in der Periodentafel aufgeführt sind. Elemente sind zum Beispiel Wasserstoff, Helium, Lithium, Kohlenstoff und Sauerstoff.

Atome setzen sich aus den *Elementarteilchen* Protonen, Neutronen und Elektronen zusammen. *Protonen* haben eine positive elektrische Ladung, *Neutronen* sind elektrisch neutral und *Elektronen* haben eine negative Ladung. Weitere Elementarteilchen, wie zum Beispiel Neutrinos, sind für die Elektronik nicht bedeutsam.

Atomaufbau

Nach dem *Bohrschen Atommodell* besteht ein Atom aus einem Kern und einer Hülle. Im *Atomkern* befinden sich Protonen und Neutronen. Die Masse dieser beiden Elementarteilchen ist etwa gleich. In der *Atomhülle* befinden sich Elektronen, welche nur etwa ein Tausendstel der Masse von Protonen und Neutronen besitzen.

M. Winzker, *Elektronik für Entscheider*,
https://doi.org/10.1007/978-3-658-40091-0_8

Die Anzahl der Protonen und Elektronen ist bei einem Atom normalerweise gleich. Damit heben sich die positiven und negativen Ladungen auf und ein Atom ist nach außen hin elektrisch neutral. Die Anzahl an Protonen und Elektronen bestimmt, um welches Element es sich bei einem Atom handelt. Beispielsweise hat Wasserstoff ein einziges Proton und ein Elektron, Helium hat zwei und Sauerstoff acht Protonen und Elektronen.

Die Elektronen befinden sich in einer ständigen Bewegung um den Kern herum. Diese Bewegungen kann man sich vereinfacht als kreisförmige Bahnen vorstellen, wie in Abb. 8.1 dargestellt.

Die Elektronen können sich nur auf bestimmten Entfernungen zum Atomkern bewegen. Diese Bereiche werden als *Elektronenschalen* bezeichnet. Außerdem kann sich auf einer Elektronenschale nur eine bestimmte Anzahl von Elektronen befinden. Auf der innersten Schale sind dies beispielsweise zwei Elektronen, auf der nächsten Schale acht Elektronen. Dabei werden zunächst die inneren Elektronenschalen besetzt.

Atombindung

Wenn sich auf der äußersten Elektronenschale weniger Elektronen befinden als möglich wären, ist diese Elektronenschale nicht voll besetzt. Ein solches Atom geht mit anderen Atomen eine *Atombindung* ein, indem Elektronen der äußeren Schale gemeinsam zu zwei Atomen gehören. Mit diesen gemeinsamen Elektronen sind dann die äußeren Schalen gefüllt.

In Halbleitern können die Atome ein *Kristallgitter* bilden, also einen Festkörper, bei dem die Atombindungen eine gleichmäßige Anordnung bilden. Abb. 8.2 zeigt diese Atombindungen in einem Kristallgitter. Der Abstand zwischen den Atomen ist kleiner als 1 nm, also einem milliardstel Meter. In einem Würfel mit der Kantenlänge 1 cm befinden sich circa 10^{22} Atome, eine Zahl mit einer Eins gefolgt von 22 Nullen.

In Abb. 8.3 sind die Atombindungen zur besseren Darstellung in einer zweidimensionalen Anordnung gezeigt. Die Atome haben vier Elektronen auf der äußersten Schale und bilden Atombindungen mit vier Nachbarn. Dadurch hat jedes Atom acht Elektronen auf der äußersten Schale und die Schale ist vollständig besetzt.

Abb. 8.1 Atomaufbau nach dem Bohrschen Atommodell

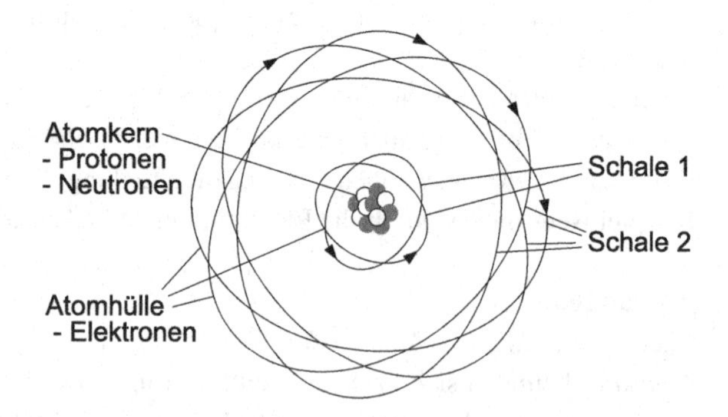

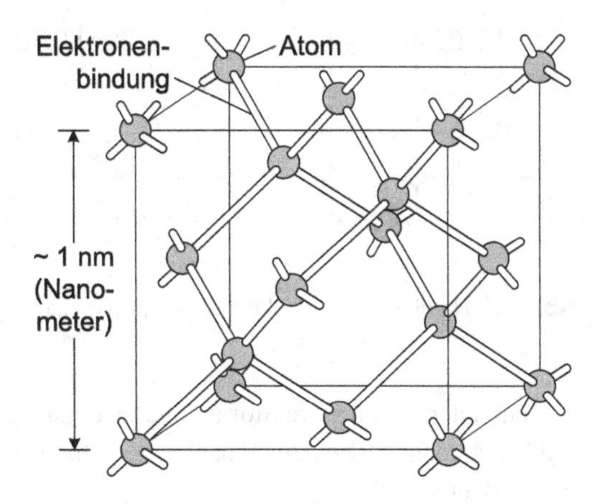

Abb. 8.2 Kristallgitter eines Halbleiters

Kristallstruktur

Wenn der gesamte Halbleiter eine gleichmäßige Kristallstruktur aufweist, wird er als *monokristallin* oder auch einkristallin bezeichnet. Der Halbleiter ist dann ein *Einkristall.* Monokristalline Halbleiter werden für die Herstellung integrierter Schaltungen benötigt.

Halbleiter mit mehreren kristallinen Regionen sind *polykristallin.* Abb. 8.4 veranschaulicht die unterschiedlichen Kristallstrukturen. Der monokristalline Halbleiter links weist über seinen gesamten Bereich eine einheitliche Struktur auf. Der polykristalline Halbleiter in der Mitte hat zwei gleichmäßige Regionen, die aneinander stoßen und eine Kante in der Kristallstruktur bilden. Solarzellen können aus polykristallinen Halbleitern aufgebaut sein. Sie sind einfacher herzustellen als Einkristalle.

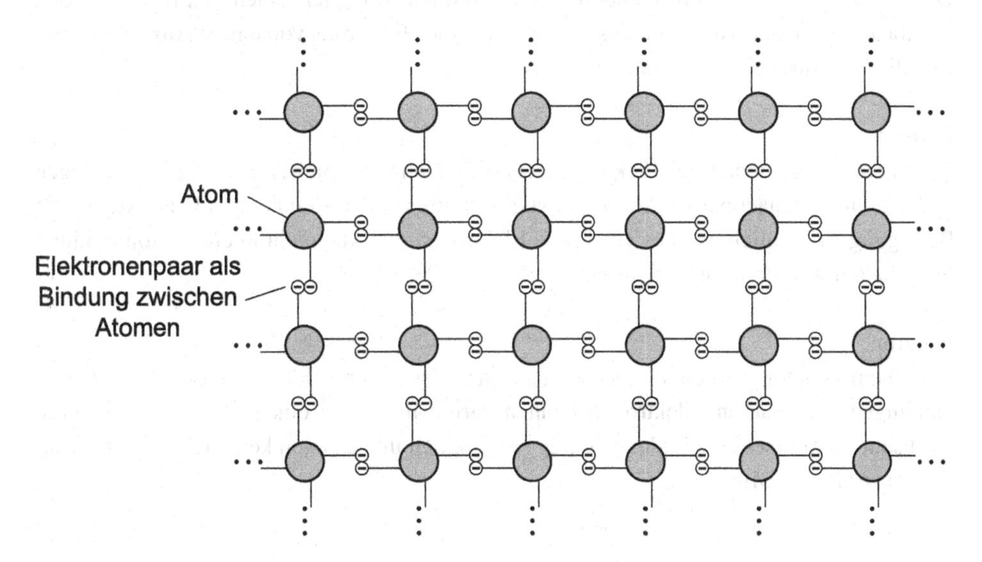

Abb. 8.3 Kristallgitter eines Halbleiters in zweidimensionaler Darstellung

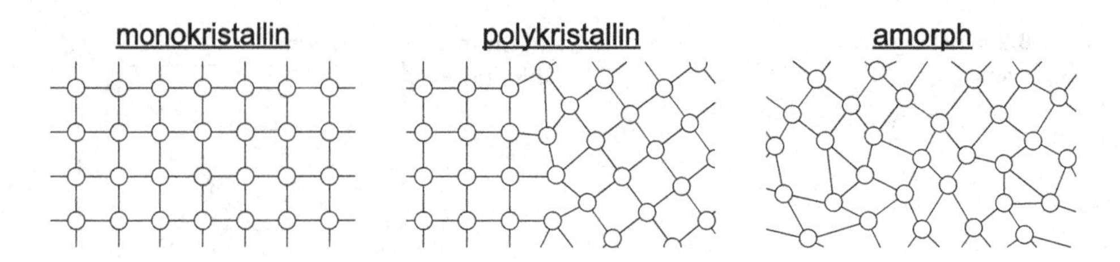

Abb. 8.4 Halbleiter in monokristalliner, polykristalliner und amorpher Struktur

Halbleiter oder andere Stoffe ohne regelmäßige Struktur werden als *amorph* bezeichnet (Abb. 8.4, rechts). Die Atome haben weiterhin vier Bindungen zu ihren Nachbarn, sind aber ungeordnet verteilt.

Es sei noch einmal darauf hingewiesen, dass Abb. 8.4 nur eine zweidimensionale Darstellung der in Realität dreidimensionalen Anordnung ist.

8.2 Leiter, Isolator, Halbleiter

Elektrische Leitung in Festkörpern

Die Atombindungen sind verantwortlich dafür, ob ein Material elektrisch leitend ist oder nicht. Strom ist ja die Bewegung elektrischer Ladungen. Die Protonen im Atomkern können sich in Festkörpern nicht bewegen, da sie fest in der Struktur eingebunden sind. Die Elektronen in der Atomhülle können sich jedoch von einem Atom lösen und sich somit bewegen. Diese Bewegung der negativen Ladung von Elektronen ermöglicht einen elektrischen Strom.

Abhängig davon, wie leicht diese Loslösung eines Elektrons von einem Atom ist, ergibt sich die Leitfähigkeit eines Materials.

Leiter

Bei einem Leiter können sich Elektronen relativ einfach von einem Atom lösen. Sie bewegen sich zu einem benachbarten Atom und von dort aus wieder zu einem anderen Atom. Die Bewegung ist möglich, weil es viele freie Elektronen gibt, die nicht in einer Atombindung festgehalten werden (Abb. 8.5, links).

Isolator

Bei einem Isolator werden sämtliche Elektronen der äußeren Elektronenschale in Atombindungen festgehalten. Elektronen können darum nicht von einem Atom zum anderen wechseln. Somit ist keine Ladungsbewegung möglich und es kann kein elektrischer Strom fließen (Abb. 8.5, Mitte).

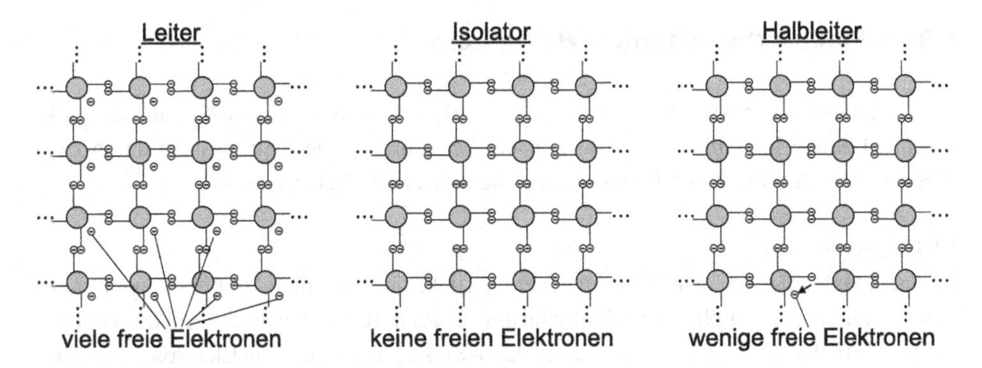

Abb. 8.5 Leiter, Isolator und Halbleiter

Halbleiter

Ein Halbleiter hat eine ähnliche Struktur wie ein Isolator, das heißt, alle Elektronen sind in Atombindungen eingebunden. Der wesentliche Unterschied ist jedoch, dass sich einzelne Elektronen aus den Bindungen lösen können und damit frei beweglich sind (Abb. 8.5, rechts).

Das Lösen eines Elektrons aus einer Atombindung erfolgt jedoch relativ selten. Bei dem Halbleitermaterial Germanium geschieht dies bei Raumtemperatur nur bei etwa jedem milliardsten Atom. Bei dem elektrischen Leiter Kupfer hingegen kann jedes Atom ein Elektron zur Stromleitung abgeben.

Bedeutung von Halbleitern

Da bei Halbleitern weniger Elektronen zum Stromtransport zur Verfügung stehen als bei Leitern, ist die Leitfähigkeit von Halbleitern deutlich schlechter als die von Leitern.

Die Bedeutung von Halbleitern liegt also nicht in ihrer Leitfähigkeit. Vielmehr sind Halbleiter in der Lage, elektrischen Strom zu richten und zu schalten.

Halbleitermaterialien

Als Halbleiter eignen sich Materialien, bei denen die Atome Bindungen zu vier benachbarten Atomen über Elektronenbrücken zu je zwei Atomen eingehen. In jeder Bindung befindet sich je ein Elektron der beiden verbundenen Atome. Ein als Halbleiter geeignetes Material muss folglich über vier Elektronen auf der äußeren Elektronenhülle verfügen. Diese Eigenschaft wird als *4-wertig* bezeichnet.

Die gebräuchlichsten Halbleitermaterialien sind die 4-wertigen Elemente *Germanium* und *Silizium*.

8.3 Elektrische Leitung in Halbleitern

Zum Verständnis der Arbeitsweise von Halbleiterbauelementen soll der Vorgang der elektrischen Leitung in Halbleitern etwas genauer betrachtet werden. Strom kann durch zwei Mechanismen fließen, durch Elektronenleitung und durch Löcherleitung.

Elektronenleitung

In einem Halbleiter können sich einige wenige Elektronen aus den Atombindungen lösen, was anschaulich einer höheren Umlaufbahn um den Atomrumpf entspricht. Auf dieser höheren Umlaufbahn befinden sich fast keine anderen Elektronen, sodass ein Elektron sich relativ frei durch das Halbleitermaterial bewegen kann.

Die *Elektronenleitung* ist in Abb. 8.6 dargestellt. Ein Elektron löst sich aus der Atombindung und bewegt sich durch den Halbleiter.

Löcherleitung

Wenn sich ein Elektron aus einer Atombindung gelöst hat, bleibt in der Atombindung eine Lücke, ein Loch zurück. In dieses Loch können Elektronen aus anderen Atombindungen schlüpfen, also Elektronen, die sich nicht aus der Bindung gelöst haben. Diese Bewegung ist einfach möglich, weil sich die Elektronen nicht auf eine neue, höhere Umlaufbahn begeben müssen, sondern von einer Atombindung in eine andere gleichwertige Bindung schlüpfen.

Bei der Bewegung hinterlassen diese Elektronen ein neues Loch, das wiederum von einem anderen Elektron gefüllt werden kann, wodurch erneut ein Loch entsteht. Dieser Vorgang

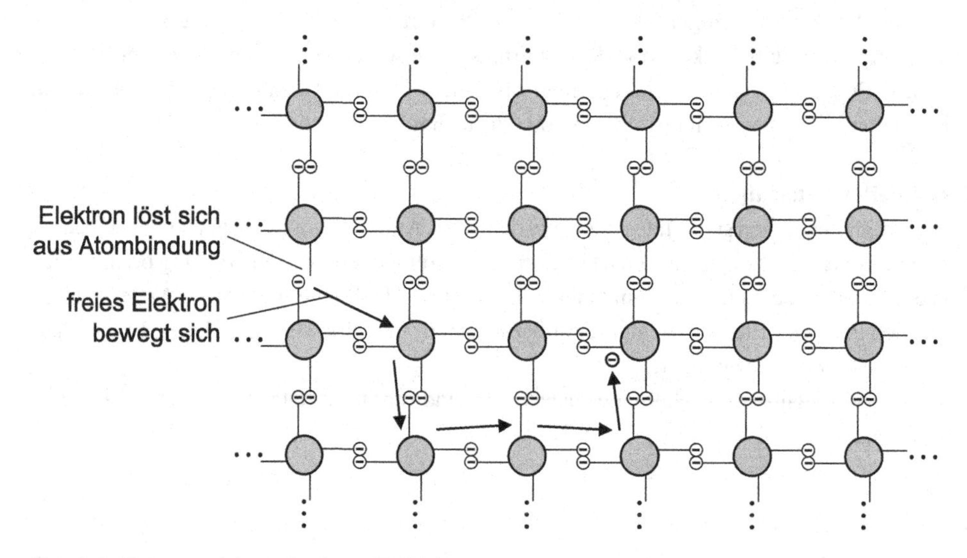

Abb. 8.6 Elektronenleitung in einem Halbleiter

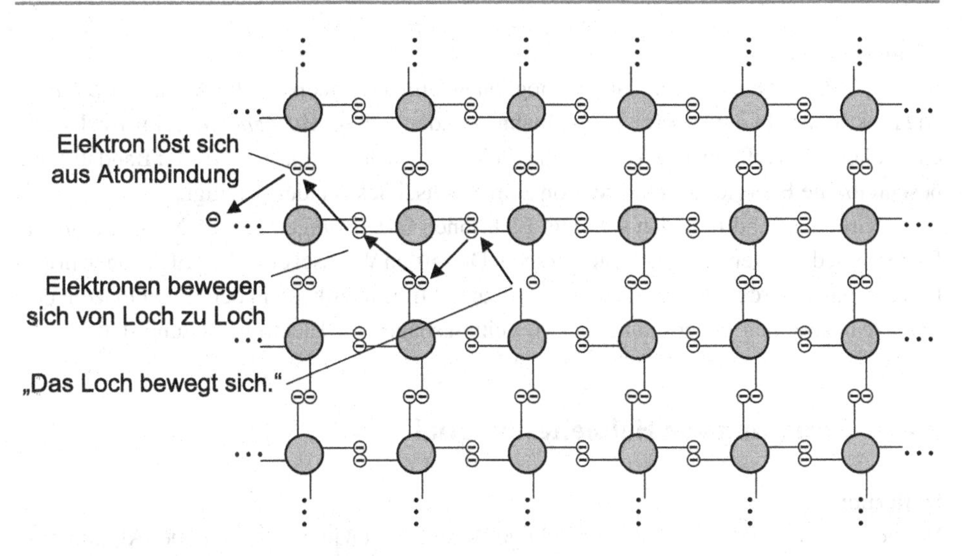

Abb. 8.7 Löcherleitung in einem Halbleiter

ist in Abb. 8.7 dargestellt. Da sich quasi das Loch bewegt, bezeichnet man diesen Vorgang als *Löcherleitung*.

Beispiel: Anschaulich kann die Löcherleitung auch mit einem Schiebepuzzle verglichen werden. Bei einem Schiebepuzzle können 15 Teile auf 16 Positionen eines 4-mal-4 Feldes verschoben werden. Auch hier bewegt sich das Loch über das Feld.

Die Löcherleitung erscheint zunächst weniger anschaulich und komplizierter als die Elektronenleitung. Beide Leitungsarten sind jedoch absolut gleichwertig und treten mit gleicher Häufigkeit und Bedeutung in Halbleitermaterialien auf. Zur einfacheren Berechnung wird dabei ein Loch meist als fiktiver Ladungsträger angesehen. Da ein Loch einem fehlenden Elektron entspricht, hat dieser Ladungsträger eine positive Ladung.

Generation und Rekombination von Ladungsträgern

Das Entstehen von freien Elektronen und Löchern ist ein dynamischer Vorgang. Gelegentlich kann sich ein Elektron aus der Atombindung lösen, sodass freie Ladungsträger entstehen. Ebenfalls kann ein freies Elektron auf ein Loch treffen und dieses Loch ausfüllen. Damit sind die Ladungsträger nicht mehr frei.

Diese Vorgänge werden *Generation* und *Rekombination* von Ladungsträgern genannt. In einem Halbleiter herrscht normalerweise ein Gleichgewicht von beiden Vorgängen, sodass die Gesamtanzahl freier Ladungsträger konstant ist.

Bändermodell

In der Elektronik bezeichnet man die möglichen Umlaufbahnen um die Atome als *Bänder*. Die Elektronen auf der äußeren Umlaufbahn befinden sich im *Valenzband*. Beim Wechsel in eine höhere Umlaufbahn begeben sich die Elektronen in das *Leitungsband*. Der Bandabstand beschreibt die Energie, die ein Elektron zum Wechsel des Bandes benötigt.

Im Grundzustand befinden sich alle Elektronen in Bindungen zu den Nachbaratomen. Dadurch ist das Valenzband komplett besetzt. Durch den Wechsel einzelner Elektronen in das Leitungsband werden deren Plätze im Valenzband frei. Jetzt kann in den freien Plätzen des Valenzbandes eine Löcherleitung und im Leitungsband eine Elektronenleitung stattfinden.

8.4 Dotierung von Halbleitermaterial

Dotierung

Halbleitermaterial ist zunächst ein leitfähiges Material, genau wie Kupfer oder Aluminium, wenn auch mit höherem elektrischen Widerstand. Besondere Eigenschaften erhalten Halbleiterbauelemente dadurch, dass verschiedene Bereiche eines Halbleitermaterials unterschiedlich *dotiert* werden.

Als Dotierung bezeichnet man das gezielte Hinzufügen sehr kleiner Mengen eines weiteren chemischen Elements. Die Konzentration beträgt etwa ein Fremdatom pro eine Million Atome. Dies ist zwar chemisch gesehen nur eine sehr kleine Menge. Sie bewirkt aber eine starke Veränderung der elektrischen Eigenschaften.

Es wird zwischen zwei verschiedenen Dotierungen unterschieden. Als Fremdatome werden *5-wertige* Atome und *3-wertige* Atome verwendet. Die Halbleitermaterialien Silizium und Germanium sind 4-wertig, haben also vier Elektronen auf der äußeren Elektronenschale. 5-wertige Atome haben somit ein Elektron mehr auf der äußeren Elektronenschale, 3-wertige Atome haben ein Elektron weniger.

Dotierung mit 5-wertigen Atomen

5-wertige Atome fügen sich in das Kristallgitter des Halbleiters ein und stellen Bindungen mit vier benachbarten Atomen her. In diesen Bindungen sind vier Elektronen der äußeren Elektronenhülle eingebunden. Das fünfte Elektron wird nicht für eine Bindung benötigt. Es kann sich darum leicht vom Atom lösen und im Halbleiter bewegen. Es findet eine Elektronenleitung statt.

In Abb. 8.8 bilden die Halbleiteratome Germanium (chemisches Symbol Ge) oder Silizium (Si) ein Kristallgitter. Zwei Fremdatome sind in das Kristallgitter eingebunden und haben Elektronenbindungen zu vier benachbarten Atomen. Das zusätzliche Elektron der Fremdatome kann sich bewegen, zum Beispiel wie durch die Pfeile angedeutet. Durch die Dotierung werden somit freie Elektronen im Halbleiter zur Verfügung gestellt.

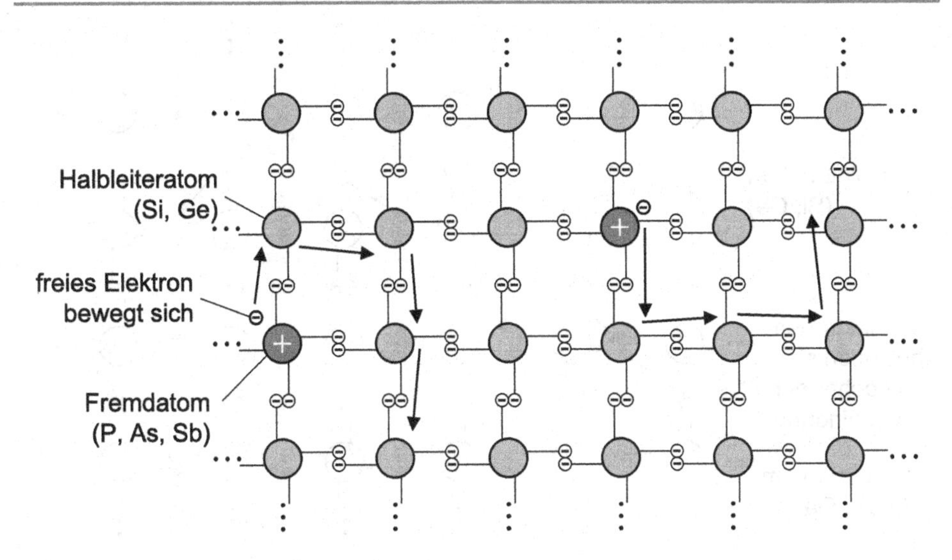

Abb. 8.8 Halbleiter dotiert mit 5-wertigen Atomen

Als Fremdatome zur Dotierung werden unter anderem Phosphor (P), Arsen (As) und Antimon (Sb) verwendet. Da diese Atome ein Elektron zur Verfügung stellen, werden sie als *Donatoren* bezeichnet, abgeleitet vom lateinischen „donare“ (geben).

Dotierung mit 3-wertigen Atomen

Die andere Möglichkeit zur Dotierung sind 3-wertige Atome. Auch sie fügen sich in das Kristallgitter des Halbleiters ein. Für die Bindungen zu den vier benachbarten Atomen stehen aber nur drei Elektronen zur Verfügung. Einer Bindung fehlt also ein Elektron; sie enthält somit ein Loch. Es entsteht eine Löcherleitung.

Abb. 8.9 zeigt zwei Fremdatome, die zwei Löcher bereitstellen. In die Löcher können sich andere Elektronen bewegen. Zwar werden die übrigen Elektronen in Atombindungen festgehalten. Das offene Loch einer Verbindung kann man sich jedoch als Anziehungskraft vorstellen, die gerade ausreicht, um ein anderes Elektron aus einer Bindung zu lösen. Durch die Bewegung eines Elektrons entsteht an anderer Stelle wieder ein neues Loch. Hierein kann erneut ein anderes Elektron schlüpfen, sodass das Loch sich zu einer anderen Stelle bewegt. Diese Löcher bewegen sich beispielsweise entsprechend der Pfeile im Halbleiter.

Als Fremdatome zur Dotierung werden unter anderem Bor (B), Aluminium (Al), Gallium (Ga) und Indium (In) verwendet. Diese Atome werden als *Akzeptoren* bezeichnet, da in den Bindungen ein weiteres Elektron aufgenommen werden kann.

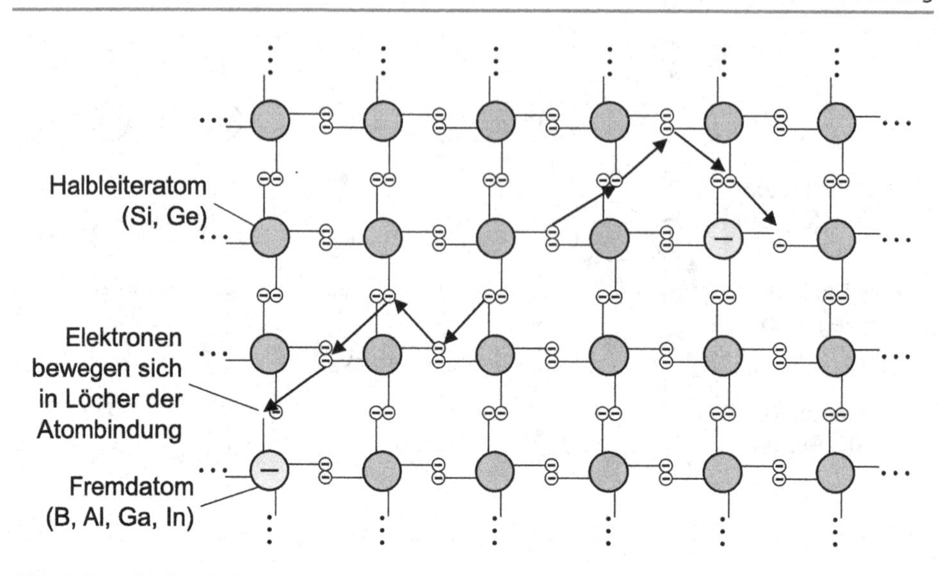

Abb. 8.9 Halbleiter dotiert mit 3-wertigen Atomen

Verbindungshalbleiter

Die notwendige Struktur von vier Bindungen mit je zwei Elektronen kann auch durch Kombination verschiedener Materialien erreicht werden. Dies wird als *Verbindungshalbleiter* bezeichnet. Ein gebräuchlicher Verbindungshalbleiter ist *Gallium-Arsenid* (GaAs). Gallium ist ein 3-wertiges Element, Arsen ist 5-wertig. Durch Kombination dieser Elemente stehen also wieder im Mittel vier Elektronen je Atom zur Verfügung.

Mit den lateinischen Zahlenbezeichnungen für die 3-wertigen und 5-wertigen Elemente wird Gallium-Arsenid als *III-V-Halbleiter* bezeichnet. Auch andere Kombinationen von Atomen sind möglich, beispielsweise *Gallium-Nitrid* (GaN) mit dem 5-wertigen Stickstoff (N). Ebenfalls sind Verbindungen 2-wertiger und 6-wertiger Elemente möglich und werden als *II-VI-Halbleiter* bezeichnet.

Die Halbleitermaterialien unterscheiden sich durch verschiedene elektronische Eigenschaften, wie Geschwindigkeit und mögliche Spannungen. Ebenfalls unterschiedlich sind der Aufwand zur Herstellung und Verarbeitung und somit die Herstellungskosten für Bauelemente.

Zurzeit dominiert Silizium als Halbleitermaterial. Verbindungshalbleiter werden für besondere Anwendungen verwendet, zum Beispiel als extrem schnelle Schaltungstechnik für Radar-Sensoren oder für Empfänger in Smartphones.

Zusammenfassung
Als Grundmaterialien der Elektronik werden hauptsächlich die 4-wertigen Elemente Silizium und Germanium verwendet.

Die vier Elektronen auf der äußeren Schale der Atomhülle sind in Bindungen zu vier Nachbaratomen fest eingebunden.

Die Leitfähigkeit ist wesentlich kleiner als bei Metallen, aber höher als bei Isolatoren, sodass Silizium und Germanium als Halbleiter bezeichnet werden.

Ihre besonderen Eigenschaften erhalten Halbleiter durch die Dotierung mit 5-wertigen und 3-wertigen Atomen.

9 Dioden und Transistoren

In diesem Kapitel lernen Sie,

- wie durch Dotierung von Halbleitermaterial ein pn-Übergang entsteht und welche Funktion er hat,
- wie das Verhalten von Dioden durch eine Kennlinie beschrieben wird,
- die beiden Grundtypen von Transistoren und ihre prinzipielle Funktionsweise.

9.1 pn-Übergang

Funktion von Diode und Transistor
Die grundlegende Funktion von Diode und Transistor ist im Kap. 3, Bauelemente der Elektronik, beschrieben. In diesem Kapitel soll nun der innere Aufbau dieser Bauelemente sowie die wichtigsten Parameter näher erläutert werden.

Zur Erinnerung:

- Dioden haben zwei Anschlüsse. Sie lassen den Strom in eine Richtung fließen und sperren in die andere Richtung. Ein wichtiges Einsatzgebiet ist die Gleichrichtung, also die Umwandlung von Wechselspannung in Gleichspannung.
- Transistoren haben drei Anschlüsse. Der Strom zwischen zwei Anschlüssen kann durch den dritten Anschluss gesteuert werden. Ein wichtiges Einsatzgebiet ist die Verstärkung, also Umsetzung eines schwachen Eingangssignals auf ein stärkeres Ausgangssignal.

Bereiche mit verschiedener Dotierung
Die besonderen Eigenschaften von Diode und Transistor entstehen dadurch, dass Bereiche eines Halbleiters unterschiedlich dotiert werden. Die Grenze zwischen zwei Gebieten unter-

M. Winzker, *Elektronik für Entscheider*,
https://doi.org/10.1007/978-3-658-40091-0_9

Abb. 9.1 pn-Übergang – Halbleiter mit zwei verschiedenen Dotierungen

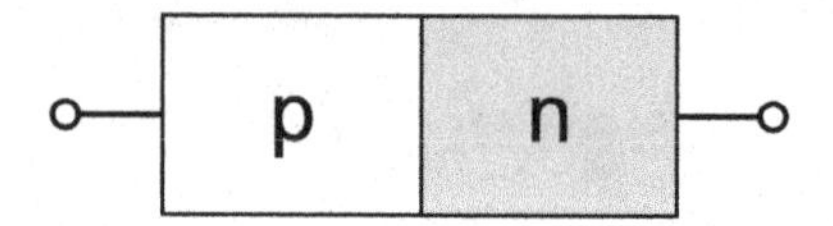

schiedlicher Dotierung wird als *pn-Übergang* bezeichnet. Ein pn-Übergang ist in Abb. 9.1 dargestellt.

‚p' steht dabei für eine Dotierung mit 3-wertigen Atomen, ‚n' für eine Dotierung mit 5-wertigen Atomen. Konkret steht das ‚n' für das zusätzliche Elektron mit negativer Ladung, welches bei 5-wertigen Atomen verfügbar ist. Bei 3-wertigen Atomen fehlt ein Elektron. Entsprechend dem Prinzip, „minus mal minus ergibt plus" gilt das fehlende Elektron, das Loch, als positive Ladung, also als ‚p'.

Rekombination von Elektronen und Löchern

Freie Elektronen und Löcher sind nicht fest an die Fremdatome gebunden, sondern bewegen sich im Halbleiter. Diese freie Bewegung wird als *Diffusion* bezeichnet. Eine Bewegung ist im gesamten Halbleiterkristall möglich. Die Ladungsträger können also auch in den jeweils anderen Bereich diffundieren.

Abb. 9.2 zeigt diese Bewegung der Ladungsträger in einer detaillierteren Darstellung. Links ist der p-dotierte, rechts der n-dotierte Bereich. Die Anzahl der Fremdatome ist in einem realen Halbleiter allerdings deutlich geringer als im Bild und beträgt etwa 1 Fremdatom je 1 Million Atome.

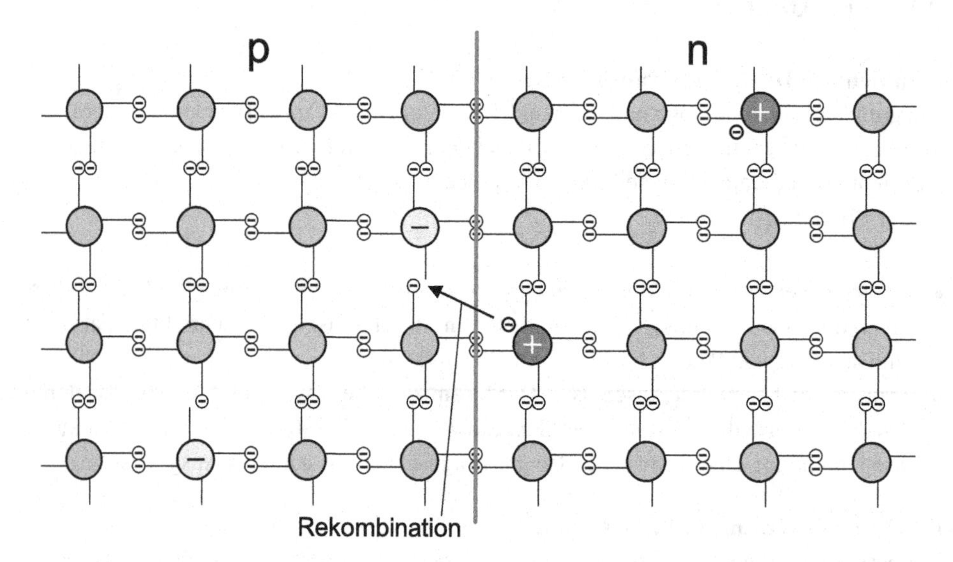

Abb. 9.2 Detailansicht des pn-Übergangs

Wenn ein Elektron und ein Loch bei dieser Bewegung aufeinander treffen, so heben sie sich gegenseitig auf. Ein Loch ist ja eine fehlende Elektronenbindung und durch ein Elektron kann diese Lücke geschlossen werden. Dieses gegenseitige Aufheben wird als *Rekombination* bezeichnet.

Entstehen einer Sperrschicht

Die Rekombination läuft allerdings nicht unbegrenzt ab. Grund hierfür ist, dass nach der Rekombination einiger Elektronen und Löcher an der Grenze der Dotierungsbereiche eine *Sperrschicht* entsteht.

Die Ursache für das Entstehen der Sperrschicht sind die Fremdatome der Dotierung. Da die Atomrümpfe der Fremdatome ein Proton mehr oder weniger als die Halbleiteratome haben, entsteht eine ungleichmäßige Ladungsverteilung an der Grenze der Dotierungsbereiche. Diese Ladungsverteilung hält Elektronen und Löcher aus der Sperrschicht fern.

pn-Übergang bei Anlegen einer Spannung

Abb. 9.3 zeigt vereinfacht die Sperrschicht am pn-Übergang. Dort sind durch Rekombination keine freien Elektronen und keine Löcher mehr vorhanden.

Das besondere Verhalten eines pn-Übergangs zeigt sich darin, wie er auf das Anlegen einer Spannung reagiert. Je nachdem, wie eine Spannung angeschlossen wird, entscheidet sich, ob Strom fließen kann. Ein Pol der Spannung wird dabei an den p-Bereich, der andere an den n-Bereich angelegt. Die beiden möglichen Fälle sind in Abb. 9.3 dargestellt.

Wird der Minuspol einer äußeren Spannung an den p-Bereich gelegt und der Pluspol an den n-dotierten Bereich, vergrößert sich die Sperrschicht noch weiter. Ein Strom kann nicht fließen.

Bei umgekehrter Polarität ist die Situation anders. Liegt der Pluspol am p-Bereich, der Minuspol am n-Bereich wird die Sperrschicht kleiner. Wenn die Spannung groß genug ist, verschwindet die Sperrschicht komplett und Strom kann fließen.

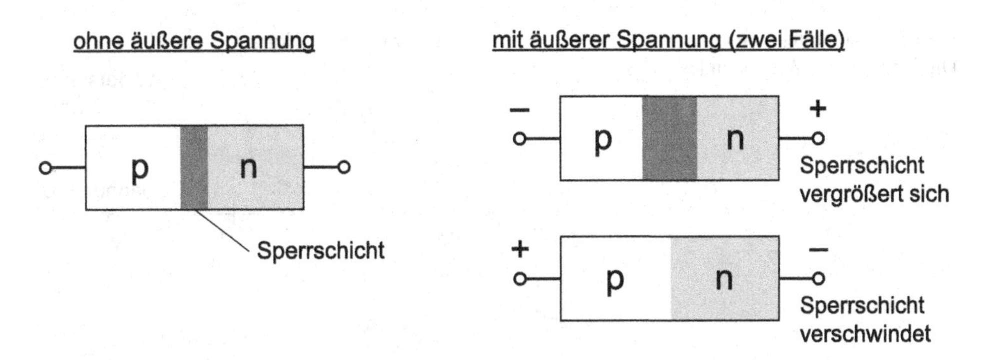

Abb. 9.3 Die Sperrschicht am pn-Übergang ist abhängig von der äußeren Spannung

Durch den pn-Übergang entsteht somit eine Diode. Die Anschlüsse werden als Anode (p) und Kathode (n) bezeichnet.

Die Spannung, die zum Überwinden der Sperrschicht nötig ist, wird als *Schwellspannung* bezeichnet. Sie ist abhängig vom Halbleitermaterial und beträgt für Germanium etwa 0,3 V, für Silizium etwa 0,7 V.

9.2 Diode

Verhalten des pn-Übergangs

Zusammengefasst gilt:

- Ein pn-Übergang in einem Halbleiter bildet eine Diode. Beim Anlegen einer Spannung zeigt sich, je nach Richtung der Spannung, unterschiedliches Verhalten.
- In eine Richtung, der Sperrrichtung, fließt kein Strom. In die andere Richtung, der Durchlassrichtung, ist Stromfluss möglich, sobald eine relativ kleine Schwellspannung überschritten ist.

Diodenkennlinie

Das Verhalten der Diode wird normalerweise nicht durch eine Gleichung, sondern durch eine *Kennlinie* beschrieben. Eine solche Kennlinie ist in Abb. 9.4 dargestellt. Die Spannung U ist auf der horizontalen Achse angegeben und für jede Spannung zeigt die Kennlinie, welcher Strom I fließt. Dies kann auf der vertikalen Achse abgelesen werden.

Die *Diodenkennlinie* in Abb. 9.4 zeigt das Verhalten einer Siliziumdiode. Bei negativer Spannung und bei Spannungen unterhalb der Schwellspannung von etwa 0,7 V fließt kein Strom. Bei Spannungen oberhalb der Schwellspannung fließt Strom. Der Zusammenhang zwischen Strom und Spannung ist nichtlinear.

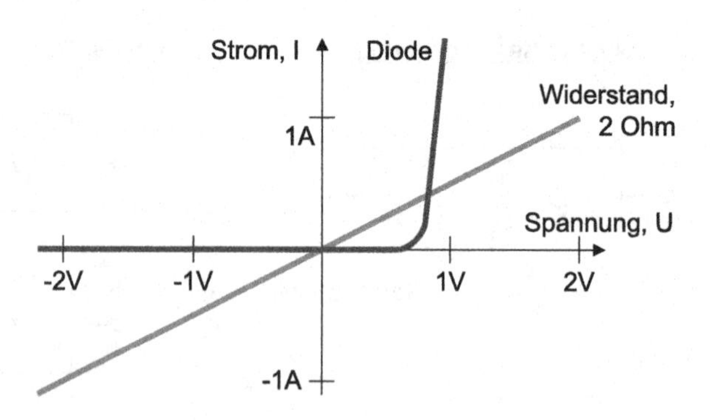

Abb. 9.4 Kennlinien einer Diode und eines Widerstandes

Zum Vergleich ist das Verhalten eines Widerstands angegeben. Bei ihm kann zum einen ein Strom in beide Richtungen fließen, zum anderen zeigen Strom und Spannung ein lineares Verhalten. Das heißt, bei doppelter Spannung fließt auch doppelter Strom.

Die Eigenschaften einer Diode werden vom Hersteller in einem Datenblatt angegeben. Zu diesen Eigenschaften gehört die Kennlinie, aber auch möglicher Temperaturbereich und maximal erlaubter Strom durch das Bauteil. Abb. 9.5 zeigt einen Ausschnitt aus dem Datenblatt zur Diode 1N5059 von NXP. Die durchgezogene Linie gibt das Verhalten bei 25 °C an, die gestrichelte Linie bei 175 °C.

Reales Verhalten
Idealerweise kann in Sperrrichtung der Diode kein Strom fließen. In der Realität ist eine Diode jedoch kein idealer Schalter, denn für einzelne Elektronen ist es möglich, die Sperrschicht zu überwinden. Deshalb fließt auch in Sperrrichtung ein sehr kleiner Strom. Dieser wird als *Leckstrom* bezeichnet und ist etwa in der Größenordnung von Millionstel Ampere.

Für die meisten Anwendungen kann der Leckstrom vernachlässigt werden. Es gibt jedoch Fälle, wo er berücksichtigt werden muss, beispielsweise, wenn eine Batterie sich langsam entlädt.

Ebenfalls ist die Sperrwirkung einer Diode nicht unbegrenzt. Bei einer hohen Spannung bricht die Sperrschicht zusammen und es fließt ein hoher Strom. Hierbei wird die Diode normalerweise zerstört. Die *Durchbruchspannung* ist abhängig vom Diodentyp und liegt meist bei mehreren hundert Volt.

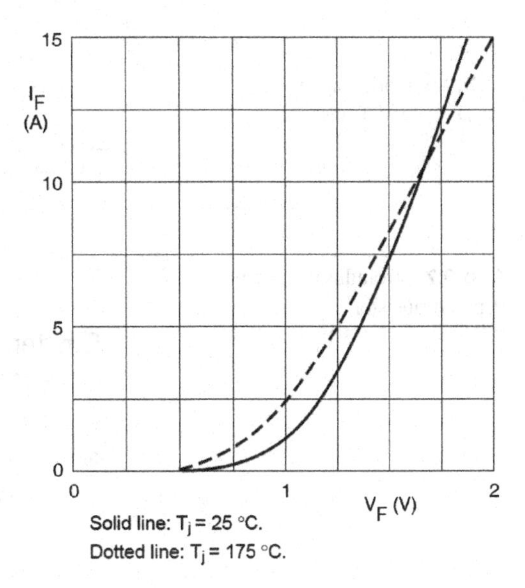

Abb. 9.5 Kennlinie der Diode 1N5059. (Quelle: NXP)

9.3 Transistor

Aufbau

Auch Transistoren nutzen den pn-Übergang. Im Vergleich zu Dioden enthält ein Transistor drei statt zwei Dotierungsbereiche und damit zwei pn-Übergänge statt einem. Die Dotierungsbereiche für Diode und Transistor sind in Abb. 9.6 dargestellt.

Zwischen Emitter und Kollektor befinden sich zwei pn-Übergänge in unterschiedlicher Richtung. Unabhängig von der Spannungsrichtung, liegt daher immer ein pn-Übergang in Sperrrichtung. Dadurch kann kein Strom fließen; der Transistor sperrt.

Durch eine Ansteuerung der Basis kann die Strecke zwischen Emitter und Kollektor geöffnet werden. Dies kann auf zwei unterschiedliche Weisen erfolgen, die in zwei verschiedenen Transistortypen benutzt werden. Diese Transistortypen sind Bipolartransistor und Feldeffekttransistor.

Bipolartransistor

Beim Bipolartransistor ist die Basis sehr dünn, sodass sich ein Aufbau wie in Abb. 9.7 ergibt. Damit der Transistor durch eine Ansteuerung geöffnet werden kann, muss eine Spannung an die Basis angelegt werden. Dann fließt ein Strom zwischen Emitter und Basis.

Durch den Stromfluss befinden sich freie Elektronen in der Basis, während normalerweise nur Löcher in diesem ‚p'-Gebiet sind. Die Sperrschicht zwischen Basis und Kollektor wirkt nicht für die freien Elektronen, sondern nur für die Löcher. Dadurch kann auch ein Strom von der Basis weiter zum Kollektor fließen.

Ein Strom zwischen Emitter und Basis öffnet also den Transistor. Wichtig ist, dass die Basis sehr dünn ist, denn dadurch fließt der größte Teil des Stroms vom Emitter durch das

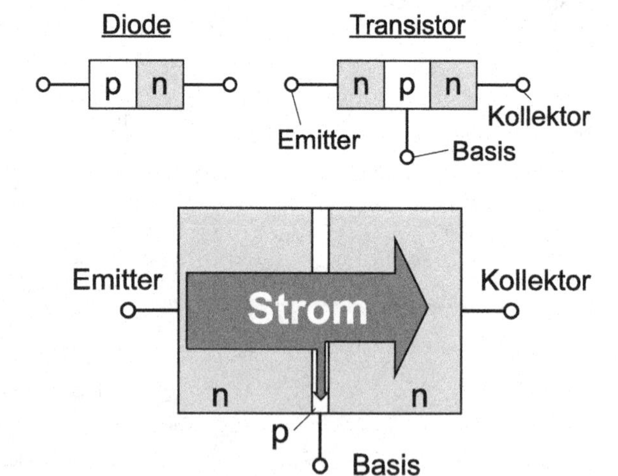

Abb. 9.6 Dotierungsbereiche für Diode und Transistor

Abb. 9.7 Stromfluss in einem Bipolartransistor

Basisgebiet zum Kollektor (Abb. 9.7). Nur ein kleiner Stromanteil fließt über die Basis ab. Bei einem typischen Transistor ist der Basisstrom lediglich etwa 1 % des Gesamtstroms.

Somit steuert ein kleiner Strom an der Basis einen großen Strom zwischen Emitter und Kollektor. Der Transistor verstärkt.

Feldeffekttransistor

Der Aufbau eines Feldeffekttransistors ist etwas anders als der eines Bipolartransistors. Auch hier gibt es drei verschieden dotierte Bereiche in der Reihenfolge n-p-n. Die Bezeichnung der Anschlüsse ist *Source, Gate* und *Drain,* wobei das Gate den Strom zwischen Source und Drain steuert. Im Unterschied zum Bipolartransistor ist der Steuereingang aber nicht mit der mittleren Dotierungsschicht verbunden, sondern durch eine dünne Isolationsschicht getrennt (Abb. 9.8, links).

Ohne Ansteuerung kann kein Strom fließen, denn zwischen Source und Drain befinden sich zwei pn-Übergänge. Genau wie beim Bipolartransistor liegt ein pn-Übergang stets in Sperrrichtung, egal in welche Richtung ein Strom fließen soll.

Zum Öffnen des Transistors wird eine positive Spannung an das Gate angelegt. Dadurch wird das ‚p'-dotierte Gebiet verändert, denn durch die Spannung werden Elektronen in die Nähe des Gate gezogen. Solange die Spannung anliegt, wird das ‚p'-Gebiet zu einem ‚n'-Gebiet und es entsteht ein *Kanal*, in dem keine Sperrschicht mehr vorhanden ist. Der Transistor öffnet sich und es kann Strom fließen. Der Transistor verstärkt (Abb. 9.8, rechts).

Vergleich der Transistortypen

Beide Transistortypen werden zur Verstärkung und zum Schalten von Signalen eingesetzt. Es werden gleiche Gehäuse verwendet, sodass die Transistoren von außen nur an der Typenbezeichnung unterschieden werden können. Auch der Preis für einen Transistor ist ähnlich, und eher abhängig davon, welches Gehäuse verwendet wird.

- Bipolartransistoren sind robuster, vor allem gegenüber Beschädigungen durch elektrostatische Aufladungen. Auch sind ihre Eigenschaften stabiler gegenüber Temperaturschwankungen.
- Feldeffekttransistoren benötigen eine sehr geringe Ansteuerleistung. Außerdem können sie schneller schalten, sind also für Signale mit höheren Frequenzen geeignet.

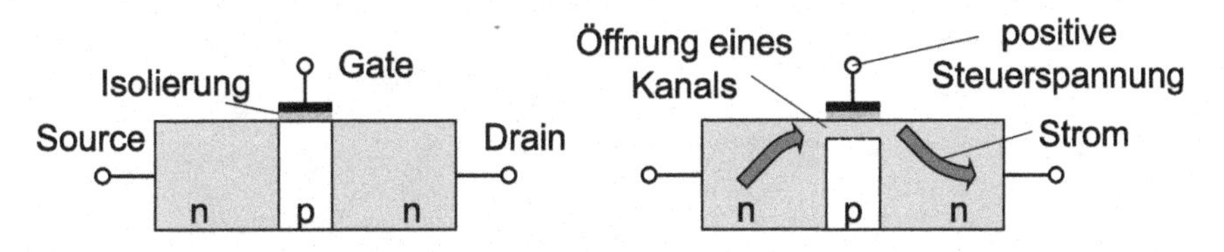

Abb. 9.8 Ansteuerung eines Feldeffekttransistors

Neben dem oben beschriebenen Aufbau können beide Transistortypen auch mit vertauschter Polarität aufgebaut sein. Das heißt, statt ‚p' werden ‚n'-Gebiete verwendet und umgekehrt. Die Funktion ist prinzipiell die gleiche, es können jedoch andere Spannungen verwendet werden. Die Bezeichnung der Polaritäten sind „npn" und „pnp" für Bipolartransistoren sowie „n-Kanal" und „p-Kanal" für Feldeffekttransistoren.

Von den genannten Transistortypen und Polaritäten gibt es hunderte verschiedene Ausführungen, die sich in Parametern wie der Verstärkung, Frequenz und erlaubtem Spannungsbereich unterscheiden. Diese Eigenschaften werden in Datenblättern beschrieben.

9.4 Schaltsymbole

Die für Transistoren verwendeten Schaltsymbole sind in Abb. 9.9 dargestellt. In der Literatur und den Datenblättern der Hersteller gibt es einige Varianten an Schaltsymbolen. Diese lassen sich jedoch meist gut erkennen und zuordnen. Rechts in Abb. 9.9 ist exemplarisch je eine Variante angegeben.

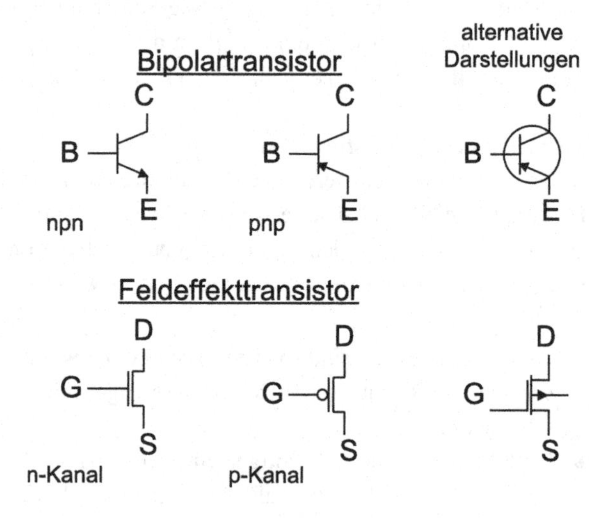

Abb. 9.9 Schaltsymbole für Transistoren

Zusammenfassung

Durch unterschiedliche Dotierung zweier Bereiche eines Halbleitermaterials entsteht ein pn-Übergang. Dieser bildet eine Sperrschicht und lässt Strom nur in eine Richtung durch.

Das Bauelement Diode enthält ein Halbleiterkristall mit pn-Übergang und wird zur Gleichrichtung benutzt.

Das Bauelement Transistor enthält ein Halbleiterkristall mit zwei pn-Übergängen. Durch Ansteuerung kann die Sperrschicht aufgehoben werden, sodass der Transistor Strom leitet.

Es gibt zwei verschiedene Grundarten von Transistoren: Bipolartransistoren und Feldeffekttransistoren.

Optoelektronik 10

In diesem Kapitel lernen Sie,

- wie in Leuchtdioden Licht erzeugt wird,
- wie Fotodioden als Lichtsensor arbeiten.

10.1 Eigenschaften von Licht

Photonen
Zum Verständnis der Optoelektronik soll kurz die physikalische Natur von Licht betrachtet werden. Licht kann man sich zusammengesetzt aus einzelnen winzigen Lichtstrahlen oder Lichtteilchen vorstellen. Jedes Lichtteilchen, als *Photon* bezeichnet, hat eine bestimmte Frequenz, die vom menschlichen Auge als Farbe wahrgenommen wird.

Weißes Licht, wie Tageslicht oder das Licht einer Kerze, besteht aus Photonen mit unterschiedlichen Frequenzen. Die von einem Laser ausgesendeten Photonen hingegen haben alle die gleiche Frequenz.

Jedes Photon transportiert eine kleine Menge Energie, die zum Beispiel als Wärme empfunden wird, wenn man in der Sonne liegt. Die Energiemenge eines Photons ist nur abhängig von der Frequenz, also der Farbe des Lichtes. Blaue Photonen haben etwas mehr Energie, grüne und gelbe Photonen mittlere und rote Photonen etwas weniger Energie.

Licht als Welle
Physikalisch gesehen verhält sich Licht in bestimmten Anordnungen auch wie eine Welle. Diese Kombination der Eigenschaften von Lichtteilchen und Welle wird in der Physik als *Welle-Teilchen-Dualismus* bezeichnet.

M. Winzker, *Elektronik für Entscheider*,
https://doi.org/10.1007/978-3-658-40091-0_10

Für die meisten Anwendungen in der Elektronik sind die Welleneigenschaften von Licht nicht bedeutsam, sodass man sich Licht als einen Schwarm von Photonen vorstellen kann.

10.2 Optoelektronik

Leuchtdiode

Leuchtdioden (kurz *LED*, „Light Emitting Diode") sind spezielle Dioden die Licht aussenden. Sie werden in vielen Geräten als unkomplizierte und günstige Anzeigeelemente eingesetzt.

Zur Lichterzeugung wird der pn-Übergang ausgenutzt. Wenn Strom in Durchlassrichtung durch eine Leuchtdiode fließt, findet ständig eine Rekombination von freien Elektronen und Löchern statt. Dabei verlassen die freien Elektronen ihre höhere Umlaufbahn um die Atomkerne, das Leitungsband. Sie fallen, anschaulich gesprochen, in eine niedrigere Umlaufbahn, das Valenzband.

Die höhere Umlaufbahn entspricht einem höheren Energiegehalt der Elektronen. Bei einem Wechsel eines Elektrons in die niedrige Umlaufbahn wird somit Energie freigesetzt, die in Form von Photonen abgestrahlt wird. Die Farbe des abgegebenen Lichtes entspricht der Energiedifferenz zwischen den Umlaufbahnen der Elektronen, dem Bandabstand. Je nach gewünschter Farbe werden verschiedene Verbindungshalbleiter verwendet, zum Beispiel Gallium-Arsenid oder Gallium-Phosphid. Neben verschiedenen sichtbaren Farben gibt es auch LEDs für Infrarotlicht, zum Beispiel für Fernbedienungen.

Die Energiedifferenz zwischen den verschiedenen Umlaufbahnen lässt sich prinzipiell vergleichen mit der Energie, die ein Satellit benötigt, um in eine Erdumlaufbahn zu gelangen. Je höher die Umlaufbahn, umso mehr Energie muss die Trägerrakete aufwenden.

Photodiode

Photodioden sind Sensoren für Licht und werden als Empfänger für Fernbedienungen und bei Glasfaserübertragungen benutzt. Sie nutzen, wie Leuchtdioden, den Zusammenhang zwischen der Energie von Photonen und der Energiedifferenz zwischen den Umlaufbahnen der Elektronen, allerdings in umgekehrter Richtung.

Eine Photodiode wird in Sperrrichtung betrieben und lässt darum normalerweise keinen Strom fließen. Durch ein transparentes Gehäuse kann allerdings Licht auf den pn-Übergang fallen. Falls Photonen auf die Sperrschicht fallen, werden durch die Energie Elektronen aus dem Valenzband in das Leitungsband, also auf eine höhere Umlaufbahn gehoben. Somit wird die Sperrschicht etwas geöffnet und Strom kann fließen.

Abb. 10.1 zeigt eine Leuchtdiode und Photodiode sowie ihre Schaltsymbole. Die zusätzlichen Pfeile am jeweiligen Symbol der Diode repräsentieren das Senden und Empfangen von Licht.

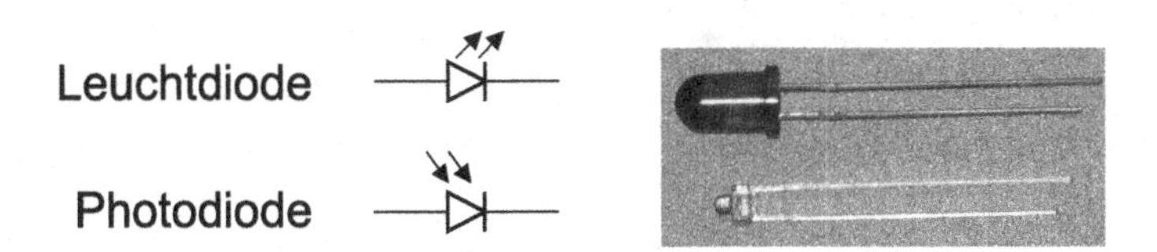

Abb. 10.1 Schaltsymbol und Foto von Leuchtdiode und Photodiode

Weitere optoelektronische Bauelemente

Es gibt eine Reihe weiterer Bauelemente zum Aussenden und Empfangen von Photonen. Teilweise handelt es sich um Halbleiterbauelemente, teilweise werden andere physikalische Effekte genutzt.

Ganze Bildschirme aus Halbleitermaterial sind mit organischen Leuchtdioden, abgekürzt *OLED,* möglich. Plasmabildschirme nutzen eine Gasentladung zur Lichterzeugung und Flüssigkristallanzeigen (LCD, „Liquid Crystal Display") filtern, je nach Ansteuerung, das Licht einer Hintergrundbeleuchtung. Plasma und LCD sind also keine Halbleiterbauelemente. Vorteile von OLEDs sind eine kostengünstige Herstellung und gute Bildqualität, insbesondere hoher Kontrast. Der Energiebedarf von OLEDs ist prinzipiell geringer als bei LCDs, da keine Hintergrundbeleuchtung erforderlich ist, sondern die Elemente selber Licht erzeugen.

Eine ähnliche Funktion wie eine Photodiode haben *Fotowiderstand* und *Fototransistor.* Beim Fotowiderstand ändert das Licht den elektrischen Widerstand. Beim Fototransistor öffnet das Licht die Verbindung zwischen Emitter und Kollektor. Das Licht übernimmt also in der Ansteuerung die Rolle der Basis.

Ganze Bilder können mit einem CCD-Sensor („Charge Coupled Device") erfasst werden. Auf einer Matrix von Halbleiterzellen werden durch Photonen Ladungen getrennt, die anschließend ausgelesen werden. CCD-Sensoren werden zum Beispiel in Digitalkameras eingesetzt.

Zusammenfassung

Der Wechsel von Elektronen zwischen verschiedenen Umlaufbahnen um den Atomkern kann durch empfangene Photonen ausgelöst werden oder Photonen aussenden.

Bei Leuchtdioden wird am pn-Übergang elektrische Energie in Licht umgesetzt.

Eine Photodiode erkennt Lichteinfall dadurch, dass sich dann die Sperrschicht öffnet und Strom fließen kann.

Teil V
Elektronik in der Energietechnik

11 Energietechnik

In diesem Kapitel lernen Sie,

- die Grundprinzipien von Energieerhaltung und -umwandlung,
- Möglichkeiten zur Erzeugung, Übertragung und Speicherung elektrischer Energie.

11.1 Erzeugung elektrischer Energie

Energie kann in verschiedenen Formen auftreten, wie Wärme, Licht, Bewegung, also Wärmeenergie, Lichtenergie, Bewegungsenergie. Andere Formen von Energie sind Lageenergie durch Anheben einer Masse, chemische Energie in Brennstoffen, Spaltungsenergie in Atomkernen und weitere. Energieformen können prinzipiell ineinander umgewandelt werden. Je nach Umwandlung kann der technische Aufwand unterschiedlich hoch sein und der Wirkungsgrad kann begrenzt sein, so dass nur ein Teil der Energie in die gewünschte Form und andere Teile in andere Energieformen übergehen.

Für alle Energieformen gilt das physikalische Prinzip der *Energieerhaltung*. Es besagt, dass Energie nicht erzeugt oder vernichtet, sondern nur von einer Form in eine andere umgewandelt werden kann. Der manchmal verwendete Ausdruck „Energieerzeugung" ist darum physikalisch nicht korrekt. Im Sprachgebrauch wird er aber dennoch verwendet, quasi als Kurzform für „Erzeugung elektrischer Energie aus einer anderen Energieform".

Elektrische Energie gilt dabei als hochwertig, da sie sich gut übertragen und in andere Energieformen umwandeln lässt. Gleiches gilt für chemische Energie wie Benzin oder Wasserstoff. Wärme hingegen lässt sich weniger gut umwandeln. Es sind deutliche Temperaturunterschiede zu einem anderen Medium erforderlich und der nutzbare Anteil der Wärmeenergie ist beschränkt.

M. Winzker, *Elektronik für Entscheider*,
https://doi.org/10.1007/978-3-658-40091-0_11

Info: Die Energieerhaltung entspricht dem ersten Hauptsatz der Thermodynamik. Die Beschränkung bei der Umwandlung von Wärme ergibt sich aus dem zweiten Hauptsatz der Thermodynamik. Bestimmte Vorgänge sind nicht umkehrbar. Wärmeenergie geht nicht von selbst von einem kälteren auf einen wärmeren Körper über.

In vielen Einsatzfeldern wird in der Natur vorkommende Primärenergie so umgewandelt, dass eine Drehbewegung entsteht, welche einen Elektrogenerator antreibt. Die Drehbewegung kann direkt hervorgerufen werden, z. B. Wind treibt über einen Rotor den Generator an. Auch eine mehrstufige Umwandlung ist möglich, z. B. Kohle wird verbrannt, erhitzt Wasser und das heiße Wasser treibt eine Turbine an, welche die Drehbewegung für den Generator ergibt.

Ein elektrischer Generator nutzt den physikalischen Effekt der Lorentzkraft. Elektrisch geladene Teilchen, die sich quer zu einem Magnetfeld bewegen, werden zur Seite abgelenkt. Dies nutzt der Generator, indem sich eine Spule im Magnetfeld dreht und die Elektronen zu den Anschlüssen gelenkt werden, wo sie als elektrische Spannung U abgegriffen werden kann (Abb. 11.1). Das Prinzip des Generators ist auch im Alltag durch den Fahrraddynamo bekannt.

Eine andere Möglichkeit der Erzeugung elektrischer Energie ist die Solartechnik. Lichtteilchen, Photonen lösen Elektronen aus einem Halbleitermaterial und erzeugen so eine Spannung. Solarzellen werden im Kap. 12 betrachtet.

In einer Batterie kann durch chemische Prozesse elektrische Energie erzeugt werden. Primärzellen ermöglichen nur den Abruf elektrischer Energie. Im Abschn. 11.3 werden Sekundärzellen beschrieben, auch Akkumulator genannt, mit denen elektrische Energie gespeichert werden kann.

Auch der *piezoelektrische Effekt* erzeugt elektrische Energie. Durch Druck auf einen Körper, oft ein Kristall, entsteht eine Ladungsverschiebung und damit eine Spannung. Dieser Effekt wird in elektrischen Feuerzeugen für den Zündfunken genutzt. Die umgeformte Energie ist sehr klein, kann aber für energiesparsame Kleinstgeräte wie Uhren, Fitness-Tracker oder Sensoren ausreichend sein. Die Erzeugung solch kleiner Mengen an elektrischer Energie wird als *Energy Harvesting* bezeichnet.

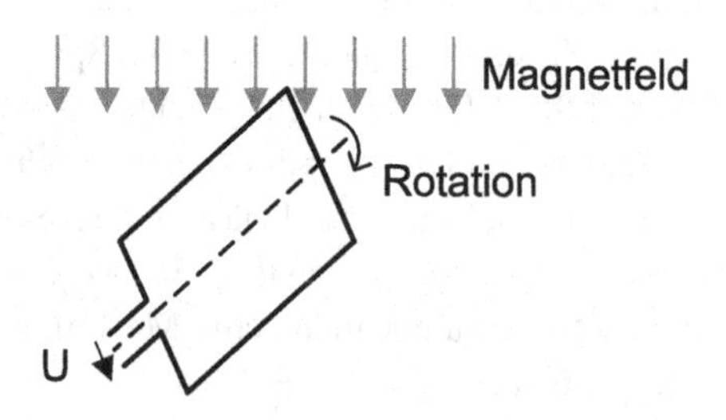

Abb. 11.1 Prinzip eines elektrischen Generators

11.2 Übertragung elektrischer Energie

Wechselstrom

Der Generator aus Abb. 11.1 erzeugt Wechselstrom. Dies wird dadurch hervorgerufen, dass sich die Geschwindigkeit der oberen und unteren Leitung der Spule gegenüber dem Magnetfeld ständig ändert. Wenn die Spule waagerecht ist, bewegen sich die Leitungen in Richtung des Magnetfelds und nicht quer zum Magnetfeld, so dass zu diesem Moment keine Spannung entsteht. Bei der weiteren Drehung steigt die Bewegung quer zum Magnetfeld, bis die Spule senkrecht steht und maximale Spannung anfällt. Danach sinkt die Querbewegung und nachdem die Spule wieder waagerecht ist, bewegt sie sich in anderer Richtung quer zum Magnetfeld. Durch diesen Wechsel der Bewegung entsteht die sinusförmige Spannung.

Für Wechselstrom wird auch die englische Abkürzung *AC* („Alternating Current") verwendet.

Drehstrom

Wechselstrom ist für die Energieübertragung gut geeignet, denn durch Transformatoren kann die Spannung leicht umgewandelt werden. Es gibt jedoch den Nachteil, dass die übertragene Leistung mit der Sinuswelle der Spannung schwankt. An den Spitzen der Sinuswelle wird viel Leistung übertragen, bei den Nullwerten der Spannung keine Leistung. Aufgrund der Energieerhaltung muss auch der Antrieb diese wechselnde Leistung liefern, was zu ungleichmäßiger Belastung einer Anlage führt.

Drehstrom vermeidet diese ungleichmäßige Belastung. Dazu wird nicht eine Wechselspannung erzeugt, sondern drei Wechselspannungen, die gegeneinander verschoben sind. Ein kompletter Sinusdurchlauf entspricht mathematisch 360° und somit sind die drei Phasen des Drehstroms gegeneinander um 120° verschoben. Die Leistung über alle drei Phasen ist dann konstant. Dies wird auch als *Dreiphasenwechselstrom* oder *Kraftstrom* bezeichnet.

Abb. 11.2 Freilandleitung mit drei Leitungen für Dreiphasenwechselstrom

Drehstrom wird erzeugt, indem ein Generator nicht eine, sondern drei um 120° gegeneinander verdrehte Spulen besitzt. Die roten Steckdosen im Werkstattbereich liefern Drehstrom mit den drei Phasen, einem Nullleiter und Erdung, also insgesamt fünf Anschlüssen. Auch bei Überlandleitungen sind die Phasen des Drehstroms erkennbar; dort finden sich an den Masten drei Leitungen oder Vielfache von drei (Abb. 11.2).

Info: Bei Drehstromsteckdosen findet sich die Angabe 400 V. Dies ist der gleiche Spannungsbereich wie 230 V Wechselstrom. Die höhere Spannung ergibt sich durch die Differenz zwischen jeweils zwei Phasen. Da die Sinuswellen um 120° verschoben sind, ergibt sich nicht der doppelte Wert von 230 V, sondern etwas weniger.

Gleichstrom

Dreiphasenwechselstrom ist zur Energieübertragung weit verbreitet. Bei großen Entfernungen im Bereich ab etwa 100 km wird jedoch zum Problem, dass die Leitungen gegeneinander als Kondensator wirken. Mit der Leitungslänge steigt die Kapazität und erfordert immer mehr Aufwand zum Umladen. Dies tritt in der Praxis beispielsweise auf, wenn Offshore-Windanlagen durch Seekabel an das Netz angebunden werden. Verstärkt wird hier der Effekt dadurch, dass in einem Kabel die Leitungen näher aneinander liegen als bei einer Freileitung und daher eine höhere Kapazität pro km bilden.

Für solche Anwendung wird daher eine *Hochspannungs-Gleichstrom-Übertragung* (HGÜ) eingesetzt. Der Gleichstrom hat eine konstante Spannung im Bereich von 100 kV oder höher und erfordert keine Umladung von Kapazitäten. Allerdings ist eine Umwandlung zwischen Wechselstrom und Gleichstrom erforderlich. Sie erfolgt durch Leistungselektronik, die im nächsten Kapitel näher betrachtet wird. HGÜ wird aktuell vor allem für Seekabel eingesetzt. Durch die verstärkte Nutzung erneuerbarer Energien und den nötigen Stromtransport wird ihre Nutzung weiter steigen, beispielsweise für die „Stromautobahnen" von den deutschen Küsten nach Süddeutschland.

Für Gleichstrom wird auch die englische Abkürzung *DC* („Direct Current") verwendet.

11.3 Speicherung elektrischer Energie

Übersicht

Zur Speicherung elektrischer Energie gibt es mehrere Möglichkeiten, die sich bezüglich Speicherdauer und Speicherkapazität unterscheiden. Für kurzfristige Speicherung kleiner Energiemengen in Gleichspannung kann ein Kondensator eingesetzt werden. Dies erfolgt in Netzteilen elektronischer Geräte, aber auch beim Fahrradrücklicht, welches bei fehlender Energieversorgung vom Dynamo einige Minuten weiter leuchtet.

Für große Energiemengen und längere Speicherdauer erfolgt eine Umwandlung in andere Energieformen. Eine seit langem verwendete Technik sind Pumpspeicherwerke, bei denen Wasser auf eine höhere Ebene gepumpt wird und bei Energiebedarf eine Turbine antreibt. Am Beispiel des Pumpspeicherwerks kann man einige Eigenschaften von Energiespeichern erkennen, die auch für andere Speicher gelten:

- Energie wird *umgewandelt,* hier zwischen elektrischer Energie und Lageenergie.
- Es gibt eine bestimmte *Speicherkapazität.* Der Speichersee auf der höheren Ebene kann nur eine bestimmte Menge Wasser fassen.
- Der Speicher hat einen bestimmten *Wirkungsgrad.* Durch Verluste beim Pumpen und dem Antrieb der Turbine kann nicht die komplette eingesetzte Energie wiedergewonnen werden.
- Die *Speicherdauer* kann beschränkt sein. Im Speichersee verdunstet oder versickert Wasser, wenn auch langsam.
- Es wird eine *Zugriffszeit* benötigt, um Energie abzurufen, hier zum Öffnen von Ventilen und zum Anlaufen der Turbine.
- Die Speicherung verursacht *Kosten* für Bereitstellung und Wartung der Anlage.

Es gibt weitere Speichermöglichkeiten, wie Schwungrad und Druckluftspeicher [5]. Steigende Bedeutung haben Akkumulatoren sowie Wasserstoff (Abschn. 11.5).

Akkumulator

Ein Akkumulator, auch bezeichnet als Sekundärzelle oder Batterie, speichert chemische Energie. Durch die Zufuhr elektrischer Energie findet eine chemische Umwandlung statt, die einfach umkehrbar ist und Energie wieder freigeben kann. Abb. 11.3 zeigt den grundsätzlichen Aufbau eines Akkumulators. Die beiden elektrischen Anschlüsse *Anode* und *Kathode*, gemeinsam als *Elektroden* bezeichnet, sind in einem *Elektrolyt* eingebettet. Bei der Aufladung bewegen sich Ionen, also elektrisch geladene Atome oder Moleküle von der Kathode zur Anode, bei der Entladung in umgekehrter Richtung. Die Ionen lagern sich an der Anode oder Kathode an und geben dabei Elektronen ab oder nehmen sie auf. Dieser Fluss geladener Ionen und Elektronen ist der Stromfluss im Akkumulator. Zwischen Anode und Kathode kann sich ein poröser Separator befinden, der nur den gewollten Ionenfluss erlaubt. Die Geometrien von Elementen und Zelle werden dahin optimiert, dass eine einfache Anlagerung sowie Ionenfluss möglich sind und die Zelle gegen mechanische Belastung geschützt ist.

Die verschiedenen Arten von Akkumulatoren unterscheiden sich im Material von Anode, Kathode und Elektrolyt und somit der chemischen Umwandlung. Verwendet werden unter anderem Blei (Pb), Nickel-Metallhybrid (NiHM) und Lithium (Li).

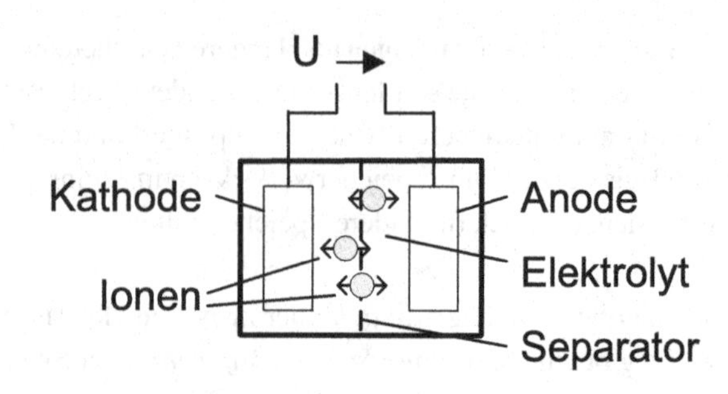

Abb. 11.3 Prinzip eines Akkumulators

Info: Einige der Materialien in Akkumulatoren zählen zu den *seltenen Erden,* also chemischen Elementen, die nur in begrenztem Umfang und in wenigen Regionen der Erde vorhanden sind.
Auch in Generatoren, Elektromotoren, für die Elektrolyse und in Solarzellen finden sich seltene Erden. Beispielsweise wird Neodym (Nd) genutzt, um in Generatoren und Elektromotoren ein möglichst starkes Magnetfeld zu erzeugen.

11.4 Nutzung elektrischer Energie

Ein großer Vorteil elektrischer Energie, ist die einfache Nutzung für viele Anwendungsgebiete. Zur Erzeugung von Wärme kann Strom durch einen elektrischen Widerstand geleitet werden, welcher sich dann erwärmt. Bewegung kann durch einen Motor erzeugt werden, der prinzipiell wie ein Generator aufgebaut ist. In der Prinzipskizze Abb. 11.1 wird an U eine Spannung angelegt und aufgrund des Stromflusses im Magnetfeld entsteht Bewegung. Licht kann durch einen Glühdraht, Gasentladung (umgangssprachlich „Neonröhre“) oder Halbleiterübergänge in Leuchtdioden (Kap. 10) entstehen.

Für große Lasten in Elektromotoren oder Elektroherden ist die Verwendung von Drehstrom sinnvoll, um das Stromnetz gleichmäßig auszulasten. Für kleinere Lasten kann aus den drei Phasen des Drehstroms eine Phase Wechselstrom entnommen werden. Abb. 11.2 zeigt, wie aus der dreiphasigen Freilandleitung durch einen Transformator eine Phase mit zwei Anschlussleitungen entnommen werden. Diese können zum Beispiel ein Haus versorgen.

Für elektronische Geräte und Leuchtdioden ist Gleichspannung erforderlich, die im einfachen Fall durch ein Netzteil erzeugt wird, wie in Abschn. 5.2 beschrieben.

11.5 Wasserstoff zur Energieübertragung und Speicherung

Die elektrische Energieübertragung stößt bei sehr weiten Strecken an ihren Grenzen, auch wenn HGÜ-Strecken mit über 1000 km Länge schon realisiert wurden. Die Speicherung elektrischer Energie mit großen Akkumulatoren ist für einen Zeitraum von Stunden bis

Tagen praktikabel. Für den weiten Transport und vor allem die längerfristige Speicherung von Energie ist die stoffliche Energieübertragung mit Wasserstoff sinnvoll. Auch durch fossile Brennstoffe wie Kohle, Erdöl, Erdgas findet bereits eine solche stoffliche Energieübertragung statt. Wasserstoff kann aus elektrischer Energie hergestellt werden und wenn hierzu regenerative Energien wie Windkraft oder Solarenergie verwendet werden, bezeichnet man ihn als *grüner Wasserstoff.*

Zur Erzeugung von Wasserstoff dient *Elektrolyse.* In einem *Elektrolyseur* wird Wasser durch Stromfluss in seine chemischen Bestandteile Wasserstoff und Sauerstoff aufgespalten. Der Wasserstoff wird aufgefangen und durch Rohrleitungen oder in Tanks geführt. Wasserstoff kann an der Nutzungsstelle verbrannt werden und als Wärmelieferant dienen. Auch der Antrieb eines Kolbenmotors ist möglich. Ohne Umweg über Verbrennung kann mit einer *Brennstoffzelle* wieder elektrischer Strom erzeugt werden, der dann universell nutzbar ist.

Zusammenfassung

Aufgrund der Energieerhaltung wird Energie nicht erzeugt oder vernichtet, sondern von einer Form in eine andere umgewandelt.

In einem Generator dreht sich eine Spule in einem Magnetfeld. Die Lorentzkraft wirkt auf die Elektronen in der Leiterbahn und erzeugt Spannung und Strom.

Energieübertragung erfolgt per Wechselstrom und Drehstrom, bei sehr großen Entfernungen per Hochspannungs-Gleichstrom-Übertragung (HGÜ).

Aus Windkraft und Solarenergie kann mit Elektrolyse „grüner Wasserstoff" erzeugt werden.

Energieelektronik 12

In diesem Kapitel lernen Sie,

- welche Bauelemente in der Leistungselektronik verwendet werden,
- den prinzipiellen Aufbau von Solarzellen,
- Funktion und Einsatzgebiete von Schaltungen zur Wandlung zwischen Gleichstrom und Wechselstrom.

12.1 Bauelemente der Leistungselektronik

Die prinzipielle Funktion von Bauelementen der Leistungselektronik ähnelt Diode und Transistor (Kap. 3). Strom wird gerichtet, also nur in einer Richtung durchgelassen, sowie ein- und ausgeschaltet. Die Besonderheit der Leistungselektronik ist zum einen, dass sehr hohe Ströme geschaltet und durchgeleitet werden können, zum anderen, dass im Verhältnis zur geschalteten Leistung nur sehr geringe Steuerleistung nötig ist. Dies wird durch die Geometrie der Bauelemente und Halbleiterschichten ermöglicht.

Häufig werden folgende Bauelemente benutzt:

- Ein *IGBT* (Insulated Gate Bipolar Transistor) ist ein Transistor, welcher eine niedrige Steuerleistung benötigt.
- Ein *Thyristor* öffnet durch einen Impuls am Steuereingang den Stromfluss und bleibt geöffnet, solange Spannung anliegt. Der Stromfluss ist wie bei einer Diode nur in eine Richtung möglich.
- Ein *Triac* schaltet wie ein Thyristor, erlaubt jedoch den Stromfluss in beide Richtungen.

Eine einfache Schaltung der Leistungselektronik ist die Phasenanschnittsteuerung, die in Abb. 12.1 dargestellt ist. Das abgebildete Bauelement ist ein Thyristor. Durch den Steuerein-

M. Winzker, *Elektronik für Entscheider*,
https://doi.org/10.1007/978-3-658-40091-0_12

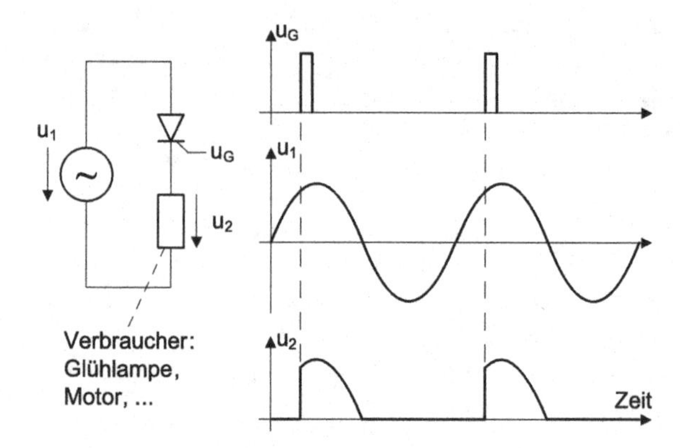

Abb. 12.1 Phasenanschnittssteuerung mit Thyristor

gang wird die Sinuswelle ab einer einstellbaren Phasenlage eingeschaltet und der Thyristor bleibt bis zum nächsten Nulldurchgang leitend. Durch Verschieben des Einschaltimpulses kann somit die Leistung gesteuert werden. Der Thyristor leitet nur in der positiven Halbwelle der Spannung, ein Triac nutzt auch die negative Spannung der Sinuswelle.

Die Phasenanschnittsteuerung wird als Dimmer für Glühlampen und in der Ansteuerung von Motoren verwendet. Die ungleichmäßige Belastung der Sinuswelle ist im Netzbetrieb ungünstig. Für kleine Verbraucher wie eine Glühlampe ist dies unproblematisch, anders als bei einem großen Elektromotor. Da Glühlampen mittlerweile durch LED-Lampen abgelöst werden, funktioniert das einfache Dimmen mit Phasenanschnittsteuerung nur, wenn die LED-Lampe darauf ausgelegt ist.

12.2 Solartechnik

Mit einer *Solarzelle* kann Licht durch einen beleuchteten pn-Übergang direkt in elektrische Energie umgewandelt werden. Dies wird als *Photovoltaik,* abgekürzt PV, bezeichnet. Dabei kann nicht die gesamte Lichtenergie für die Erzeugung elektrischer Energie genutzt werden, sondern es entsteht zusätzlich thermische Energie, das heißt, die Solarzelle erwärmt sich.

Funktionsprinzip der Photovoltaik

Im prinzipiellen Aufbau besteht eine Solarzelle aus vier Schichten, dargestellt in Abb. 12.2. Kernstück sind eine p-dotierte und eine n-dotierte Halbleiterschicht, die einen pn-Übergang bilden. Zur Kontaktierung der Halbleiterschichten befindet sich auf der Ober- und Unterseite je eine Schicht mit Metallkontakten.

Durch Photonen, die auf die Sperrschicht des pn-Übergangs treffen, werden Elektronen aus ihrer Atombindung gelöst. Dabei hebt die Energie der Photonen die Elektronen auf eine höhere Umlaufbahn entsprechend des Bändermodells (siehe Abschn. 8.3). Die Elektronen

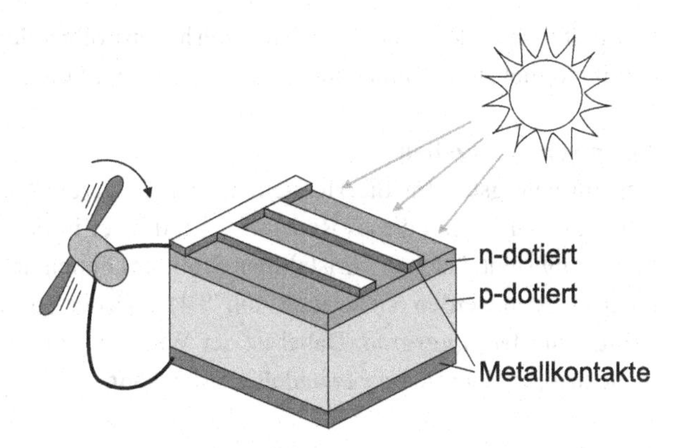

Abb. 12.2 Prinzipieller Aufbau einer Solarzelle

gelangen vom Valenzband in das Leitungsband. Dieses Verhalten ist ähnlich zur in Kap. 10 beschriebenen Fotodiode, bei der die Sperrschicht durch Lichteinfall geöffnet wird.

Der wesentliche Unterschied bei einer Solarzelle ist, dass die Fläche des beleuchteten pn-Übergangs erheblich größer als bei einer Fotodiode ist. Dadurch werden wesentlich mehr Elektronen aus den Atombindungen gelöst und können über die Metallkontakte nach außen geführt werden. Die Solarzelle erzeugt damit aus der Lichtenergie elektrische Energie, die in Abb. 12.2 einen Ventilator antreibt.

Damit möglichst viel Licht den pn-Übergang erreicht, sind die Metallkontakte auf der Oberseite nur in dünnen Metallfingern aufgebracht. Allerdings darf der Abstand der Metallkontakte zum pn-Übergang nicht zu groß werden, da ansonsten der durch das Licht generierte Strom nicht effizient nach außen geführt werden kann.

Auf den in Abb. 12.3 abgebildeten Solarzellen kann man erkennen, wie dünne Metallfinger die Oberfläche der Solarzelle anschließen und zu zwei Sammelschienen in der Mitte der Zelle führen.

Abb. 12.3 Solarzellen, monokristallin (links) und polykristallin (Mitte und rechts). (Foto: SolarWorld AG, Bonn)

Zusätzlich zu den genannten Schichten haben Solarzellen noch eine *Antireflexionsschicht*, damit möglichst viel Sonnenlicht zur Energiewandlung genutzt werden kann.

Arten von Solarzellen

Das am häufigsten für die Herstellung von Solarzellen eingesetzte Halbleitermaterial ist Silizium. Der Vorteil dieses Rohstoffes ist, dass er in Form von Sand in großer Menge zur Verfügung steht. Nach der kristallinen Struktur können drei Arten von Silizium-Solarzellen unterschieden werden (siehe auch Abb. 8.4). Aus der Struktur ergeben sich Unterschiede in Kosten und *Wirkungsgrad.* Dabei ist der Wirkungsgrad der Anteil der Sonnenenergie, die in elektrische Energie umgewandelt werden kann.

- **Monokristalline Silizium-Solarzellen:** Bei dieser Technologie hat die gesamte Zelle eine gleichmäßige ideale Kristallstruktur. Dadurch kann ein sehr guter Wirkungsgrad bis zu etwa 25 % erzielt werden.
- **Polykristalline Silizium-Solarzellen:** Hier besteht das Grundmaterial aus verschiedenen monokristallinen Regionen, die aneinander grenzen. Optisch sind die verschiedenen Regionen oft durch eine fleckige Oberfläche zu erkennen (Abb. 12.3, Mitte und rechts). An den Grenzen der Regionen entstehen leichte Verluste, sodass ein Wirkungsgrad bis etwa 20 % möglich ist. Dafür sind durch eine einfachere Herstellung die Kosten deutlich geringer als bei monokristallinen Zellen.
- **Amorphe Silizium-Solarzellen:** Bei ihnen wird das Halbleitermaterial in einer dünnen Schicht auf einen durchsichtigen Träger, also Glas oder Kunststoff, aufgebracht. Bei dem Sprühen oder Bedampfen bildet sich keine Kristallstruktur und das Silizium bleibt amorph. Der Wirkungsgrad liegt dadurch bei bis zu 10 %. Zwei wesentliche Vorteile sind jedoch, dass nur sehr wenig Halbleitermaterial benötigt wird und bei entsprechendem Trägermaterial die Solarzellen biegsam sein können.

Die mono- und polykristallinen Solarzellen werden auch als *Dickschichtzellen,* amorphe als *Dünnschichtzellen* bezeichnet.

Neben Silizium werden weitere Halbleitermaterialien für Solarzellen verwendet, insbesondere Verbindungshalbleiter, also Materialien, bei denen 3-wertige und 5-wertige Atome oder 2-wertige und 6-wertige Atome kombiniert werden. Da es sich bei den verwendeten Materialien teilweise um seltene und damit teure Elemente handelt *(Seltene Erden),* werden sie ressourcenschonend in Dünnschichtzellen verwendet. Beispiele für diese Dünnschichtmaterialien sind Gallium-Arsenid sowie Kupfer-Indium-Diselenid.

Höhere Wirkungsgrade können durch *Mehrfachsolarzellen* erzielt werden, bei denen mehrere aktive Schichten übereinander liegen. Die erste Solarzelle wandelt einen Teil des Lichts um und lässt andere Wellenlängen durch, die von darunterliegenden Zellen umgewandelt werden. Im Labor werden bis zu vier aktive Schichten verwendet und bei Verwendung eines Konzentrators zur Bündelung von Licht sind Wirkungsgrade über 40 % möglich.

Um die Solarzellen vor Umwelteinflüssen wie Regen, Schnee und Hagel zu schützen, werden sie in einem *Solarmodul* zusammengefasst.

12.3 Umwandlung elektrischer Energie

Spannungswerte und Stromstärke

Die Spannung einer einzelnen Solarzelle liegt, je nach Technologie, bei etwa 0,5 V. Bei Akkumulatoren ist die Ausgangsspannung vom Typ abhängig und liegt im Bereich von etwa 1 bis 4 V. Diese Spannungen sind nur für kleine oder sehr kleine Energieleistungen ausreichend. Für mittlere und große Leistungen müssen mehrere Elemente als *Reihenschaltung,* also hintereinander geschaltet werden, sodass sich die Spannungen addieren. Für große Energieleistungen übersteigt zudem der Strom die Belastungsgrenze von Solarzelle oder Akkumulator, so dass mehrere Reihenschaltungen noch als *Parallelschaltung,* also nebeneinander geschaltet werden. Dann addieren sich die Ströme der nebeneinander liegenden Elemente. Abb. 12.4 zeigt den Schaltplan einer Photovoltaikanlage, bei der Solarzellen in Solarmodulen in Reihe und zwei Solarmodule parallel geschaltet sind.

Insbesondere bei Solarmodulen kann die erzeugte Spannung und der mögliche Strom schwanken, da sich Sonnenintensität und Winkel der Sonneneinstrahlung ändern. Hinzu kommt eventuell eine Abschattung einzelner Zellen durch Bäume, Gebäude, Wolken. Zur Nutzung dieser wechselnden Gleichspannung ist eine elektronische Regelung erforderlich. Auch bei Akkumulatoren sinkt die Spannung abhängig vom Ladezustand, allerdings mit geringeren Schwankungen verglichen mit der Solartechnik. Dafür muss die Steuerelektronik bei Akkumulatoren das Aufladen ermöglichen, den Ladezustand ermitteln und ein zu starkes Entladen verhindern.

Stromrichter

In technischen Anwendungen wird sowohl Gleichstrom als auch Wechselstrom verwendet, so dass eine Umwandlung zwischen diesen Stromarten nötig ist. Die Wandlung erfolgt durch *Stromrichter.* Der Begriff Stromrichter ist der Oberbegriff für *Wechselrichter* zur Wandlung von Gleichstrom nach Wechselstrom und *Gleichrichter* zur Wandlung von Wechselstrom zu Gleichstrom. Der Aufbau eines Gleichrichters wurde schon in Kap. 6 erläutert.

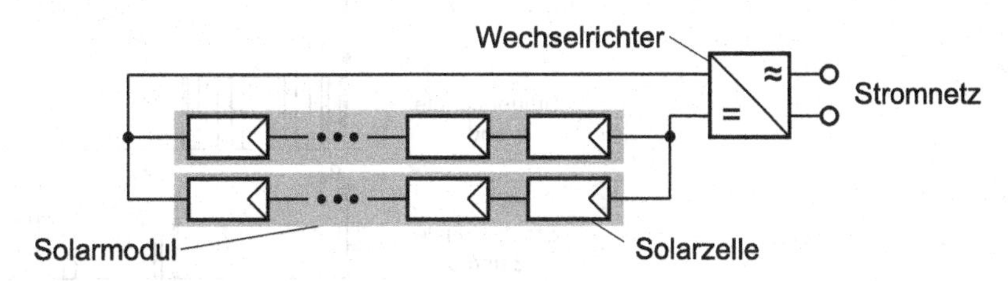

Abb. 12.4 Photovoltaikanlage mit zwei Solarmodulen und Wechselrichter

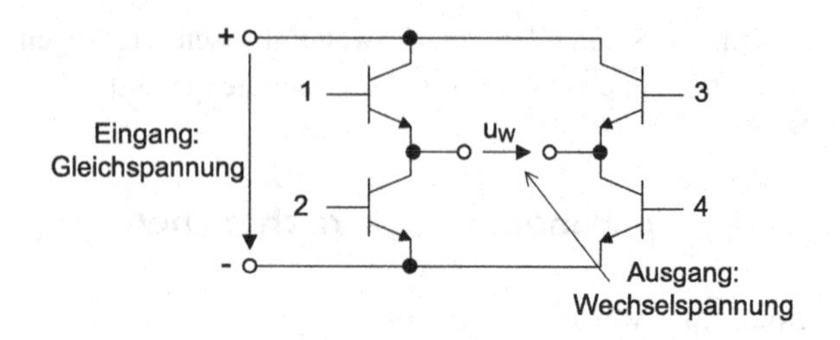

Abb. 12.5 Funktionsprinzip eines Wechselrichters

Der Aufbau eines Wechselrichters ist in Abb. 12.5 dargestellt. Die Gleichspannung wird durch vier Transistoren (IGBT, Insulated Gate Bipolar Transistor) oder Thyristoren umgeschaltet, so dass sich Pluspol und Minuspol am Ausgang wechseln. Hierfür sind Steuersignale, im Bild mit 1 bis 4 bezeichnet, in der benötigten Ausgangsfrequenz erforderlich.

Die Schaltung in Abb. 12.5 erzeugt jedoch ein Rechtecksignal und kein Sinussignal, wie es für Wechselstrom üblich ist. Die Erzeugung von sinusförmigem Wechselstrom ist möglich, indem die Steuersignale kurze, schnelle Pulse erzeugen. Für niedrige Werte der Sinuswelle wird der Strom nur kurz, für hohe Werte der Sinuswelle länger eingeschaltet. Mit Kondensatoren und Spulen werden die Pulse zu einer Sinuswelle geglättet.

Abb. 12.6 zeigt das Grundprinzip, welches als *Pulsweitenmodulation* bezeichnet wird. Transistoren 1 und 4 werden kurz, dann immer länger und wieder kürzer eingeschaltet, um die positive Sinushalbwelle zu erzeugen. In gleicher Weise erzeugen Transistoren 2 und 3 die negative Sinushalbwelle. In der Realität sind die Pulse deutlich kürzer und häufiger, als im Bild gezeigt.

Einsatz von Stromrichtern

Die Einspeisung des Gleichstroms von Solarmodulen in das Stromnetz mit Wechselstrom erfordert einen Wechselrichter (Abb. 12.4). Durch moderne Leistungselektronik sind heutzutage Stromrichter mit akzeptablem Aufwand und gutem Wirkungsgrad möglich. Daher ist

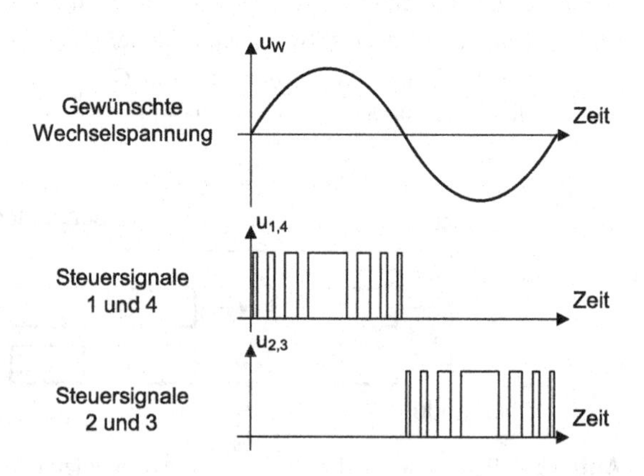

Abb. 12.6 Pulsweitenmodulation im Wechselrichter

in manchen Anwendungsbereichen auch ein mehrfacher Wechsel zwischen den Stromarten sinnvoll.

- In einem Offshore-Windpark wird der Wechselstrom der Windräder für die HGÜ (Hochspannungs-Gleichstrom-Übertragung) in Gleichstrom umgewandelt und an Land wieder in Wechselstrom für das Stromnetz konvertiert.
- In einer Elektrolokomotive wird der einphasige Wechselstrom der Oberleitung in Gleichstrom gewandelt, um daraus Drehstrom für die Motoren zu erzeugen.
- Für eine unterbrechungsfreie Stromversorgung (USV) wird der Wechselstrom des Stromnetzes in Gleichstrom gewandelt und in einem Akkumulator gespeichert. Der so gestützte Gleichstrom wird wieder in Wechselstrom umgewandelt.

Zusammenfassung
Zum Schalten von Strömen in der Leistungselektronik werden IGBT (Insulated Gate Bipolar Transistor), Thyristor und Triac verwendet.

Solarzellen nutzen den pn-Übergang zur direkten Umwandlung von Lichtenergie in elektrische Energie.

Stromrichter wandeln Gleichstrom in Wechselstrom (Wechselrichter) und Wechselstrom in Gleichstrom (Gleichrichter).

Teil VI

Entwicklung und Fertigung

Entwicklung elektronischer Systeme 13

In diesem Kapitel lernen Sie,

- den Ablauf bei der Produktentwicklung elektronischer Systeme kennen,
- die Aufgabenbereiche der Unternehmensteile Marketing und Entwicklung,
- die Entwicklungsschritte Spezifikation, Konzept, Schaltungseingabe und Schaltungsumsetzung,
- wie und warum die Produktentwicklung durch Verifikation begleitet wird.

13.1 Produktentwicklung

Entwicklungsschritte
Mit *Produktentwicklung* bezeichnet man den Prozess, durch den ausgehend von einer Idee ein Produkt entsteht.

Als erstes werden dazu aus der Produktidee die Spezifikation und das Konzept der Umsetzung erstellt. Für elektronische Systeme sind die folgenden Schritte die Schaltungseingabe, Schaltungsumsetzung, Fertigung von Prototypen sowie die Inbetriebnahme. Am Ende des Entwicklungsprozesses steht das Produkt, ein elektronisches Gerät mit Produktionsunterlagen, welches in den Markt eingeführt werden kann. Begleitend werden die Entwicklungsschritte durch die Verifikation, also eine Überprüfung, ob der jeweilige Entwicklungsstand mit der Spezifikation übereinstimmt.

Eine Produktentwicklung ist allerdings kein linear ablaufender Vorgang, bei dem fließbandartig ein Schritt nach dem nächsten folgt. Vielmehr existieren Rückwirkungen zwischen den Arbeitsschritten. So kann zum Beispiel bei der Schaltungsumsetzung erkannt werden, dass eine spezifizierte Eigenschaft nicht wie geplant realisiert werden kann. In diesem Fall muss die Spezifikation oder das Schaltungskonzept überarbeitet werden.

M. Winzker, *Elektronik für Entscheider*,
https://doi.org/10.1007/978-3-658-40091-0_13

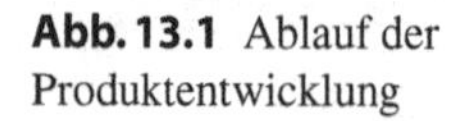

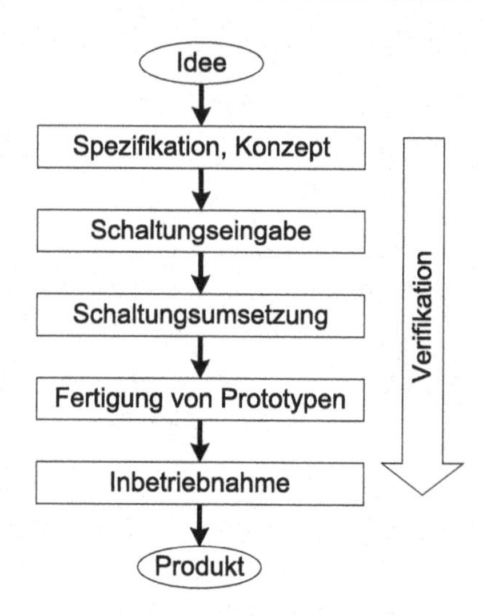

Abb. 13.1 Ablauf der Produktentwicklung

Abb. 13.1 illustriert den prinzipiellen Ablauf einer Produktentwicklung. Dieses Kapitel erläutert die Entwicklungsschritte bis zur Schaltungsumsetzung. Auf die Fertigung und Inbetriebnahme wird in den folgenden Kapiteln eingegangen.

Management von Entwicklungsprojekten

Die Entwicklung von Produkten ist eine immer wieder neue, komplexe Problemstellung. Sie stellt keine wiederkehrende Routinearbeit dar und wird darum als *Projekt* bezeichnet. Die prinzipielle Vorgehensweise bei Projekten wird in der Literatur über Projektmanagement beschrieben (u. a. [12]).

Parallelen zum Projektmanagement der Elektronikentwicklung bestehen im Management von IT-Projekten und der Softwareentwicklung (u. a. [13]). Hilfreiche Literatur aus diesem Bereich findet sich auch unter dem Stichwort „Software Engineering".

Entscheidend für den Erfolg von Projekten ist aber, neben dem eigentlichen Projektmanagement, die Schaffung einer Arbeitsatmosphäre und von Arbeitsbedingungen, in denen die Entwicklungsingenieure produktiv und kreativ arbeiten können. Für eine Firma ist es wichtig, gute Entwicklerinnen und Entwickler zu haben und vor allem sie zu behalten. Zu diesem Thema sei allen Managern und Projektmitarbeitern das Buch „Wien wartet auf Dich!" von DeMarco und Lister besonders empfohlen [14].

Von enormer Wichtigkeit für die Produktivität ist ein Arbeitsplatz mit ausreichendem Platz und Ruhe zum ungestörten Arbeiten. Dadurch wird ein „Eintauchen" in die Entwicklungsarbeit möglich, auch als *„Flow"* bezeichnet (hierzu auch [15]). Jede Störung unterbricht den „Flow" und es kostet Zeit, die Entwicklungsarbeit wieder aufzunehmen.

Ein Großraumbüro ist aufgrund des hohen Geräuschpegels für produktive Entwicklungsarbeit also ungeeignet. Auch das Telefon sollte auf Anrufbeantworter oder Voicebox umschaltbar sein. Die Kosten für einen ungestörten Arbeitsplatz werden durch höhere Produktivität mehr als kompensiert.

Eine konzentrierte Arbeit im „Flow" ist auch deswegen sehr produktiv, weil die Entwicklungsarbeit sowohl logisch-abstrakte, als auch kreative Aktivitäten enthält. Bei der logisch-abstrakten Arbeit wird ein Problem systematisch angegangen, also ein Schaltplan erstellt oder ein Computerprogramm geschrieben. Bei der Entwicklung kommen einem guten Ingenieur jedoch auch kreative Geistesblitze, die oft neue Lösungswege aufzeigen. Gerade die kreativen Geistesblitze sind nur bei ungestörter Arbeit im „Flow" möglich [14].

13.2 Spezifikation und Schaltungskonzept

Spezifikation
Für den Start eines Entwicklungsprojektes ist in vielen Firmen das Produktmarketing verantwortlich. Je nach Firmengröße kann dies eine eigene Abteilung sein, eine einzelne Person oder quasi als Nebenaufgabe von der Geschäftsführerin oder dem Entwicklungsleiter wahrgenommen werden.

Die *Spezifikation,* auch als *Lastenheft* oder *Pflichtenheft* bezeichnet, bestimmt drei wesentliche Bereiche:

- die Qualität und den Funktionsumfang des Produktes,
- die Kosten für Entwicklung und Produktion,
- die benötigte Zeit für die Entwicklung.

Dabei sind diese drei Bereiche direkt abhängig voneinander und werden auch als *magisches Dreieck* von Qualität, Kosten und Zeit bezeichnet (Abb. 13.2). Größere Abstände vom Schnittpunkt der Achsen bedeuten bessere Werte, also höhere Qualität, geringere Kosten und kürzere Entwicklungszeit.

Der Umfang des Dreiecks wird als gleich bleibend angenommen. Das heißt, wenn eine Einflussgröße verändert wird, ändern sich auch die anderen Größen. Eine Verkürzung der Entwicklungszeit bedingt also eine Verringerung der Qualität, eine Erhöhung der Kosten oder beides. Höhere Qualität erfordert höhere Kosten oder längere Entwicklungszeit.

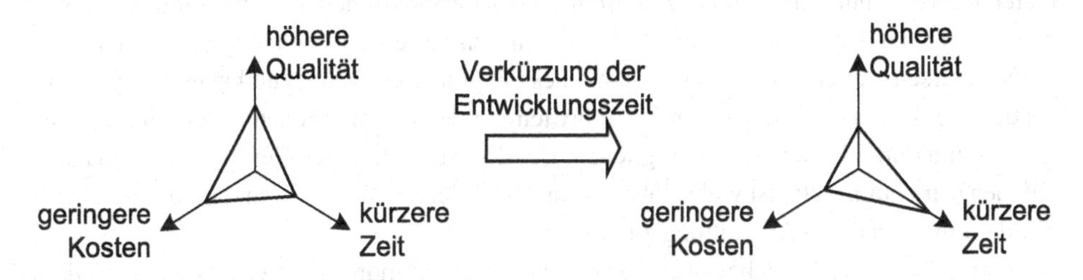

Abb. 13.2 Magisches Dreieck aus Qualität, Kosten und Zeit

Zeitpunkt der Produkteinführung

Grundlage der Spezifikation ist eine Markterwartung, also die Vorhersage, dass ein bestimmtes Produkt mit einem bestimmten Preis einen Markt finden wird. Dabei muss der Zeitpunkt der Produkteinführung bedacht werden, was zwei wesentliche Konsequenzen hat:

- Qualität und Preis eines Produkts müssen zum Ende der Entwicklungszeit marktfähig sein. Je nach Projekt liegt diese Produkteinführung mehrere Monate oder sogar einige Jahre nach Projektbeginn. Das Produktmarketing muss sich also die Frage stellen: „Welche Ausstattung erwartet der Kunde in zwei Jahren für diese Geräteklasse?"
- Für viele Produkte gibt es günstige Zeiten zur Produkteinführung. Dies hat teilweise jahreszeitliche Gründe oder hängt von wichtigen Messen ab.

Beispiel: Für Fernsehgeräte ist das Weihnachtsgeschäft sehr wichtig. Ein neues Produkt sollte dazu für den deutschen Markt möglichst auf der Internationalen Funkausstellung (IFA) im September präsentiert und danach in ausreichenden Stückzahlen für den Handel verfügbar sein. Ebenfalls günstige Möglichkeiten zur Markteinführung von Fernsehgeräten sind große Sportereignisse wie Olympische Spiele oder Fußballweltmeisterschaften.

Produktausstattung und Eigenschaften

Die Qualität eines Produktes im Sinne der Spezifikation umfasst nicht nur die Verarbeitungsgüte, sondern insbesondere auch die Ausstattung und sonstige Eigenschaften. Je nach Produktart sind andere Ausstattungsmerkmale wesentlich für die Qualität. Beispielsweise sind für einen USB-Stick einige Produktmerkmale:

- Gewicht und Größe
- Speicherkapazität
- Anzeige durch LEDs oder Display?
- Zusatzfunktionen: MP3-Wiedergabe, Aufnahme mit Mikrofon

Für viele Produkte werden neben der Grundfunktionalität oft weitere zusätzliche Produktmerkmale spezifiziert. Solche zusätzlichen Eigenschaften, auch als „Features" bezeichnet, bieten teilweise nur geringen Nutzen. Manche Sonderfunktionen werden von den Kunden niemals benutzt. Das Wort „Feature" wird darum teilweise geringschätzig verwendet.

Andererseits kann das Vorhandensein eines „Feature" ein Kaufgrund sein. Denn insbesondere bei Produktvergleichen in Zeitschriften werden die möglichen Eigenschaften aufgelistet und durch Häkchen (✓) verglichen. Bei der Auswahl eines Gerätes achten manche Kunden stark auf möglichst viele Häkchen, in der Hoffnung, das beste und modernste Gerät mit der umfassendsten Ausstattung zu erwerben.

Über eine solche Vorgehensweise kann man zwar schmunzeln. Tatsache ist aber, dass Kaufentscheidungen oft so getroffen werden. Hersteller von Geräten müssen dieses Kundenverhalten folglich berücksichtigen und versuchen, möglichst viele Eigenschaften anzubieten, ohne die Kosten zu erhöhen. Darum werden teilweise Produkteigenschaften in schlechter Qualität realisiert. Da bei Produktvergleichen somit ein Häkchen erscheint, spricht man auch von einem „Check-Off Item". Gemeint ist damit eine Produkteigenschaft, die vorhanden sein muss, deren Qualität aber zweitrangig ist.

Beispiel: Ein „Check-Off Item" bei einem USB-Stick kann ein Mikrofon für die Sprachaufnahme sein. Die Tonqualität dieser Zusatzfunktion wird vermutlich nicht besonders hoch sein, sodass viele Anwender es möglicherweise nur nach dem Kauf einmal ausprobieren und danach nie wieder einsetzen.
Andererseits freut sich der Anwender vielleicht trotzdem über das Mikrofon, denn er *könnte* es ja benutzen, wenn er wollte. Oder es gibt Anwender, die den Nutzen dieses Feature für sich entdecken, vielleicht für Sprachnotizen während einer Autofahrt.

Schaltungskonzept
Als nächster Entwicklungsschritt übernimmt die Entwicklungsabteilung die Spezifikation des Marketings und erarbeitet hieraus ein *Schaltungskonzept.* Dieser Entwicklungsschritt wird auch als *Machbarkeitsstudie* bezeichnet.

Das Schaltungskonzept gibt die wichtigsten Bauelemente und ihre Verbindung untereinander an. Zur Darstellung wird üblicherweise ein vereinfachter Schaltplan genutzt, ein sogenanntes *Blockschaltbild*. Aus der Liste der benötigten Bauelemente ergeben sich eine Abschätzung von Kosten und weiteren Kenngrößen, etwa Gewicht und Baugröße. Kleinere Bauelemente, beispielsweise einzelne Widerstände, werden üblicherweise noch nicht betrachtet.

Die Beurteilung und Verfeinerung des Schaltungskonzeptes ist ein interaktiver Prozess zwischen Entwicklung und Marketing. Dabei sollte die Entwicklung die geforderten Eigenschaften des Produktes analysieren und Alternativen für die Umsetzung und den Aufwand aufzeigen. Basierend auf dieser Analyse kann das Marketing dann die Spezifikation überarbeiten oder detaillieren.

Allerdings haben Marketing und Entwicklung in diesem Prozess zunächst gegensätzliche Interessen. Das Marketing hat das Bestreben, möglichst hohe Qualität zu geringen Kosten und in kurzer Zeit zu erhalten, damit das Produkt am Markt erfolgreich sein kann. Die Entwicklung will zu ambitionierte oder gar unrealistische Ziele vermeiden, da diese den Projekterfolg gefährden.

Abhängig von den Beteiligten kann die Erarbeitung der Spezifikation und des Schaltungskonzeptes ein sehr konstruktiver Prozess oder ein harter Kampf werden.

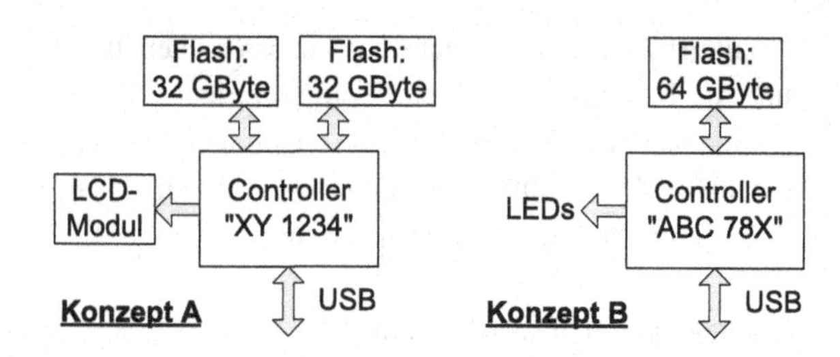

Abb. 13.3 Blockschaltbilder zweier Konzepte für einen USB-Stick

Beispiel: Abb. 13.3 zeigt zwei Blockschaltbilder mit Schaltungskonzepten für einen USB-Stick mit 64 GByte Speicherkapazität. Ausgehend von der Spezifikation und einer Marktanalyse verfügbarer Komponenten hat die Entwicklungsabteilung zwei Konzepte zur Umsetzung vorgeschlagen:

- Konzept A nutzt einen Controller, der die Kommunikation mit der USB-Schnittstelle vornimmt und die Daten in zwei Flash-Bausteinen speichert. Außerdem wird ein LCD-Modul verwendet, welches den freien Speicherplatz anzeigt.
- Konzept B nutzt einen anderen Controller. Hier wird ein einziger Flash-Baustein mit größerer Speicherkapazität verwendet und die Anzeige erfolgt über Leuchtdioden (LED).

Aus den Konzepten ergeben sich dann ungefähre Kosten und Baugröße sowie Qualität aber auch das Risiko einer Entwicklung, zum Beispiel wenn Bauelemente noch nicht verfügbar, sondern erst vom Hersteller angekündigt sind.

13.3 Schaltungsentwurf

Schaltungseingabe

Nachdem sich Marketing und Entwicklungsabteilung auf Spezifikation, Schaltungskonzept und Zeitplan verständigt haben, wird der detaillierte *Schaltplan* entwickelt. Der Schaltplan enthält sämtliche Bauelemente einer Schaltung und gibt die elektrischen Verbindungen der Bauelemente an. Ein Schaltplan, auch als „Schematic" bezeichnet, kann je nach Umfang der Schaltung mehrere Seiten umfassen. Größere Schaltungen sind in *Module* unterteilt.

Für die Bauelemente werden ihre Kenndaten eingegeben, zum Beispiel bei Widerständen der Widerstandswert. Außerdem wird eine eindeutige *Komponentenbezeichnung* vergeben.

Ein Ausschnitt aus einem Schaltplan ist in Abb. 13.4 gezeigt [17]. Es handelt sich um den Taktgenerator eines USB-Sticks. In der Mitte des Bildes befindet sich ein Quarz mit der Komponentenbezeichnung X1 und der Frequenz 12 MHz. Mit dem Quarz kann eine sehr stabile Schwingung erzeugt werden. Zur Ansteuerung verbinden den Quarz links zwei Kondensatoren mit Masse, also 0 Volt, gekennzeichnet durch das Erdungssymbol. Die Kondensatoren haben die Komponentenbezeichnungen C9 und C10 und eine Kapazität von

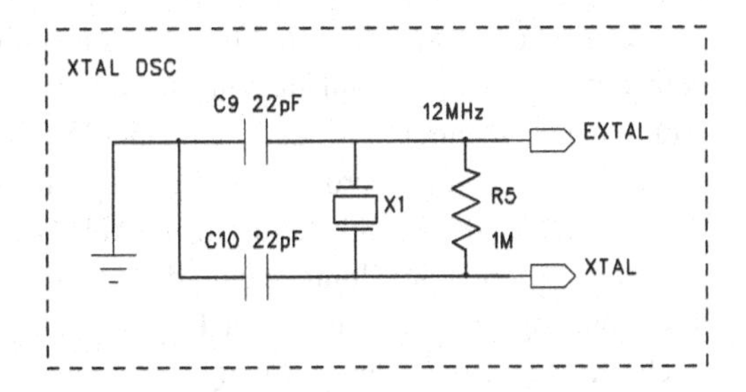

Abb. 13.4 Ausschnitt aus einem Schaltplan. (Quelle: Freescale, jetzt NXP)

22 pF. Rechts ist ein Widerstand R5 mit dem Wert 1 MΩ. Die Leitungen EXTAL und XTAL verbinden den Schaltungsteil mit anderen Teilen des Schaltplans.

Ein ausführliches Beispiel mit dem kompletten Schaltplan sowie weiteren Fertigungsdaten für einen USB-Stick ist im Anhang C.3 zu finden.

Schaltungsumsetzung

Der Schaltplan gibt die benötigten Bauelemente und ihre elektrische Verbindung an. Als nächster Schritt der Entwicklung muss in der Schaltungsumsetzung festgelegt werden, wie die Bauelemente angeordnet und die Leitungen verlegt werden sollen. Hieraus entsteht das *Layout* der Platine, auf der die Schaltung aufgebaut wird.

Ein Beispiel für ein Schaltungslayout ist in Abb. 13.5 zu sehen. Es zeigt eine Verdrahtungslage für einen USB-Stick. Die schwarzen Linien sind elektrische Leitungen, die größeren Flächen Anschlüsse für Lötverbindungen der Bauelemente. Auch hierzu finden sich weitere Informationen in Anhang C.3.

Fertigungsdaten

Aus der Schaltungsumsetzung entstehen Fertigungsdaten für die Herstellung der elektronischen Schaltung. Dazu gehört zunächst das Layout der Platine mit Angabe der benötigten Bohrlöcher für die Verbindungen zwischen den verschiedenen Ebenen der Platine und für bedrahtete Bauelemente. Meist wird als Dateiformat das sogenannte *Gerberformat* verwendet, weswegen Fertigungsdaten manchmal auch als Gerberdaten bezeichnet werden.

Die erforderlichen Bauelemente werden in einer *Stückliste* („Bill of Material", BOM) angegeben. Aus der Größe der Platine und der Anzahl der benötigten Lagen, sowie der Stückliste kann eine erste Abschätzung der Kosten erfolgen. Die weiteren Fertigungskosten können zunächst pauschal abgeschätzt werden.

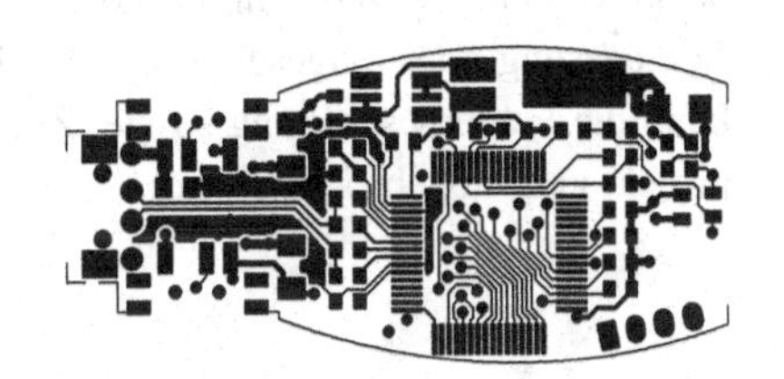

Abb. 13.5 Oberste Verdrahtungslage einer Platine für einen USB-Stick. (Quelle: Freescale, jetzt NXP)

Weitere Fertigungsdaten sind Informationen über die Position und Ausrichtung der einzelnen Bauelemente. Damit kann in einer automatischen Fertigungsstraße ein kleiner Roboterarm die Bauelemente auf der Platine platzieren.

Als ein Beispiel für Fertigungsdaten findet sich im Anhang C.3 der komplette Schaltplan, das Layout und die Stückliste für den in Abb. 13.3 bis 13.5 betrachteten USB-Stick.

Bei integrierten Schaltungen wird die Abgabe der Fertigungsdaten auch als „Tape-Out", also Bandabgabe, bezeichnet. Der Begriff erinnert an die Zeiten, als die Fertigungsdaten noch per Magnetband zur Fertigung verschickt wurden.

13.4 Verifikation

Ziel der Verifikation

Bei der Entwicklung einer elektronischen Schaltung muss sichergestellt werden, dass die entworfene Schaltung fehlerfrei funktioniert und die Anforderungen der Spezifikation erfüllt. Diese Überprüfung des korrekten Entwurfs wird als *Verifikation* bezeichnet. In der Software-Entwicklung wird auch der Begriff *Validierung* verwendet.

Verifikation bezieht sich also auf den Entwurf, nicht auf die Fertigung. Die Kontrolle der korrekten Herstellung jedes einzelnen Gerätes in der Produktion wird als *Test* bezeichnet. Allerdings werden die Begriffe Verifikation und Test nicht immer genau auseinandergehalten.

Sämtliche Entwicklungsschritte sollten durch eine Verifikation begleitet werden. Je früher ein Fehler entdeckt wird, umso einfacher und kostengünstiger ist seine Behebung. Wird ein Fehler in der Entwicklungsphase nicht gefunden, kann eine teure und imageschädigende Rückrufaktion erforderlich werden oder schlimmstenfalls ein Schaden durch ein fehlerhaftes Produkt auftreten.

Spektakuläres Beispiel unzureichender Verifikation war 1996 der Absturz einer Ariane 5 Rakete aufgrund von Fehlern in der Steuerungssoftware. Ein anderes Beispiel sind Akkuprobleme, die zum Brand von Smartphones geführt haben, sodass eine komplette Modellproduktion zurückgerufen wurde. Aber nicht alle Entwicklungsfehler erzeugen so ein Aufsehen. Der „Skylake-Bug" führte dazu, dass ein PC bei sehr hoher Rechenlast „einfriert", was aber nur in Fachkreisen wahrgenommen wurde. Dazu trug auch bei, dass der Hersteller offen über diesen Fehler kommunizierte und nach kurzer Zeit Updates für das BIOS („Basic Input Output System", enthält Konfigurationsdaten) zur Fehlervermeidung verfügbar waren.

Viele Fehler werden gar nicht öffentlich bekannt, wenn sie vor Produktauslieferung entdeckt werden. Sie sind dennoch kostspielig für ein Unternehmen, wenn ein Produkt erst mit Verzögerung oder eingeschränkter Funktion auf dem Markt kommt. Im ungünstigen Fall kann die Fehlerbeseitigung so viel Zeit oder Kosten verursachen, dass ein Entwicklungsprojekt ganz abgebrochen wird.

Je komplexer ein Produkt ist und je kritischer die Folgen eines Fehlers sein können, umso aufwendiger muss die Verifikation sein. Je nach Projekt kann daher bis zu 70 % der Entwurfsarbeit für die Verifikation erforderlich sein.

Verifikationsmethoden
Für die verschiedenen Entwicklungsschritte werden unterschiedliche Verifikationsmethoden eingesetzt. Fast immer werden mehrere der folgenden Methoden kombiniert.

- Bei einer *Schaltungsimplementierung* wird die Schaltung als Prototyp aufgebaut und in Betrieb genommen. Dabei kann der Aufbau vereinfacht sein und zum Beispiel ein Steckbrett statt einer Platine verwendet werden.
- Für eine *Schaltungssimulation* wird die Schaltung im Computer nachgebildet und Eingangssignale an die Schaltung angelegt. Durch den Computer werden dann die Ausgangssignale berechnet und ausgegeben.
- Eine rechnergestützte *Schaltungsanalyse* überprüft eine Schaltung auf bestimmte allgemeine Schwachpunkte. Damit können zum Beispiel Kurzschlüsse von Leitungen gefunden werden.
- Mit *Peer Review* wird die Schaltungsanalyse durch einen oder mehrere andere Entwickler bezeichnet (engl. „peer“ = „Gleichrangiger“). Dies ist zwar sehr aufwendig, aber eine sehr gute Überprüfung.

Die Hauptverifikationsmethode für Analog- und Digitalschaltungen ist die Schaltungssimulation, da sie mit relativ geringem Aufwand die gute Überprüfung einer Schaltung erlaubt. Ein Beispiel für die Schaltungssimulation findet sich in Anhang C.2.

13.5 Rechnergestützter Schaltungsentwurf

Bezeichnungen
Die Schaltungseingabe, Schaltungsumsetzung und große Teile der Verifikation erfolgen in der industriellen Praxis rechnergestützt. Eine rechnergestützte Entwicklung ist allgemein ein *Computer Aided Design (CAD)*. Der Schaltungsentwurf in der Elektronik wird meist als *Electronic Design Automation (EDA)* bezeichnet. Für EDA-Programme wird auch die Bezeichnung *EDA-Tool* oder kurz *Tool* benutzt.

Programmumfang
Programme für den rechnergestützten Schaltungsentwurf decken den gesamten Arbeitsablauf von Schaltungseingabe über Schaltungsumsetzung bis hin zur Erstellung von Fertigungsunterlagen und der Dokumentation ab. Dabei werden die Schaltungsdaten von einem Arbeitsschritt zum nächsten übergeben, um Fehler zu vermeiden.

Bei der Schaltungseingabe wird mit einer Art Zeichenprogramm die Schaltung erstellt. Dazu verfügen die EDA-Tools über eine Bibliothek an Bauelementen, also Widerständen, Kondensatoren, Dioden und Transistoren bis hin zu integrierten Schaltkreisen. Die Bauelemente werden auf der Zeichenfläche positioniert und mit Leitungen verbunden. Die Schaltungseingabe kann automatisch überprüft werden, um offene Leitungen und Kurzschlüsse zu vermeiden. Abb. 13.6 zeigt die Bildschirmdarstellung eines EDA-Programms bei der Schaltungseingabe.

Zur Schaltungsumsetzung wird ein Layout für eine Platine erstellt. Auf der für die Platine vorgesehenen Fläche werden die Bauelemente platziert und die Verbindungsleitungen gezogen. Die Platzierung und Verdrahtung kann automatisch, halbautomatisch oder komplett manuell erfolgen.

Das EDA-Programm vergleicht dann das Layout mit dem Schaltplan auf Konsistenz. Als weitere Verifikation wird überprüft, ob sogenannte *Designregeln* („Design Rules") eingehalten werden, also ob die Bauelemente genügend Abstand zueinander haben und Leiterbahnen breit genug sind.

Nach Fertigstellung des Layouts erzeugt das EDA-Tool die Fertigungsdaten für die Platinenfertigung, eine Stückliste und gegebenenfalls weitere Daten für automatische Fertigungsstraßen.

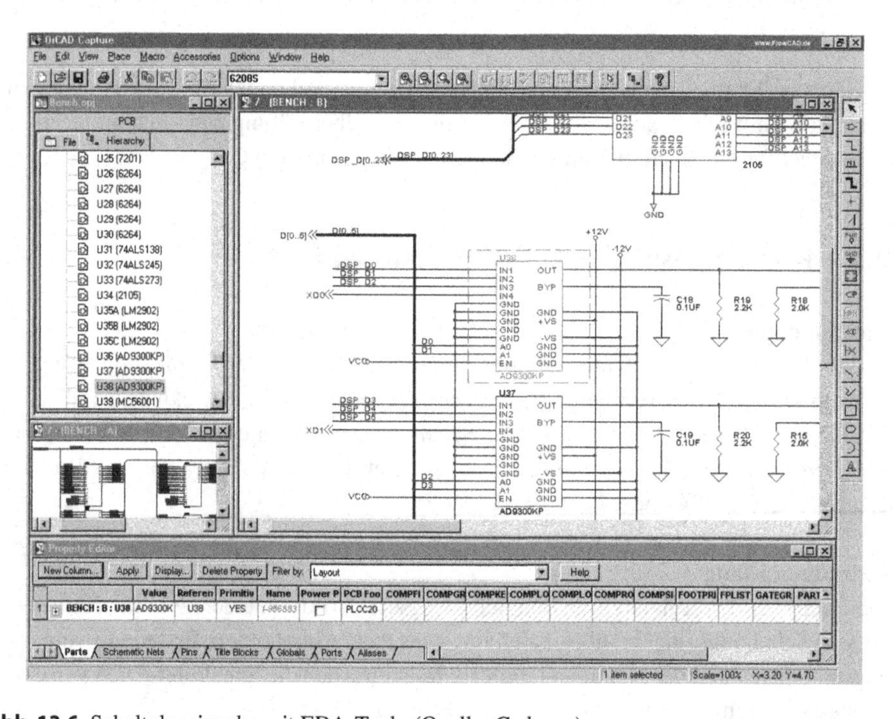

Abb. 13.6 Schaltplaneingabe mit EDA-Tool. (Quelle: Cadence)

Kosten für EDA-Programme

Die Wahl eines EDA-Programms hängt ab von der Größe der zu erstellenden Schaltungen und den auftretenden Frequenzen. Für kleine Platinen mit wenigen Bauelementen sind günstige Programme oder sogar kostenlose Versionen verfügbar, die auch in der Ausbildung genutzt werden können. Für den industriellen Einsatz sind diese Programme jedoch meist nicht ausreichend.

Die Kosten für professionelle EDA-Programme mit Schaltplanerzeugung und Layouterstellung beginnen in der Größenordnung von einigen hundert Euro je Arbeitsplatz. Als Plattform ist ein gut ausgerüsteter Computer erforderlich, insbesondere mit ausreichend Arbeitsspeicher.

Hochwertige EDA-Programme bieten erweiterte Möglichkeiten, etwa eine ausführliche Bauteilbibliothek, automatische Verdrahtung im Layout sowie verschiedene Optionen zur Verifikation, zum Beispiel eine besondere Analyse von Signalleitungen, die mit hoher Frequenz arbeiten. Für leistungsfähige EDA-Programme können Kosten von mehreren zehntausend Euro erforderlich sein.

Zu den Lizenzkosten kommen Wartungsverträge, die jährlich 10 % bis 20 % des Kaufpreises ausmachen. Diese Wartungsverträge sind im EDA-Bereich meist sinnvoll. Zum einen werden, neben der Fehlerbeseitigung, die meisten Programme kontinuierlich verbessert. Zum anderen erfolgt eine Aktualisierung der Bauteilbibliotheken, also neue Bauelemente der Halbleiterhersteller werden aufgenommen und nicht mehr verfügbare Bauelemente gekennzeichnet.

Weitere notwendige Kosten sind oftmals technische Schulungen für die Ingenieure, da nur dann die Möglichkeiten der EDA-Tools effizient genutzt werden können. Die Kosten und die investierte Arbeitszeit machen sich oft durch höhere Produktivität bezahlt.

Zusammenfassung

Die Entwicklung eines elektronischen Systems ist ein komplexes Projekt, welches mehrere Monate bis zu über einem Jahr dauern kann.

Die Spezifikation eines Produktes wird durch das Produktmarketing aufgrund von Markterwartungen bestimmt.

Die Entwicklungsabteilung erarbeitet Konzepte zur Schaltungsumsetzung und stimmt diese in einem interaktiven Prozess mit dem Marketing ab.

Qualität, Kosten und Zeit für eine Entwicklung sind voneinander abhängig und können nicht gleichzeitig optimiert werden.

Fertigung

14

In diesem Kapitel lernen Sie,

- die wichtigsten Arbeitsschritte bei der Fertigung elektronischer Baugruppen kennen,
- die Bedeutung der Beschaffung für die Fertigung,
- Nutzen und Probleme der Auslagerung von Fertigungsschritten.

14.1 Beschaffung elektronischer Komponenten

Verfügbarkeit

Die Vorbereitung der Fertigung beginnt bereits während der Schaltungsentwicklung. Für alle verwendeten Bauelemente müssen *Verfügbarkeit* und Kosten überprüft werden. Schließlich ist es nicht ausreichend, dass ein Bauelement prinzipiell existiert, wenn es in einem Produkt eingesetzt werden soll. Es muss auch in ausreichender Stückzahl und zu kalkulierbaren Kosten für eine Produktion zur Verfügung stehen.

Bei einfachen Bauelementen ist die Verfügbarkeit meist kein Problem. Widerstände und Kondensatoren werden von mehreren Herstellern angeboten. Falls ein Bauelement von einem Hersteller zeitweise nicht verfügbar ist, kann fast immer ein anderer Hersteller gewählt werden. Um eine Auswahl an Herstellern zu haben, sollten bei der Entwicklung möglichst nur Bauelemente mit Werten aus Normreihen verwendet werden. Diese sind außerdem kostengünstiger, da sie in größeren Stückzahlen produziert und nachgefragt werden.

Beispiel: Für eine Schaltung wird ein Kondensator mit 20 pF (Pikofarad) benötigt. In der Normreihe E6 sind jedoch nur die Werte 10, 15 und 22 pF verfügbar. Darum sollte bei der Entwicklung geprüft werden, ob die Schaltung auch mit einem Wert von 22 pF funktioniert. Ist dies nicht möglich, ist es eventuell sinnvoll, zwei Kondensatoren mit je 10 pF zu kombinieren.

M. Winzker, *Elektronik für Entscheider*,
https://doi.org/10.1007/978-3-658-40091-0_14

Auch bei Transistoren und Dioden sind vielfach vergleichbare Bauelemente von anderen Herstellern einsetzbar. Wenn die Bauelemente die gleichen Parameter haben, bezeichnet man den zweiten Hersteller als *„Second Source“*. Sind die Parameter des alternativen Bausteins nicht exakt gleich, aber für die typischen Anwendungen fast übereinstimmend, spricht man von einem *Ersatztyp*.

Für die meisten integrierten Schaltungen sind allerdings keine alternativen Hersteller oder Ersatztypen verfügbar. Dies liegt daran, dass die Hersteller ihre Entwicklungen nicht mit der Konkurrenz teilen wollen. Zwar gibt es manchmal vergleichbare Produkte mit ähnlichem Leistungsumfang; ein Ersatz in der Produktion ist jedoch nicht möglich, da sich die ICs in der konkreten Ausführung voneinander unterscheiden.

Beispiel: Ein Computer kann prinzipiell mit einem Prozessor von Intel oder AMD aufgebaut werden. Allerdings muss die Hauptplatine zu dem Prozessor passen. Es ist nicht möglich, in einem Computer einfach den Prozessor eines Herstellers durch einen Prozessor des anderen Herstellers auszutauschen.

Auch eher unscheinbare Bauelemente wie Steckverbinder können in den Mittelpunkt eines Projektes rücken, wenn sie für die Fertigung nicht verfügbar sind. Steckverbinder können sehr fortschrittliche Bauelemente sein, bei denen viele Leitungen auf kleinem Platz untergebracht sind, ohne dass sich die Leitungen gegenseitig stören. Darum muss generell bei allen Bauelementen die Verfügbarkeit sichergestellt werden.

Fertigungsplanung

Zur Vermeidung von Lieferengpässen ist eine gute Kommunikation zwischen Fertigung und Lieferanten nötig. Prinzipiell sollte die Fertigung möglichst rechtzeitig und möglichst genau den Bauteilbedarf an die Hersteller melden. In der Praxis ist dies natürlich nicht so einfach, da der Bedarf abhängig vom Markterfolg eines Produktes ist.

Fertigung als Kunde und Bauteilhersteller als Lieferant sind normalerweise an langfristigen Geschäftsbeziehungen interessiert, haben jedoch auch unterschiedliche Interessen. Der Kunde möchte Zugriff auf möglichst hohe Stückzahlen haben, ohne sich zu verpflichten, diese auch abzunehmen. Der Lieferant hingegen möchte seinen Lagerbestand gering halten und möglichst genau so viel produzieren, wie von seinen Kunden bestellt wird.

Für einen Betrieb, der elektronische Bauelemente verwendet, ist auf jeden Fall eine rechtzeitige Produktionsplanung erforderlich, denn oft kann ein Hersteller seine Produktion nicht kurzfristig steigern, sodass die Lieferzeit von Bauelementen mehrere Monate betragen kann. Wenn die Nachfrage nach bestimmten Bauelementen das Angebot deutlich übersteigt, kann eine sogenannte *Allokation* der Bauelemente erfolgen. Das heißt, der Hersteller beliefert Kunden nur in Teilmengen; meist abhängig von der Bedeutung des Kunden.

Durch die technische Entwicklung sind integrierte Schaltungen nur für eine gewisse Zeit aktuell. Nach einigen Jahren sind meist bessere Alternativen verfügbar und die ICs werden nicht mehr hergestellt. Die geplante Einstellung der Produktion wird den Kunden in einer sogenannten *Abkündigung* mitgeteilt. Für den Kunden ist eine Abkündigung meist problematisch, denn oft ist ein IC in einem Produkt fest eingebunden. Ein neuerer Baustein hätte zwar bessere Eigenschaften, diese werden in der konkreten Anwendung aber womöglich gar nicht benötigt. Außerdem erfordert die Umstellung meist einen erheblichen Entwicklungsaufwand und damit Kosten und die Bindung von Arbeitskräften.

Bei der Abkündigung eines wichtigen Bauelementes sind bis zu einer Frist noch letzte Bestellungen möglich. Dadurch können die bis zu einer Produktumstellung benötigten Bauelemente noch beschafft werden. Ein solcher *„Life-Time-Buy"* verschafft Zeit bis zu einer Umstellung der Produkte, bedeutet jedoch eine Kapitalbindung und birgt das Risiko von ungenutzten Restbeständen.

Distribution

Viele Hersteller vertreiben ihre Bauelemente nicht direkt, sondern über *Distributoren*, die als Zwischenhändler mehrere Hersteller vertreten. Die von einem Distributor vertretenen Hersteller werden in der sogenannten *Line-Card* angegeben. Dabei vertritt ein Distributor meist mehrere Hersteller, die mit ihren Produkten nicht miteinander konkurrieren.

Nur wenige Großkunden werden direkt von den Herstellern beliefert. Der mittelständische Kunde hat dadurch womöglich keinen Zugriff auf eine direkte technische Unterstützung („Support") des Herstellers.

Gute Distributoren haben jedoch eigene Ingenieure, die technische Unterstützung bieten. Deren Support kann durchaus besser als die Unterstützung durch den Hersteller sein, allein schon durch örtliche Nähe. Außerdem kann ein Kunde für den Hersteller wegen geringem Umsatz unbedeutend sein; für den Distributor ist der gleiche Kunde möglicherweise wesentlich wichtiger, da der Umsatz über alle vertretenen Hersteller höher ist.

Dennoch ist es für kleine und mittelgroße Firmen nicht immer einfach, Unterstützung für den Einsatz von speziellen elektronischen Bauelementen zu erhalten. Im Extremfall werden kleine Kunden gar nicht beliefert, da der Umsatz den Aufwand für eine Unterstützung nicht rechtfertigt.

Standardbauelemente sind für private und gewerbliche Kunden auch über den Elektronikfachhande erhältlich. An gewerbliche Kunden richten sich *Chip-Broker*. Sie vertreiben sowohl häufig verwendete Standard-ICs, etwa Speicherbauelemente, als auch schwer beschaffbare oder Restbestände abgekündigter Bauelemente.

14.2 Fertigungsschritte

Platinenfertigung

Die Herstellung von Platinen ist ein chemischer und galvanischer Prozess mit mehreren Verarbeitungsschritten. Dabei werden auf einem isolierenden Basismaterial Kupferleitbahnen zur elektrischen Verbindung der Bauelemente erzeugt.

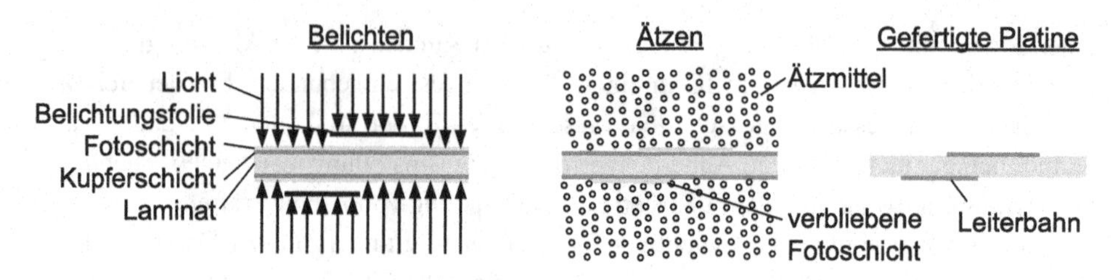

Abb. 14.1 Platinenfertigung in Subtraktivtechnik

Die Leiterbahnen können in Subtraktivtechnik oder Additivtechnik erzeugt werden. Bei der Subtraktivtechnik wird zunächst eine komplette Kupferschicht aufgebracht und dann die nicht benötigten Flächen entfernt. Bei der Additivtechnik werden nur die erforderlichen Leiterbahnen aufgebracht.

Die häufig verwendete Subtraktivtechnik ist in Abb. 14.1 dargestellt. Ausgangsmaterial ist Laminat, also mit Epoxydharz vergossenes Glasfasergewebe. Auf beiden Seiten des Laminats befindet sich eine dünne Kupferschicht, aus der die Leiterbahnen erstellt werden. Als weitere Schicht ist die Platine auf beiden Seiten mit einer lichtempfindlichen Fotoschicht überzogen.

Zur Erzeugung der Leiterbahnstruktur wird das Layout der Schaltung, wie zum Beispiel weiter oben in Abb. 13.5 dargestellt, auf eine Belichtungsfolie gedruckt und die Platine damit belichtet. In den weißen Bereichen des Layouts bleibt die Belichtungsfolie transparent. Dort können die lichtempfindliche Fotoschicht und das darunterliegende Kupfer durch Ätzen entfernt werden. In den schwarzen Bereichen bleiben Fotoschicht und Kupfer erhalten. Durch Belichten und Ätzen entstehen somit auf beiden Seiten der Platine die Leiterbahnen.

Für Platinen mit mehr als zwei Kupferlagen werden zunächst mehrere Einzelplatinen erzeugt. Diese werden durch Zwischenschichten aus Laminat gegeneinander isoliert und unter erhöhter Temperatur miteinander verpresst. Für eine Platine mit vier Lagen sind somit zwei Teilplatinen mit Kupferleitungen auf Ober- und Unterseite sowie eine Zwischenschicht erforderlich.

Die Löcher für Durchkontaktierungen zwischen den Kupferlagen und für bedrahtete Bauelemente werden gebohrt. Eine Verbindung zwischen den Kupferlagen von Vorder- und Rückseite entsteht durch *Galvanisierung*. In diesem elektrochemischen Prozess wird eine dünne Kupferschicht in den Löchern aufgebracht, die für elektrischen Kontakt sorgt.

Abb. 14.2 zeigt eine Galvanisierungsanlage für die professionelle Prototypenfertigung. Sie enthält mehrere Bäder für Vorbereitung, eigentliche Galvanisierung und Reinigung der Platinen. Für die einzelnen Verarbeitungsschritte können die Bäder beheizt werden. Über einen kleinen Motor werden die Platinen in den Bädern leicht bewegt, damit die Flüssigkeiten besser wirken können.

Bei der gesamten Herstellung ist eine sorgfältige Justierung der einzelnen Verarbeitungsschritte wichtig. Um etwa eine Durchkontaktierung durch vier Lagen zu erzeugen, müssen

Abb. 14.2 Galvanisierungsanlage. (Foto: Bungard Elektronik)

für die Position der einzelnen Kupferlagen sowie für die Bohrung enge Toleranzen eingehalten werden.

Bestückung

Auf der Platine werden die einzelnen Bauteile platziert. Dieser Vorgang wird als *Bestückung* bezeichnet. Für die Einzelfertigung oder kleine Stückzahlen ist eine manuelle Bestückung möglich. Dies ist allerdings für größere Schaltungen fehleranfällig, wenn sehr viele Bauelemente auf die richtige Position und in der richtigen Ausrichtung platziert werden müssen.

Für die industrielle Fertigung werden darum Bestückungsautomaten verwendet. Mit einer Kamera wird die Lage der Platine erkannt und die einzelnen Bauelemente mit einem Roboterarm platziert. Kleine Bauelemente, also Widerstände und Kondensatoren, werden dem Bestückungsautomaten in einem Gurt aus Rollen zugeführt. Größere Bauelemente, wie ICs, werden aus einer Plastikstange oder von einem antistatischen *Tray* (Tablett) entnommen.

In Abb. 14.3 ist ein Tray und eine Stange mit ICs sowie ein Stück eines Gurtes mit SMD-Widerständen abgebildet. Abb. 14.4 zeigt, wie Bauelemente einem Bestückungsautomaten zugeführt werden. An der Front und den Seiten des Bestückungsautomaten befinden sich

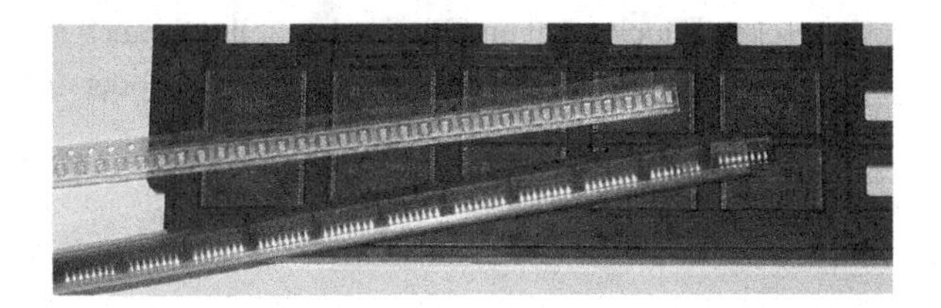

Abb. 14.3 Gurt mit SMD-Bausteinen sowie Stange und Tray mit ICs

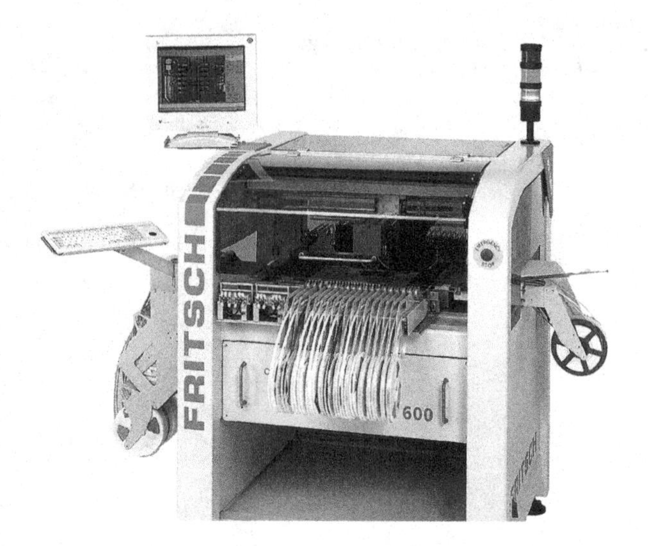

Abb. 14.4 Bestückungsautomat. (Foto: Fritsch GmbH)

Rollen mit Bauelementen. An der rechten Seite ist eine Stange für die Zufuhr von ICs zu erkennen. Trays können unter der Abdeckhaube positioniert werden.

Löten

Nach dem Bestücken müssen die Bauelemente durch *Löten* mit den Kupferleitbahnen der Platine verbunden werden. Kleinere Stückzahlen können noch von Hand mit einem Lötkolben gelötet werden. Für größere Stückzahlen ist maschinelles Löten sinnvoll. Zwei wichtige maschinelle Lötverfahren sind *Wellenlöten* und *Reflow-Löten.*

- Das Wellenlöten ist insbesondere für Platinen mit Durchsteckmontage geeignet. Die bedrahteten Bauelementen werden auf der Oberseite der Platine platziert und die Anschlussdrähte durch die Montagelöcher der Platine geführt (Abb. 14.5). Zum Löten wird die Rückseite der Platine über eine Welle mit flüssigem Lot geführt. Die Welle entsteht, indem das flüssige Lot permanent durch einen vertikalen Spalt gepumpt wird. Das Lot haftet an den Anschlussdrähten der Bauelemente und den Kupferanschlüssen der Platine und verbindet sie.
- Beim Reflow-Löten werden die Bauelemente bereits mit etwas Lot platziert. Zum Löten wird die gesamte Platine erwärmt, sodass das Lot flüssig wird und eine Verbindung zwischen Bauelement und Platine herstellt, die auch nach dem Abkühlen erhalten bleibt. Das Erwärmen kann durch Infrarotbestrahlung oder durch Dampfkondensation in einem Ofen erfolgen.

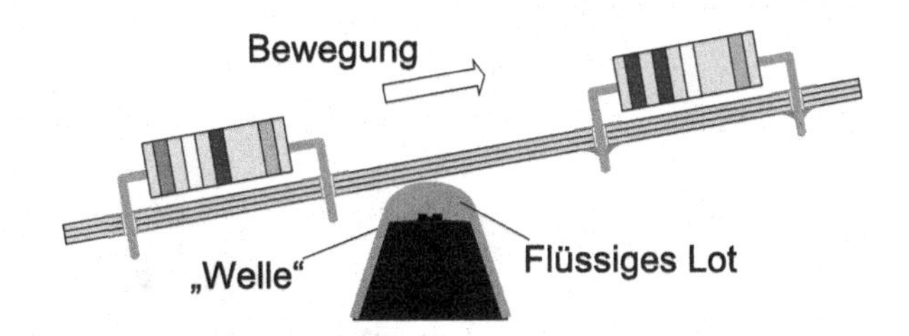

Abb. 14.5 Wellenlöten

Test

Nach dem Löten werden die gefertigten *Baugruppen* getestet. Mit dem Begriff *Test* ist dabei eine Überprüfung der Fertigung gemeint. Für jede einzelne Baugruppe wird getestet, ob die Fertigung ohne Fehler erfolgt ist. Es soll also nicht geprüft werden, ob das grundsätzliche Konstruktionsprinzip einer Schaltung korrekt ist. Das würde als *Verifikation* oder *Validierung* bezeichnet werden.

Zum Test sind mehrere Verfahren möglich, die in der Praxis oft kombiniert werden. Mit einer optischen Prüfung durch Mensch oder Kamera können fehlende oder falsch platzierte Bauelemente sowie Fehler beim Löten erkannt werden.

Bei einem Funktionstest wird die Schaltung mit Betriebsspannung versorgt und ein Teil der Funktion überprüft. Mit einem Baugruppentester kann eine Schaltung gezielt mit Testsignalen angesteuert werden und an verschiedenen Stellen die Spannung gemessen werden. Art und Umfang eines Funktionstests können sich aus der Funktion des Gerätes ergeben. Für einen Computermonitor bietet es sich beispielsweise an, die Anzeige eines Testbildes zu überprüfen.

Ein weitergehender Test ist der *Boundary Scan*, auch als *JTAG* bezeichnet, nach einem verbreiteten Standard der „Joint Test Action Group". Ein Boundary Scan kann für Baugruppen mit integrierten Schaltungen verwendet werden. Dabei werden die ICs in einen besonderen Test-Modus geschaltet. Über spezielle Testleitungen können jetzt sämtliche Verbindungen zwischen verschiedenen ICs überprüft werden. Allerdings verfügen nur manche ICs über den Test-Modus für Boundary Scan.

Welche der genannten Testmethoden eingesetzt wird, hängt von der Funktion einer Schaltung und dem Anwendungsfeld ab. Ein höherer Testaufwand erhöht die Produktionskosten. Wird jedoch ein nicht korrekt gefertigtes Gerät ausgeliefert, entstehen Kosten für Rücksendung und Austausch. Auch kann eine zu hohe Fehlerrate zu einem Imageschaden führen. So ist bei einem günstigen MP3-Player sicherlich ein geringerer Testaufwand sinnvoll, als bei einem teuren Flachbildfernseher.

Fertigungsanlage

Die einzelnen Arbeitsschritte der Fertigung werden in einer Produktionslinie in Fließbandfertigung durchgeführt. Abb. 14.6 zeigt eine solche Anlage bei der links Platinen von einem Stapel genommen werden (A). Dann wird Lötpaste aufgetragen (B) und das Ergebnis optisch überprüft (C). Ein Bestückungsautomat positioniert die Bauelemente auf der Platine (D),

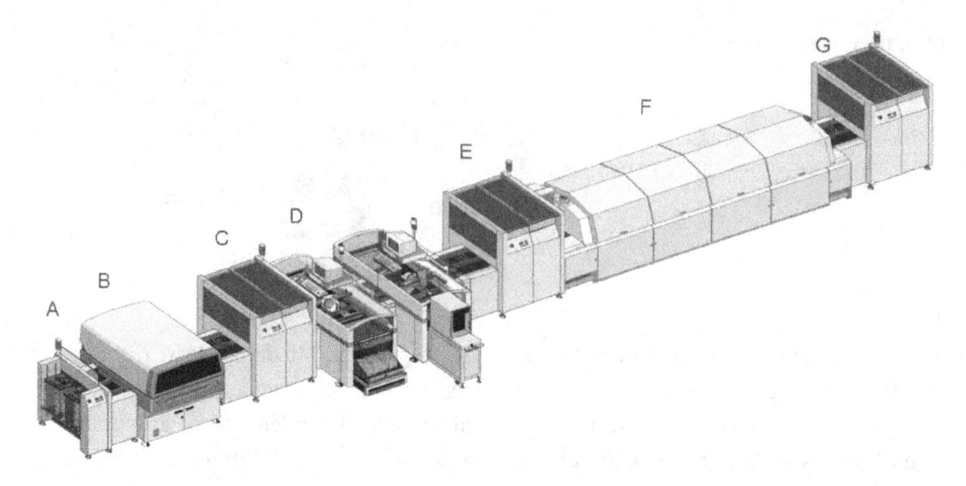

Abb. 14.6 Produktionslinie für die Elektronikfertigung (Bild: www.surfacemountprocess.com)

bevor die Baugruppe erneut optisch überprüft (E) und dann in einem Reflow-Ofen gelötet wird (F). Abschließend erfolgt eine optische Endkontrolle (G).

Die mehrfache optische Überprüfung erlaubt eine kostengünstige Korrektur bei erkannten Problemen. Wenn nicht genug Lötpaste aufgetragen wurde, kann diese ergänzt werden, bevor sie durch die Bauelemente verdeckt wird. Wenn Bauelemente bei der Positionierung verschoben wurden, kann dies vor dem Löten erkannt und korrigiert werden. Die Fehlerbehebung erfolgt dabei außerhalb der Produktionslinie.

14.3 Auslagerung von Arbeitsschritten

Auftragsfertigung

Sowohl Entwicklung als auch Fertigung elektronischer Geräte erfordern spezielles Know-How und teilweise hohe Investitionen. Es liegt darum nahe, bestimmte Arbeitsschritte nicht in der eigenen Firma durchzuführen, sondern als Auftrag an andere Unternehmen zu vergeben.

Insbesondere in der Fertigung sind hohe Investitionen für Geräte nötig, die sich nur lohnen, wenn eine hohe Auslastung erreicht wird. Hinzu kommen laufende Kosten, etwa für die Wartung der Maschinen oder für Beschaffung und Entsorgung von Chemikalien zur Platinenfertigung. Des Weiteren ist für bestimmte Fertigungsschritte spezielles Wissen und Erfahrung nötig.

Die Auslagerung der Beschaffung kann vorteilhaft sein, wenn ein Dienstleister für mehrere Kunden Bauelemente beschafft. Insbesondere Standardbauelemente, wie Widerstände, Kondensatoren und Transistoren, werden häufig in verschiedenen Schaltungen eingesetzt. Aber auch bestimmte integrierte Schaltungen, wie Speicherbausteine oder Spannungsstabilisatoren, finden oft Einsatz in unterschiedlichen Geräten. Durch höhere Bestellmengen kann ein Dienstleister günstigere Preise oder bessere Konditionen erreichen.

Anbieter von Fertigungsleistungen sind sogenannte *Auftragsfertiger* oder *EMS* („Electronic Manufacturing Services"). Eine weitere, etwas umgangssprachliche Bezeichnung, ist „Bestücker".

Da der Vorteil einer Auftragsfertigung im Wesentlichen in der besseren Auslastung von Produktionsmaschinen und dem Einkauf höherer Stückzahlen liegt, befinden sich viele Auftragsfertiger in Deutschland und der Europäischen Union. Natürlich wird auch in Asien Auftragsfertigung angeboten; die dort geringeren Lohnkosten rechtfertigen aber nur teilweise den erhöhten Aufwand für Kommunikation und Logistik.

Ein anderer Begriff in diesem Zusammenhang ist *OEM* („Original Equipment Manufacturer"). Im Gegensatz zu einem Auftragsfertiger führt ein „Original Equipment Manufacturer" jedoch meist die komplette Produktentwicklung durch und überlässt lediglich den Vertrieb einem Kunden mit renommierten Namen. Insbesondere in der Computerbranche sind OEM-Produkte weit verbreitet.

Auswahl der ausgelagerten Arbeitsschritte

An einen Auftragsfertiger können einzelne Arbeitsschritte oder die komplette Fertigung ausgelagert werden. Auch Teile der Entwicklung können durch externe Firmen übernommen werden. Durch Auslagerung ist jedoch ein Verlust an Know-How möglich. Zum einen, indem Firmeninformationen, wie Schaltungskonzepte oder Schaltpläne, mit externen Firmen geteilt werden. Zum anderen, indem der Informationsaustausch zwischen Entwicklung und Fertigung verloren geht.

Liegen Entwicklung und Fertigung am selben Ort, können durch regelmäßige Kontakte, sei es bei Besprechungen oder beim gemeinsamen Besuch der Kantine, Probleme diskutiert und möglicherweise neue Ideen gefunden werden. Andererseits verführt die Nähe zur eigenen Fertigung zur informellen und damit manchmal schlechten Planung und Kommunikation. Ein externer Auftragsfertiger erfordert eine bessere Projektplanung sowie klare Kommunikation und Auftragsvergabe, was für ein Unternehmen hilfreich sein kann.

Vor einer Auslagerung von Arbeitsschritten sollte also stets die Definition der eigenen Kernkompetenzen stehen. Zur Sicherstellung des eigenen Know-Hows sollten diese Kernkompetenzen nicht ausgelagert werden, sondern im Unternehmen verbleiben. Fertigungsschritte, die extern besser oder günstiger durchgeführt werden können, bieten sich für eine Auslagerung an.

Doch auch wenn Arbeitsschritte nicht generell ausgelagert werden, können durch Auftragsfertigung Produktionsengpässe abgefangen werden. Die eigenen Produktionsanlagen müssen dann nicht auf eine mögliche Spitzenbelastung ausgelegt sein, sondern können im Bedarfsfall durch Zukauf von Leistungen unterstützt werden. Andersherum kann ein Unternehmen seine Fertigung auch externen Auftraggebern anbieten, wenn Fertigungskapazitäten nicht ausgelastet sind.

14.4 Lebensdauer und umweltverträgliche Fertigung

Lebensdauer elektronischer Schaltungen

Die Lebensdauer elektronischer Geräte bestimmt sich zum einen durch korrekte Funktion, zum anderen durch die Aktualität. So mag eine ISDN-Telefonanlage noch elektrisch funktionieren; technisch ist sie mit Einführung von Voice-over-IP jedoch überholt.

Wird die reine Funktion einer Schaltung betrachtet, zeigt die Ausfallrate elektrischer Geräte und Schaltungen oft eine typische, als *Badewannenkurve* bezeichnete Charakteristik. Abb. 14.7 stellt diese Charakteristik mit der Zeit auf der horizontalen Achsen und der Ausfallrate auf der vertikalen Achse dar. Unter Ausfallrate versteht man dabei die Anzahl der defekten Geräte pro Zeit.

Über die Lebensdauer können drei Bereiche unterschieden werden:

- **A:** Am Anfang der Betriebszeit können einige Geräte durch Herstellungsprobleme ausfallen.
- **B:** Für eine längere Betriebszeit ist die Ausfallrate dann sehr gering.
- **C:** Durch Alterung steigt die Ausfallrate schließlich wieder an.

Ausfälle am Anfang der Betriebszeit (A) entstehen durch Fehler in der Fertigung oder den verwendeten Bauelementen. Sie können durch kurzen Testbetrieb eines Gerätes beim Hersteller, sogenanntes „Einbrennen", erkannt werden, bevor ein Gerät ausgeliefert wird. Der Zeitraum A ist meist sehr kurz, liegt also im Bereich von Minuten bis maximal einigen Stunden.

Der Übergang von Zeitraum B nach C erfolgt bei korrekt dimensionierten Schaltungen erst nach Jahren oder Jahrzehnten. Eine mögliche Ursache ist *Elektromigration*. Dabei bewegen sich durch den Stromfluss nach und nach einzelne Atome in einer Leiterbahn und verdünnen diese bis zum Ausfall. Eine andere Ursache kann die Alterung von Bauelementen sein. In der Vergangenheit waren beispielsweise Elektrolytkondensatoren betroffen.

Umweltverträgliche Fertigung

Eine besondere Aufmerksamkeit wird auf umweltverträgliche Fertigung elektronischer Systeme gelegt. Wichtige Regelungen in diesem Bereich sind *WEEE* und *RoHS*. In Deutschland werden diese Richtlinien durch das *Elektro- und Elektronikgerätegesetz* umgesetzt.

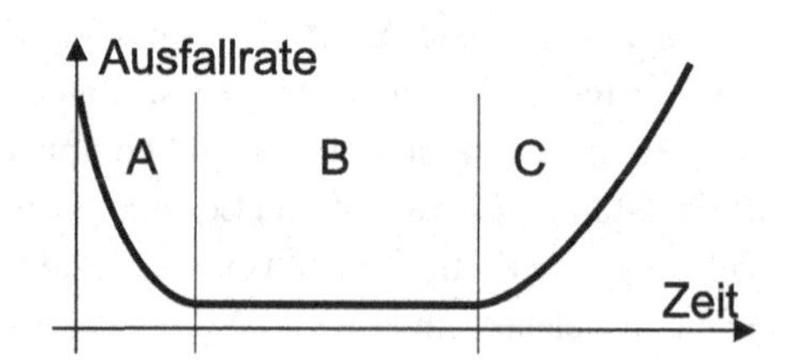

Abb. 14.7 Badewannenkurve der Ausfallrate elektronischer Geräte

WEEE („Waste Electrical and Electronic Equipment") ist eine EU-Richtlinie, welche die Reduzierung und die umweltgerechte Entsorgung von Elektronikschrott zum Ziel hat. Unter anderem wurde die kostenlose Entsorgung gebrauchter Elektrogeräte im Rahmen dieser Richtlinie eingeführt.

Eine weitere EU-Richtlinie im Zusammenhang mit umweltverträglicher Fertigung ist RoHS („Restriction of Hazardous Substances"). Sie begrenzt die Verwendung schädlicher Stoffe bei der Elektronikproduktion, beispielsweise Blei und verwandte Stoffe in Lötverbindungen. Dadurch musste die Elektronikfertigung auf sogenanntes „bleifreies" Lot umgestellt werden. Da das Lot sich teilweise schon an den Bauelementen befindet, bedeutet dies, dass auch die Hersteller elektronischer Bauelemente ihre Komponenten „bleifrei" anbieten müssen.

Zusammenfassung
Bereits während der Schaltungsentwicklung muss die Verfügbarkeit der verwendeten elektronischen Bauelemente überprüft werden.

Für die Produktion ist eine Fertigungsplanung erforderlich, damit die verwendeten Bauelemente rechtzeitig beschafft werden können. Für integrierte Schaltungen ist teilweise eine Vorlaufzeit von mehreren Monaten nötig.

Die wichtigsten Arbeitsschritte bei der Fertigung einer elektronischen Baugruppe sind Platinenfertigung, Bestückung, Löten und Test.

Die Elektronikfertigung kann in Teilen oder ganz an spezialisierte Auftragsfertiger ausgelagert werden.

15 Inbetriebnahme

In diesem Kapitel lernen Sie,

- das Ziel und mögliche Fehlerquellen bei der Inbetriebnahme elektronischer Schaltungen,
- die prinzipielle Vorgehensweise bei der Fehlersuche,
- die eingesetzten Messgeräte und Signalquellen für die Inbetriebnahme kennen.

15.1 Methodik

Problemstellung
Nach Entwicklung und Prototypenfertigung einer elektronischen Schaltung muss in der *Inbetriebnahme* überprüft werden, ob der Prototyp wie geplant funktioniert. Nach monatelanger Entwicklungszeit ist dieser Projektschritt einer der spannendsten Momente einer Produktentwicklung, denn jetzt zeigt sich, ob die theoretischen Überlegungen auch der praktischen Erprobung standhalten. Dabei steht natürlich auch eine Menge Geld und möglicherweise Arbeitsplätze auf dem Spiel, denn nur nach erfolgreicher Inbetriebnahme kann mit dem Produkt Profit erwirtschaftet werden.

Mögliche Fehlerquellen
Es ist in der Praxis nicht selbstverständlich, dass ein Prototyp auf Anhieb funktioniert. Meist müssen zumindest kleine Anpassungen vorgenommen werden. Es kann aber auch vorkommen, dass eine Schaltung erst nach mehreren Korrekturen oder auch gar nicht funktioniert.

Grundsätzlich können bei einem vorliegenden Prototyp verschiedene Fehlerquellen vorliegen. Eine Fehlerquelle kann zunächst das Schaltungskonzept oder der Schaltplan sein. Mögliche Ursachen sind beispielsweise Fehler in Datenblättern, falsche Interpretation von

M. Winzker, *Elektronik für Entscheider*,
https://doi.org/10.1007/978-3-658-40091-0_15

Datenblättern, Verwechseln von Anschlüssen eines Bauelements oder falsche Verbindungen beim Erstellen des Schaltplans.

Eine andere mögliche Fehlerquelle ist ein Fehler bei der Prototypenherstellung. Eventuell wurden Bauelemente nicht bestückt, falsche Bauelemente eingesetzt oder die richtigen Bauelemente in einer falschen Ausrichtung verbaut. Beim Löten der Bauelemente können einzelne Verbindungen nicht korrekt geschlossen sein oder Lötbrücken stellen ungewollte Verbindungen her und erzeugen einen Kurzschluss.

Bei vielen Systemen ist neben der eigentlichen Schaltung auch Software für den Betrieb erforderlich. Diese Software steuert den Ablauf in der Schaltung oder ist für die Kommunikation mit der Schaltung verantwortlich. Sie stellt eine weitere mögliche Fehlerquelle bei der Inbetriebnahme dar. Beispielsweise muss bei der Inbetriebnahme eines USB-Sticks auch der entsprechende Treiber des Betriebssystems korrekt funktionieren.

Vorgehensweise

Erster Schritt bei der Inbetriebnahme ist eine optische Überprüfung der Schaltung. Dabei wird auf fehlende Bauelemente und Lötfehler geachtet. Anschließend wird mit einem Messgerät überprüft, ob zwischen den Anschlüssen der Versorgungsspannung ein Kurzschluss besteht. Ziel dieser ersten Überprüfungen ist, eine Beschädigung des Schaltungsprototyps durch das erste Einschalten zu vermeiden.

Nach dieser Überprüfung wird die Schaltung mit Spannung versorgt und ihre Funktion kann untersucht werden. Wenn möglich werden die einzelnen Funktionsblöcke des Prototyps nacheinander auf ihr korrektes Verhalten untersucht. Die Reihenfolge der Untersuchung ergibt sich oft aus der Funktionsweise, weil einige Funktionsblöcke nur überprüft werden können, wenn andere Funktionsblöcke funktionieren.

Beispiel zur Inbetriebnahme

Am Beispiel eines USB-Sticks soll die Reihenfolge der verschiedenen Schritte einer Inbetriebnahme erläutert werden. Es wird angenommen, ein USB-Stick wird neu entwickelt und liegt jetzt als Prototyp vor. Wie in Abb. 15.1 gezeigt, bestehe der USB-Stick aus einem Controller und einem Flash-Speicher sowie LEDs zur Statusanzeige.

Die einzelnen Schritte der Inbetriebnahme können sein:

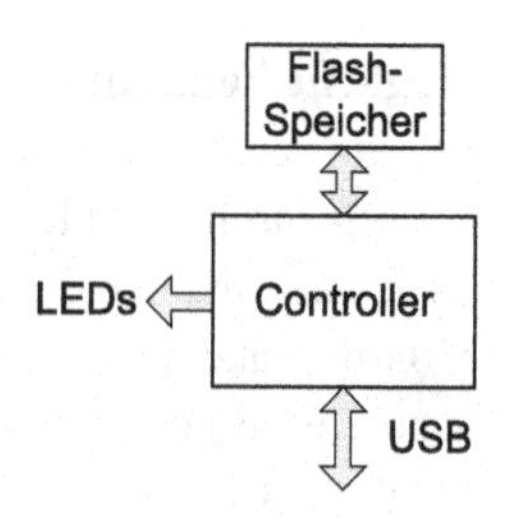

Abb. 15.1 Blockschaltbild eines USB-Sticks

- Zunächst erfolgt eine optische Überprüfung und Messung auf Kurzschlüsse.
- Als erster Funktionstest wird das Lesen von Daten erprobt. Dabei wird noch nicht auf den Flash-Speicher zugegriffen, sondern lediglich die Seriennummer des Controllers gelesen.
- Dann wird das Schreiben von Computer zu Controller überprüft. Auch hier wird noch nicht der Flash-Speicher verwendet, sondern zuerst die LEDs gezielt ein- und ausgeschaltet.
- Wenn die Kommunikation zwischen Computer und Controller funktioniert, kann die Verbindung zwischen Controller und Flash-Speicher untersucht werden. Auch hier wird zuerst das Lesen überprüft. Der Flash-Speicher wird in einem Programmiergerät mit Testdaten beschrieben und vom Computer wird versucht, diese Daten zu lesen.
- Kann der Speicher gelesen werden, wird nun das Schreiben überprüft. Testdaten werden geschrieben und wieder gelesen.
- Als weiterer Schritt sollte der USB-Stick an verschiedenen Computern erprobt werden, also etwa PC mit Windows, PC mit Linux, Apple mit macOS. Unterschiedliche Mainboards und die Verwendung von USB-Hubs sollten ebenfalls erprobt werden.

Durch die schrittweise Inbetriebnahme wird stets nur ein Teil der möglichen Fehlerquellen überprüft, was die Fehlersuche vereinfacht. Ist beispielsweise das Lesen der Seriennummer des Controllers nicht möglich, so liegt die Ursache wahrscheinlich nicht in einem falschen Anschluss des Flash-Speichers.

Freigabe und Qualifizierung

Die einzelnen Schritte der Inbetriebnahme sollten durch ein Projektmanagement geplant und überprüft werden. Durch Verwendung mehrerer Prototypen kann die Inbetriebnahme an mehreren Arbeitsplätzen gleichzeitig erfolgen und damit beschleunigt werden. Wegen der Abhängigkeit der Arbeitsschritte voneinander ist jedoch keine beliebig hohe Beschleunigung möglich. Das heißt, fünf Entwickler sind nicht fünfmal so schnell wie ein Entwickler.

Ziel der Inbetriebnahme ist die *Freigabe* einer elektronischen Schaltung zur Serienfertigung. Dazu müssen alle Eigenschaften überprüft und die Ergebnisse dokumentiert werden. Die in der Praxis möglichen Betriebsbedingungen sollten auch bei der Inbetriebnahme nachgebildet werden. Wie beim Beispiel USB-Stick erläutert, gehört dazu vielleicht der Betrieb an verschiedenen Computern. Weitere Betriebsbedingungen sind verschiedene Temperaturen im erlaubten Temperaturbereich sowie gegebenenfalls die Netzspannung, also 230 Volt für Europa und 110 Volt für die USA.

Oft müssen bei einem ersten Prototyp noch kleinere Änderungen vorgenommen werden. Eine bei der Entwicklung vergessene Leitung wird möglicherweise durch einen Draht ersetzt. Oder die Schaltung funktioniert nur bei reduzierter Geschwindigkeit. Dann muss die Schaltung überarbeitet werden und wird erneut in Betrieb genommen. Dennoch kann der erste Prototyp eventuell für eine Messe oder die Präsentation bei Kunden verwendet werden.

Schließlich erfolgt die *Qualifizierung,* also die Dokumentation einer Schaltung oder eines Geräts für den Betrieb. Dazu werden die benötigte Leistungsaufnahme gemessen und weitere Parameter festgehalten. Gegebenenfalls werden auch Einschränkungen dokumentiert, etwa wenn ein Gerät nur in einem bestimmten Temperaturbereich korrekt funktioniert. Eine solche Einschränkung kann sinnvoll sein, um ein Gerät auf den Markt zu bringen und bereits Gewinn zu erzielen. Allerdings muss abgewogen werden, wie stark die Einschränkung ist und ob sie den Kunden zugemutet werden kann.

15.2 Ausstattung der Arbeitsplätze

Allgemeine Ausstattung

Zur Grundausstattung eines Arbeitsplatzes gehört ein Arbeitstisch mit ausreichend Platz. Für elektrische Geräte werden durch Sicherungen geschützte Netzstecker in ausreichender Zahl benötigt. Ein oder mehrere *Not-Aus-Taster* im Labor erlauben im Notfall die schnelle Abschaltung der Netzspannung. Der Fußboden sollte eine antistatische Oberfläche haben, um elektrische Aufladung von Personen und mögliche Beschädigungen elektronischer Schaltungen zu vermeiden.

Zur weiteren Grundausstattung gehören Netzgeräte zur Erzeugung verschiedener Spannungen, Messgeräte zur Analyse von Schaltungen sowie Lötkolben zum Erstellen und Lösen elektrischer Verbindungen. Die oft umfangreichen Schaltungsunterlagen und Dokumentationen liegen meist als elektronische Dokumente vor, sodass ein Computer am Arbeitsplatz erforderlich ist.

Einen professionellen Elektroarbeitsplatz zeigt Abb. 15.2. In einem Überbau sind Netzgeräte für verschiedene Spannungen sowie Messgeräte untergebracht, sodass mehr Platz auf der Arbeitsfläche zur Verfügung steht. Zur erhöhten Sicherheit kann jeder einzelne Arbeitsplatz durch elektrische Sicherungen und Not-Aus-Taster geschützt werden.

Signalquellen

Um eine Schaltung betreiben zu können, sind in vielen Fällen Testsignale notwendig. Wenn die Aufgabe einer Schaltung die Verarbeitung eines Signals ist, so muss bei der Inbetriebnahme auch ein solches Signal zur Verfügung stehen. Zu diesem Zweck werden Signalgeneratoren eingesetzt.

Eine allgemein einsetzbare Signalquelle ist ein *Frequenzgenerator,* mit dem periodische Signale mit einstellbarer Frequenz im Bereich zwischen Hertz und Gigahertz erzeugt werden können. Verschiedene Signalformen wie Sinus, Rechteck und Dreieck sind ebenso wählbar wie die Amplitude. Mit einem „Sweep" kann die Frequenz bei einer Messung kontinuierlich verändert werden.

Für komplexere Signale sind spezielle *Signalgeneratoren* verfügbar. Abb. 15.3 zeigt einen Videogenerator, mit dem Testbilder in verschiedenen Auflösungen erzeugt werden können.

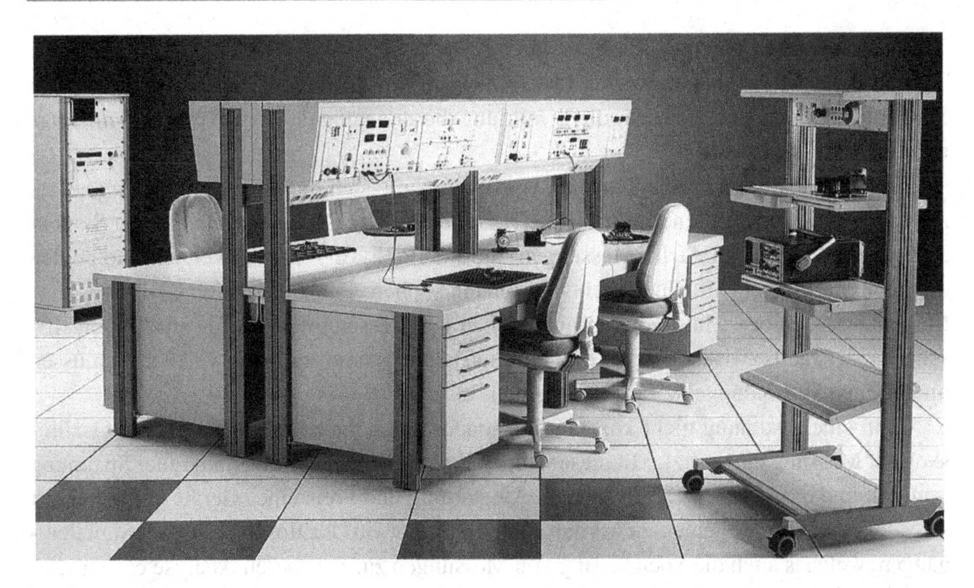

Abb. 15.2 Elektroarbeitsplatz. (Foto: Elabo)

Abb. 15.3 Videogenerator zur Erzeugung von Testbildern. (Foto: Quantum)

Ein solches Gerät wird zum Beispiel bei der Entwicklung eines Monitors eingesetzt. So kann überprüft werden, ob der Monitor sämtliche spezifizierten Bildformate korrekt darstellt.

15.3 Messgeräte

Bei der Inbetriebnahme werden Schaltungen mit verschiedenen Messgeräten analysiert. Die wichtigsten Arten von Messgeräten werden im Folgenden beschrieben.

Messung analoger Werte

Zur Analyse einer Schaltung muss fast immer an verschiedenen Stellen die elektrische Spannung gemessen werden. Für die Ermittlung dieser analogen Werte werden *Multimeter* und *Oszilloskop* verwendet.

Ein Multimeter erlaubt die Messung von Werten, die sich nicht oder nur selten ändern. Abb. 15.4 zeigt verschiedene Multimeter. Das einfache Modell (links) mit analoger Skalenanzeige wird nur für einfache Messungen und im Hobby-Bereich verwendet. Die beiden digitalen Multimeter (Mitte und rechts) haben eine höhere Genauigkeit und sind für präzise Messungen geeignet. Multimeter erlauben auch die Messung des Stroms und des elektrischen Widerstands zwischen zwei Leitungen und können damit zur Suche von Kurzschlüssen und offenen Verbindungen eingesetzt werden.

Wenn eine Spannung nicht konstant ist, sondern sich schnell ändert, wird ein Oszilloskop zur Messung eingesetzt. Mit diesem Gerät kann der genaue Zeitverlauf einer Spannung ermittelt und dargestellt werden. Je nach Ausstattung und Preis eines Geräts können meist zwei oder vier Signale gemessen werden. Abb. 15.5 zeigt ein Oszilloskop mit zwei Signaleingängen, welches auch die Speicherung von Messungen zur genaueren Analyse ermöglicht. Die maximal messbare Frequenz eines Oszilloskops liegt im Bereich von 50 MHz bis 1 GHz, wiederum abhängig vom Preis. Je nach Anwendung muss ein ausreichend leistungsfähiges Oszilloskop ausgewählt werden.

Ein weiteres Messgerät für analoge Signale ist ein *Frequenzanalysator*. Dieses Gerät bestimmt die in einem Signal enthaltenen Frequenzen und zeigt die Anteile mit ihrer jeweiligen Amplitude an. Eine Anwendung ist beispielsweise die Untersuchung von Funkgeräten oder Smartphones. Es kann ermittelt werden, ob das Gerät nur die gewünschten Frequenzanteile erzeugt, oder ob ungewünschte oder sogar nicht erlaubte Frequenzsignale erzeugt werden.

Messung digitaler Werte

In Digitalschaltungen muss der genaue Spannungswert oft gar nicht bekannt sein. Wichtig für den Entwickler ist vielmehr die Information, ob die gemessenen Spannungen dem

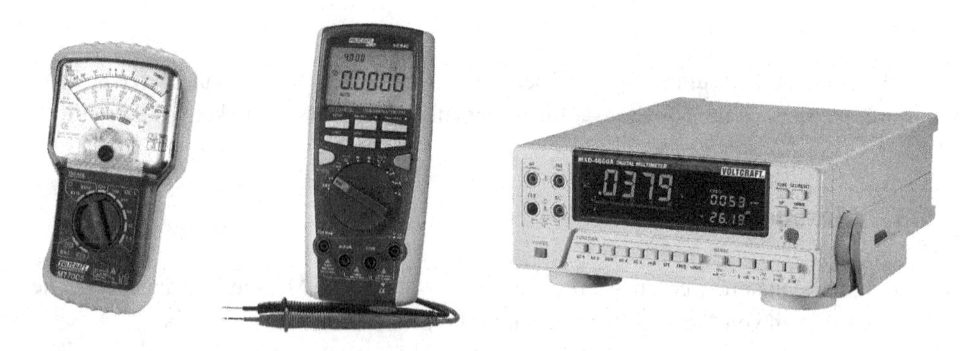

Abb. 15.4 Multimeter in verschiedener Ausstattung. (Fotos: Conrad)

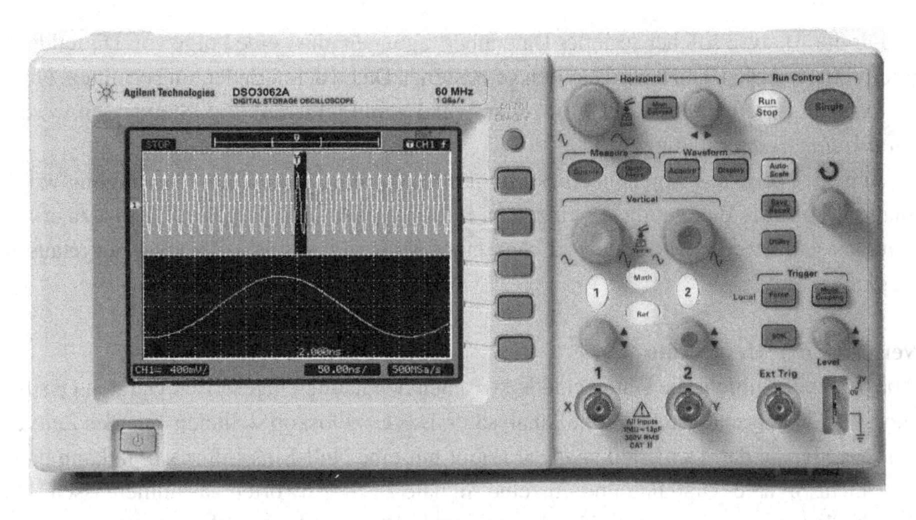

Abb. 15.5 Oszilloskop. (Foto: Agilent)

Wert ‚0' oder ‚1' entsprechen. Diese Information wird von einem *Logikanalysator* ermittelt (Abb. 15.6). Während ein Oszilloskop nur zwei bis vier Signale beobachten kann, können mit einem Logikanalysator, je nach Ausstattung, 16 bis 128 Digitalsignale gleichzeitig beobachtet werden. Mehrere Digitalsignale können zusammengefasst werden, beispielsweise wenn diese einen Zahlenwert mit 8 Bit darstellen.

In vielen Anwendungen werden heutzutage Daten seriell übertragen. Das heißt, eine Information wird auf einer einzelnen Leitung nacheinander durch eine Folge von Nullen und Einsen dargestellt. Beispiele hierfür sind im Computerbereich USB und Thunderbolt, in der Automobiltechnik die Bussysteme CAN und LIN (mehr zu den Bussystemen in Kap. 21).

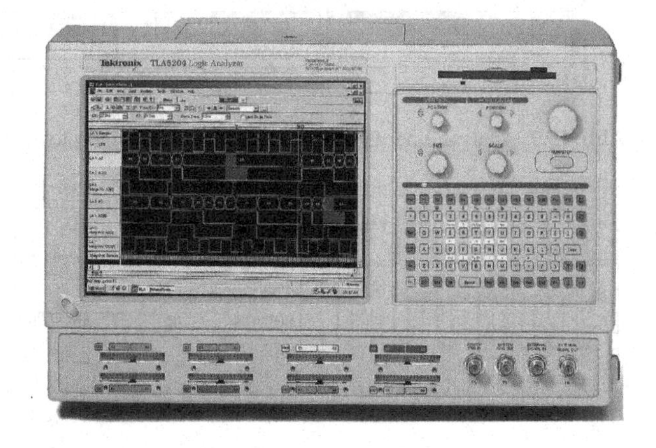

Abb. 15.6 Logikanalysator. (Foto: Tektronix)

Für die Analyse solcher serieller Datenübertragungen muss eine Folge von Digitaldaten interpretiert werden. Dazu wird aus den gemessenen Daten deren Bedeutung ermittelt. Diese Aufgabe ist für einen Entwickler zu zeitaufwendig und fehleranfällig. Stattdessen werden *Protokollanalysatoren* eingesetzt.

Abb. 15.7 zeigt das Ergebnis eines Protokollanalysators. Eine USB-Übertragung wurde analysiert und die Bedeutung der einzelnen Informationen wird dargestellt. Es ist zu erkennen, dass einzelne Datenpakete zwischen einer Kamera und einem Drucker ausgetauscht werden.

Vergleich der Messgeräte

Abb. 15.8 verdeutlicht die Unterschiede zwischen den häufig eingesetzten Geräten Oszilloskop, Logikanalysator und Protokollanalysator. Das Oszilloskop stellt den genauen Zeitverlauf der Signale dar. Der Logikanalysator gibt nur eine Null-Eins-Information, kann dafür aber mehr Signale darstellen und einzelne Signale zu Signalworten zusammenfassen. Der Protokollanalysator interpretiert die Signale und stellt die Bedeutung der Informationen dar.

Weitere Messgeräte

Neben den beschriebenen Messgeräten gibt es weitere Geräte, zum Beispiel zur Messung von elektrischen Leistungen oder Temperaturen. Außerdem gibt es Messgeräte in verschiedenen

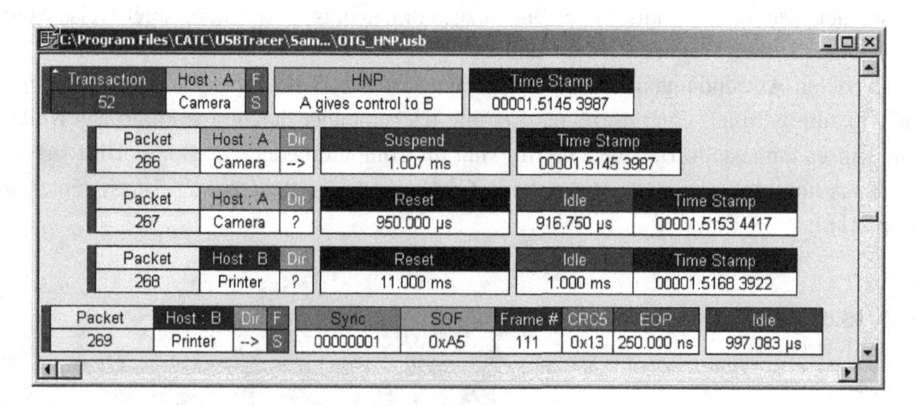

Abb. 15.7 Analyse einer USB-Übertragung mit einem Protokollanalysator. (Quelle: LeCroy)

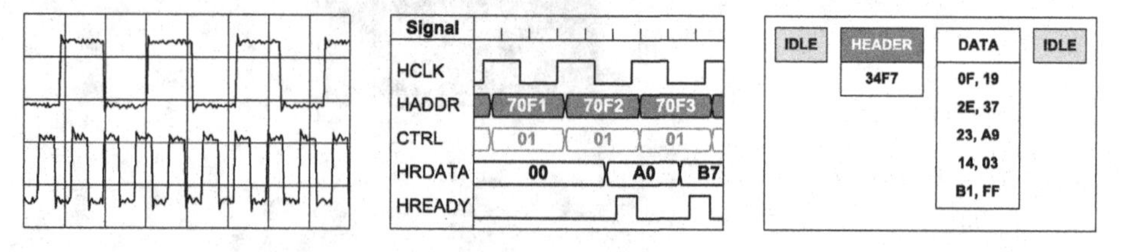

Abb. 15.8 Vergleich der Informationen von Oszilloskop, Logikanalysator und Protokollanalysator

Ausführungen und Preislagen. Einfache Logikanalysatoren sind als USB-Gerät erhältlich, sodass für Signalaufbereitung und Anzeige ein Computer genutzt wird.

Komplexere Geräte sind Mixed-Signal-Oszilloskope, welche eine Kombination aus Oszilloskop und Logikanalysator darstellen. Mit ihnen ist die gleichzeitige Anzeige von zum Beispiel 4 analogen und 16 digitalen Signalen möglich.

Zusammenfassung
Bei der Inbetriebnahme wird überprüft, ob der Prototyp einer Schaltung sich wie spezifiziert verhält.

Nach Möglichkeit werden einzelne Funktionsblöcke der Schaltung nacheinander überprüft, um die Fehlersuche zu vereinfachen.

Bei der Inbetriebnahme werden verschiedene Messgeräte eingesetzt, darunter Multimeter, Oszilloskop und Logikanalysator.

Wirtschaftliche Betrachtungen

16

In diesem Kapitel lernen Sie,

- einige Besonderheiten im Vertrieb elektronischer Komponenten,
- was disruptive Technologien sind und welche Probleme bei ihrer Markteinführung bestehen,
- die Bedeutung von Patenten für die Elektronik.

16.1 Markteinführung von Produkten

Vertrieb

Um mit einem elektronischen Produkt Geld zu verdienen, reicht es natürlich nicht aus, es zu entwickeln und zu fertigen. Erst durch den Verkauf des Produkts wird Geld eingenommen. Darum muss bereits am Anfang der Entwicklung bedacht werden, welche Produktausstattung ein Produkt haben und auf welchen Vertriebswegen es verkauft werden soll.

Für Elektronikprodukte, die an Endverbraucher verkauft werden, kommen an Vertriebswegen beispielsweise spezialisierter Fachhandel, Elektronik-Discounter und allgemeiner Discounter in Frage. Soll etwa eine Digitalkamera im Fachhandel vertrieben werden, stehen sicher gute Qualität und Ausstattung im Vordergrund. Der Verkauf einer Digitalkamera im Supermarkt oder beim Kaffee-Röster erfolgt hingegen hauptsächlich über den Preis und möglicherweise noch über eine plakativ hohe Pixelauflösung.

Viele elektronische Produkte werden jedoch nicht direkt an Endverbraucher verkauft, sondern in Geräten eingebaut. Auch dann muss analysiert werden, welche Ausstattung zu welchem Preis gewünscht wird.

M. Winzker, *Elektronik für Entscheider*,
https://doi.org/10.1007/978-3-658-40091-0_16

Identifikation möglicher Kunden

In vielen Bereichen werden Endprodukte nur von einer begrenzten Anzahl von Firmen angeboten. Oder es gibt zwar eine Reihe kleinerer Nischenanbieter, aber der größte Umsatz wird von wenigen Firmen erzielt. Beispiele für solche Produktbereiche sind Smartphones und Automobile.

Außerdem kann es eine Kette von Zulieferern geben, insbesondere in der Automobilindustrie. Das heißt, die Hersteller des Endprodukts, also die Fahrzeughersteller, kaufen üblicherweise keine einzelnen elektronischen Komponenten, sondern beziehen komplette Systeme. Solche Systeme sind beispielsweise die Motorsteuerung, das Armaturenbrett oder das Multimediasystem. Die direkten Zulieferer der Automobilhersteller werden als *Tier 1* (engl. „tier“ = „Rang“) bezeichnet. Firmen, die ihre Produkte an die Systemzulieferer verkaufen, nennt man *Tier 2*.

Eine Firma, die elektronische Komponenten für einen Produktsektor mit wenigen möglichen Kunden anbietet, muss mindestens eine große Firma als Kunden gewinnen. Möglichkeiten hierfür sind eine frühzeitige Ankündigung neuer Komponenten und die Berücksichtigung von Kundenwünschen bei der Spezifikation. Auch kann einem Kunden Exklusivität auf ein Produkt oder bestimmte Produkteigenschaften gegeben werden, um ihn zu binden. Eine solche Exklusivität ist jedoch für den Anbieter einer Komponente nachteilig, da er sich damit anderen Kunden verschließt. Ein Kompromiss könnte eine zeitliche Exklusivität sein, vielleicht von sechs Monaten.

Die Betreuung von bedeutenden Kunden und die Vertragsgestaltung ist eine wichtige und komplexe Aufgabe, die ausschlaggebend für den Erfolg eines Elektronikbausteins und dessen Hersteller sein kann. Dies ist darum Aufgabe besonderer Kundenbetreuer, sogenannter „Key Account Manager“.

Anzahl und Laufzeit von Produkten

Nicht nur die Anzahl möglicher Kunden, sondern auch die Anzahl der von diesen Kunden entwickelten Produkte kann begrenzt sein. Wenn ein Produkt dann aber auf dem Markt eingeführt ist, wird es möglicherweise mehrere Jahre fast unverändert produziert.

Für einen Zulieferer bedeutet dies, dass es entscheidend ist, zum Zeitpunkt der Entwicklung eines Endproduktes eine Komponente anbieten zu können. Nur in einem begrenzten Zeitraum entscheidet sich der Kunde für eine Komponente.

Gelingt es einem Zulieferer, dass seine Komponente in einem Produkt verwendet wird, ein sogenannter *Design-Win*, bedeutet dies aber auch auf der positiven Seite, dass die Komponente für mehrere Jahre verwendet wird.

Technische Unterstützung

Damit ein Kunde eine elektronische Komponente einsetzen kann, muss die Komponente in die Schaltung des Kunden integriert werden. Dieser Arbeitsschritt wird auch *Design-In* genannt. Hierfür ist durch den Hersteller oftmals umfangreiche technische Unterstützung („Support“) erforderlich. Bei Produkten, die von mehreren Anbietern mit ähnlicher Ausstattung und Preis angeboten werden, kann der Umfang der technischen Unterstützung den Ausschlag für die Auswahl einer Komponente geben.

Zur technischen Unterstützung zählen auch ein *Referenzdesign* sowie Software, wenn für den Einsatz der elektronischen Komponente eine Programmierung erforderlich ist. Das Referenzdesign kann prinzipiell zeigen, wie eine Komponente einzusetzen ist oder sogar einem kompletten Produkt entsprechen.

Auch wenn der Hersteller einer Komponente ein komplettes Produkt als Referenzdesign anbietet, hat er oft kein Interesse, die Fertigung und den Vertrieb des Endprodukts zu übernehmen, da er dies nicht als seine Kernkompetenz ansieht. Darum werden die Herstellungsdaten zur Verfügung gestellt.

Als Beispiel für ein Referenzdesign sind Daten für einen USB-Stick im Anhang C.3 angegeben.

16.2 Investitionen und Profit

In diesem Abschnitt sollen kurz Kosten und Erträge einer Produktentwicklung betrachtet werden. Die Überlegungen gelten sowohl für elektronische Komponenten als auch für Endgeräte.

Kosten
Während der Entwicklung fallen laufende Kosten für die Arbeitsleistung der Entwickler und ihre Arbeitsgeräte an. Dazu zählen insbesondere Personalkosten, Arbeitsräume, Computer und Software, Messgeräte sowie Arbeitsmaterialien. Die notwendigen Investitionen müssen durch Eigenkapital und Fremdkapital, etwa Bankkredite, aufgebracht werden.

Zusätzlich zu laufenden Kosten fallen oft *Einmalkosten* an, zum Beispiel für Dienstleistungen, für Prototypen oder als Einrichtkosten für die Fertigung. Diese Einmalkosten werden als *NRE* („Non Recurring Engineering") bezeichnet. Sie können für komplexe Projekte deutlich über 100 000 € betragen.

Ertrag
Erst nach Abschluss der Entwicklung und der Markteinführung kann mit einem Produkt Geld verdient werden. Je nach Produkt liegen zwischen Projektstart und ersten Erträgen Monate bis Jahre. Insbesondere Zulieferer von Teilkomponenten müssen teilweise lange auf Erträge warten, da ihre Produkte ja erst noch in das Endprodukt integriert werden müssen. So kann zwischen Design-Win und Anlauf der Produktion noch mehr als ein Jahr Zeit vergehen.

Bei Markteinführung eines neuen Produktes kann meist ein hoher Verkaufspreis erzielt werden, wenn das Produkt bessere Eigenschaften als bislang verfügbare Produkte bietet. Über die Produktlebensdauer sinkt jedoch oft der Ertrag, wenn neuere Konkurrenzprodukte verfügbar werden.

Gewinn

Der Gewinn eines Projektes ergibt sich aus der Differenz zwischen erzieltem Ertrag und aufgewendeten Kosten. Bei dieser zunächst einfach klingenden Rechnung muss jedoch beachtet werden, dass jedes Entwicklungsprojekt erhebliche Risiken birgt, die zu einer Zeitverzögerung oder sogar einem Fehlschlag eines Projektes führen können. Dadurch kann der Ertrag später als geplant erzielt werden, geringer werden oder ganz ausfallen.

Einige der Risiken liegen in der Entwicklung, etwa wenn technische Probleme falsch eingeschätzt werden. Andere Risiken liegen im Markt, so kann beispielsweise ein Konkurrent zeitgleich ein ähnliches oder sogar besseres Produkt anbieten. Oder ein wichtiger Kunde, bei dem vielleicht mit hohem Aufwand ein Design-Win erreicht wurde, stoppt ein Projekt oder wird insolvent.

Beispiel: Zeitverlauf

Der zeitliche Verlauf von Kosten, Ertrag und Gewinn soll anhand eines vereinfachten Projektverlaufs veranschaulicht werden. Die angenommenen Werte sind in Abb. 16.1 verdeutlicht. Kosten und Verlust sind nach unten, Ertrag und Gewinn nach oben aufgetragen.

- **Kosten:** Als Entwicklungszeit wird ein Jahr angenommen. In diesem Zeitraum fallen laufende Kosten für mehrere Entwickler an. Außerdem wird nach 6 und 12 Monaten ein Prototyp gefertigt, für den NRE-Kosten anfallen. Nach einem Jahr muss für ein weiteres Jahr die Produkteinführung unterstützt werden. Hierfür treten geringere Kosten auf.
- **Ertrag:** Nach einem Jahr Projektlaufzeit erfolgt die Markteinführung. Am Anfang ist das Produkt innovativ und erzielt einen hohen Ertrag. Im zweiten und dritten Jahr nach Markteinführung sind Konkurrenzprodukte verfügbar, sodass der Ertrag sinkt. Nach drei Jahren im Markt wird das Produkt vom Markt genommen.
- **Gewinn:** Der Gewinn ergibt sich aus Kosten und Ertrag. Nach knapp zwei Jahren Projektlaufzeit sind in diesem Beispiel die Kosten durch die Erträge gedeckt. Zum Projektende nach vier Jahren wird ein Gewinn erzielt.

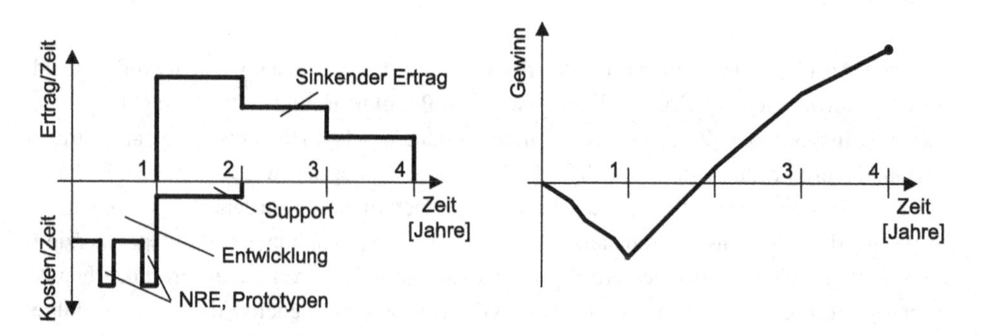

Abb. 16.1 Kosten, Ertrag und Gewinn für ein Projekt

Erhöhung des Gewinns

Je eher ein Produkt auf den Markt gebracht wird, umso höher sind üblicherweise die Erträge, da weniger Konkurrenten vergleichbare Produkte anbieten. Eine Verkürzung der Entwicklungszeit ist jedoch durch den höheren Aufwand meist mit erhöhten Kosten verbunden. Dennoch kann die Steigerung des Ertrags durch vorzeitige Produkteinführung die erhöhten Kosten rechtfertigen.

Eine andere Möglichkeit die Gewinne zu erhöhen, ist es, die Produktlebensdauer zu erhöhen. Insbesondere wenn Produkte eingebaute Mikrocontroller verwenden, können durch eine Änderung der Software einem Produkt neue Funktionen hinzugefügt werden. Eine solche Aktualisierung der internen Software, ein *Firmware-Update,* wird unter anderem für Internet-Router, Smartphones und Set-Top-Boxen angeboten.

Allerdings verführt die Möglichkeit der nachträglichen Software-Aktualisierung auch dazu, ein noch nicht ausgereiftes Produkt auf den Markt zu bringen.

16.3 Disruptive Technologien

Produkte mit disruptiver Technologie

Die Einführung neuer Produkte wird stark erschwert, wenn es sich um eine neuartige Produktklasse unter Verwendung neuer technologischer Möglichkeiten handelt, also nicht um eine verbesserte Version eines etablierten Produkts. Solche neuartigen Produkte werden als *disruptive Technologie* bezeichnet.

Das Problem bei der Markteinführung disruptiver Technologien ist, dass die verwendeten neuen technischen Möglichkeiten den etablierten Technologien oft noch nicht ebenbürtig sind. Der Nachteil der neuen Technologie kann etwa ein höherer Preis oder fehlende Infrastruktur für die Verwendung sein. Erst nach einiger Zeit überwiegen die Vorteile der neuen Technologie.

Beispiel: Eine disruptive Technologie ist die Audio-CD, welche ab Anfang der 1980er Jahre die Schallplatte ablöste. Die Vorteile der neuen Technologie sind bessere Tonqualität, längere Spielzeit, robustere Medien und erhöhter Bedienkomfort. Zum Bedienkomfort gehört insbesondere die Möglichkeit Titel direkt anzuwählen, zu wiederholen oder in zufälliger Reihenfolge abzuspielen.
Bei der Einführung der Audio-CD waren die Abspielgeräte jedoch sehr teuer und es gab erst wenige Audio-CDs. Außerdem hatten viele Haushalte einen Plattenspieler und eine umfangreiche Plattensammlung und damit keinen Bedarf für eine neue Technologie. Dennoch hat es die Audio-CD geschafft, sich durchzusetzen.

Weitere erfolgreiche disruptive Technologien sind Festplattenrekorder statt Videorekorder mit Magnetband oder digitales terrestrische Fernsehen (DVB-T und DVB-T2) anstelle des analogen Fernsehens.

Probleme bei der Einführung

Andere disruptive Technologien schaffen jedoch nicht die Hürde der Einführung und können sich nicht dauerhaft durchsetzen. Ein Beispiel hierfür ist CD-i, „Compact Disk Interactive", ein Multimedia-System, welches Anfang der 1990er Jahre angeboten wurde. Dazu wurden Spiele und Filme auf CD verkauft. Das System konnte sich zum damaligen Zeitpunkt nicht durchsetzen und wurde schließlich eingestellt.

Das System einer Spielekonsole, mit der Möglichkeit Filme abzuspielen, ist heute sehr erfolgreich. Spiele und Filme werden auf DVD angeboten und sind stark nachgefragt. Den Erfolg oder Misserfolg einer disruptiven Technologie im Nachhinein zu erklären, ist nicht einfach. Die Vorhersage, ob und wie sich eine neue Technologie durchsetzen kann, ist umso schwieriger.

Markteinführung disruptiver Technologien

Um eine disruptive Technologie langfristig in einen Markt einzuführen, muss der Lebenszyklus einer Technologie berücksichtigt werden [16]. Es können fünf verschiedene Nutzergruppen identifiziert werden, die eine Produktklasse zu unterschiedlichen Zeiten aus unterschiedlichen Gründen kaufen.

Folgende Nutzergruppen können unterschieden werden. Für die Nutzergruppen werden die englischen Bezeichnungen verwendet.

- **„Innovators":** Diese Enthusiasten kaufen neue Technologien aus Freude an der Technik und relativ unabhängig von Preis oder möglichen Problemen.
- **„Early Adopters":** Sie begrüßen ebenfalls neue Technologien, aber nicht aus reiner Technologiebegeisterung, sondern weil sie früh die Vorteile der neuen Technologien nutzen wollen.
- **„Early Mayority":** Als Pragmatiker stehen sie neuer Technologie positiv gegenüber, sobald diese ihnen vorteilhaft und ausgereift erscheint.
- **„Late Mayority":** Auch sie sehen für sich Vorteile und Nachteile einer neuer Technologie, sind aber skeptisch, ob sich die neue Technologie durchsetzen wird.
- **„Laggards":** Sie haben eine sehr kritische Grundhaltung gegenüber neuer Technologie und warten, bis sie zu einem Umstieg praktisch gezwungen sind.

Von der Anzahl her sind die „Early Mayority" und „Late Mayority" die größten Kundengruppen. Von der Bedeutung her sind aber alle Gruppen wichtig. Darum ist es entscheidend für den Erfolg einer neuen Technologie, alle Nutzergruppen zeitlich nacheinander anzusprechen. Hierbei besteht allerdings die Schwierigkeit, dass jede Gruppe andere Kriterien und

Erwartungen für eine Kaufentscheidung hat, zum Beispiel hinsichtlich Produktausstattung, Preisgestaltung und Produktimage.

Beispiel: Markteinführung der Audio-CD
Als ein Beispiel für die Markteinführung einer disruptiven Technologie soll noch einmal die Audio-CD betrachtet werden.

Für die verschiedenen Nutzergruppen sprachen nacheinander, also im Abstand von teilweise einigen Jahren, die nachfolgenden Kaufargumente.

- **„Innovators“:** Neue, spannende Technologie.
- **„Early Adopters“:** Gute Tonqualität durch Digitaltechnik.
- **„Early Mayority“:** Einfache Bedienung, längere Spielzeit.
- **„Late Mayority“:** CD-Spieler sind günstiger als Plattenspieler.
- **„Laggards“:** Plattenspieler und Schallplatten sind kaum noch erhältlich.

Für ihren Erfolg musste die Audio-CD also, unter anderem, einen Imagewechsel von „neu, innovativ“ nach „bewährt“ vornehmen. Mittlerweile wird die Audio-CD selber durch MP3-Dateien und Musik-Streaming abgelöst.

16.4 Patente und ihre Bedeutung

Überblick
Erfolgreiche Entwicklungen und Erfindungen haben für ein Unternehmen einen hohen wirtschaftlichen Wert und müssen darum geschützt werden. Eine Möglichkeit hierzu sind *Patente.*

Patente können erteilt werden für Erfindungen, die ein *technisches Verfahren* betreffen, *neu* sind, eine gewisse *Erfindungshöhe* haben und *gewerblich anwendbar* sind.

- Ein technisches Verfahren liegt dann vor, wenn im weiteren Sinne eine Maschine, ein Werkzeug oder ein Gerät bei dem Verfahren eingesetzt wird. Nicht patentierbar sind in Deutschland normalerweise wissenschaftliche Entdeckungen, Software, Tiere und Pflanzen sowie Verfahren ohne Einsatz von Technik, also etwa Geschäftsmodelle oder Spiele. Hierfür können aber möglicherweise andere Schutzmechanismen greifen, etwa das Urheberrecht. Auch international gelten teilweise andere Regelungen.
- Als neu gilt ein Verfahren, wenn es sich vom sogenannten *Stand der Technik* unterscheidet, also bei der Anmeldung nicht in der Öffentlichkeit bekannt war. Dabei ist zu beachten, dass auch die Erfinder ihr neues Verfahren vor der Patentanmeldung nicht durch Artikel, Vorträge, Messeausstellungen oder auf andere Weise veröffentlichen dürfen.
- Neben der Neuheit muss eine Erfindungshöhe gegeben sein, womit gemeint ist, dass sich das zu patentierende Verfahren durch eine erfinderische Leistung vom Stand der

Technik abheben muss. Eine Erfindungshöhe liegt nicht vor, wenn eine in dem Fachgebiet tätige Person ohne weiteres die beantragte Lösung finden würde. In der Praxis ist die Erfindungshöhe allerdings manchmal schwer zu beurteilen.
- Eine gewerbliche Anwendbarkeit ist bei technischen Erfindungen üblicherweise gegeben.

Anmeldeverfahren
Ein Patentverfahren wird eingeleitet, indem beim Patentamt eine Patentanmeldung eingereicht wird. Die Patentanmeldung muss die Erfindung erläutern und darstellen, wie sie sich vom Stand der Technik unterscheidet. Wichtig sind dabei die Patentansprüche, die konkret beschreiben, welche Neuerungen patentiert werden sollen.

Der Tag der Einreichung gilt als *Priorität,* das heißt, bei konkurrierenden Patentanmeldungen zählt das Datum der Einreichung. Nach der Einreichung wird das Patent vom Patentamt zunächst geheim gehalten und kann vom Anmelder auch noch zurückgezogen werden. Ansonsten erfolgt nach einer Frist die *Offenlegung.*

Das Patentamt prüft dann, ob die Erfindung überhaupt patentierbar ist und ob sie durch andere Patente, Patentanmeldungen oder Veröffentlichungen bereits bekannt ist. Nach erfolgreicher Prüfung wird eine Patentschrift erstellt, gegen die innerhalb einer Frist noch Einwände geltend gemacht werden können. Ein erteiltes Patent gilt dann bis zu einer Dauer von 20 Jahren.

Für eine Patentanmeldung ist prinzipiell keine Vertretung durch einen Patentanwalt nötig. Aufgrund der Komplexität des Patentwesens und der Bedeutung von Patenten empfiehlt sich jedoch in den meisten Fällen die Unterstützung durch einen Patentanwalt. Er oder sie kann die formale Gestaltung der Patentschrift überprüfen und auf die Einhaltung von Fristen für Anträge und Gebührenzahlungen achten. Auch sollte eine Beratung zur Anmeldung internationaler Patente erfolgen.

Beispiel: Die Regelungen zur Patentierung von Software zeigen die Komplexität des Patentrechts. So ist Software in den USA patentierbar, in der EU hingegen nicht. Aber auch in der EU kann Software patentierbar sein, wenn sie zusammen mit einer technischen Vorrichtung eingesetzt wird. Zur Abgrenzung zwischen patentierbarer und nicht patentierbarer Software ist also eine sorgfältige Formulierung der Patentschrift erforderlich.

Auf der Internetseite des Deutschen Patent- und Markenamtes [20] finden sich weitere Informationen zu Patenten, Antragsfristen und -formularen sowie Gebühren.

Bedeutung für Unternehmen
Der primäre Zweck eines Patentes ist zunächst der Schutz einer Erfindung vor der Nutzung durch konkurrierende Unternehmen. Finanzielle Erträge können erzielt werden, indem

eigene Produkte unter Benutzung eines patentierten Verfahrens Vorteile gegenüber Konkurrenzprodukten haben.

Ein Patent muss jedoch nicht unbedingt dazu dienen, anderen Firmen eine Nutzung zu verbieten. Das Ziel kann ebenso eine *Lizenzierung* sein, bei der andere Firmen das patentierte Verfahren gegen eine Lizenzgebühr nutzen. Dies ist insbesondere für Hochschulen und Forschungseinrichtungen sinnvoll, die normalerweise keine Produkte herstellen und vertreiben. Aber auch immer mehr Firmen erkennen und nutzen die Möglichkeit der Lizenzierung. Um eine Lizenzierung für andere Unternehmen möglichst einfach zu machen, können *Patentpools* gebildet werden. Dabei fassen mehrere Firmen Pakete von Patenten zusammen, beispielsweise für die MP3-Codierung. Ein solches Paket wird dann zur Nutzung angeboten.

Als weiteren Vorteil erhöhen Patente den Wert eines Unternehmens, was sich im Börsenkurs oder dem Preis bei einer Firmenübernahme widerspiegeln kann.

Risiken

Patente können jedoch auch erhebliche Risiken für Firmen darstellen. So sollte vor und während jeder Entwicklung eine Patentrecherche erfolgen, um mögliche Patentverletzungen zu vermeiden. Aufgrund der Frist zwischen Anmeldung und Offenlegung werden fremde Patentanmeldungen allerdings erst mit gewisser Verzögerung bekannt.

Für die Patentrecherche gibt es Patentdatenbanken (z. B. [21]). Die Suche in solchen Datenbanken erfordert jedoch etwas Erfahrung, da verschiedene Stichwörter und Suchbegriffe für eine Erfindung in Frage kommen.

Ein besonderes Risiko für Firmen stellen *Trivialpatente* dar, bei denen einfache grundlegende Verfahren angemeldet werden, die jedoch bei genauer Betrachtung keine Erfindungshöhe haben. Werden Trivialpatente bei der Patentprüfung nicht richtig eingeschätzt und erteilt, können die Anmelder Lizenzforderungen stellen. Prinzipiell können auch erteilte Patente noch angefochten werden, doch die entsprechenden Verfahren sind mühsam und kostspielig.

Insbesondere kleinere Firmen können sich teure und langwierige Rechtsstreitigkeiten jedoch nicht leisten. Aber auch für größere Firmen stellen Patentklagen ein immer ernster werdendes Problem dar, denn bis zu einem Urteil besteht Rechtsunsicherheit, sodass es Firmen teilweise vorziehen, den Lizenzforderungen nachzugeben.

Zunehmend werden Patentklagen von spezialisierten Firmen vorgenommen, sogenannten „Patentjägern", die Patente günstig von insolventen Firmen übernehmen, um ohne eigene schöpferische Tätigkeit von den Patenten zu profitieren. Die eingenommenen Gelder kommen nicht oder nur zu einem geringen Teil den eigentlichen Erfindern zu Gute. Der gesellschaftliche Gedanke, durch Patente Innovationen zu fördern und zu belohnen, wird nicht erreicht.

Weitere Möglichkeiten zum Schutz von Entwicklungen

Nicht immer ist eine Patentanmeldung der beste Weg, eine Erfindung zu schützen. Nach der Offenlegung ist das neue Verfahren auch der Konkurrenz bekannt. Anstatt Patentverletzungen nachzuweisen und zu verfolgen, kann es sinnvoller sein, Erfindungen geheim zu halten. Auch können möglicherweise Details bei der Patentanmeldung ausgelassen werden.

Wenn eine Weitergabe vertraulicher Informationen an Kunden, Berater oder mögliche Kooperationspartner erforderlich ist, werden Geheimhaltungsvereinbarungen (*NDA*, „Non-Disclosure Agreement“) geschlossen. Zur Nutzung vertraulicher Informationen, von Software, aber auch für die erwähnte Lizenzierung von Patenten, werden Lizenzvereinbarungen geschlossen. Hierbei werden oft individuelle Vereinbarungen getroffen.

Beispiel: Für kostspielige EDA-Software werden teilweise Lizenzen als „floating“ vergeben. Das heißt, ein Programm kann abwechselnd auf mehreren Rechnern benutzt werden. Die Vergabe der Lizenz erfolgt über Rechnernetzwerk oder Internet von einem Lizenz-Server. Allerdings könnten internationale Unternehmen eine einzige Lizenz aufgrund der Zeitverschiebung für drei Arbeitsplätze in Europa, Amerika und Asien nutzen.
Eine individuelle Lizenzvereinbarung kann darum einen bestimmten Nutzungsort vorsehen. Andererseits muss der Lizenznehmer sicherstellen, dass bei einem Umzug der Firma in ein neues Gebäude die vorhandenen Softwarelizenzen ohne Einschränkung weiter gelten.

Bei Erhalt vertraulicher Informationen ist besondere Sorgfalt erforderlich. Vor der Übergabe sollte geprüft und dokumentiert werden, welcher Wissensstand bereits vorhanden ist, damit eigene Entwicklungen nicht im Nachhinein vom Vertragspartner beansprucht werden können. Ebenfalls muss klar sein, unter welchen Bedingungen die erhaltenen Informationen genutzt werden können.

Kritisch ist insbesondere, wenn eigene Entwicklungen oder Patente auf erhaltenen fremden Informationen aufbauen oder ein solcher Verdacht entstehen könnte. Mögliche Probleme sollten frühzeitig bedacht werden, eventuell mit Hilfe externer Beratung.

Zusammenfassung
Elektronische Bauelemente können teilweise nur an eine kleine Anzahl möglicher Kunden verkauft werden.

Zwischen Fertigstellung einer elektronischen Komponente und dem Einsatz in Endgeräten können Monate bis Jahre liegen. Eine einmal ausgewählte Komponente wird aber möglicherweise in hoher Stückzahl verwendet.

Die Entwicklung elektronischer Komponenten und Geräte erfordert langfristige Investitionen.

Durch Patente können technische Verfahren geschützt werden, die neu sind und sich vom Stand der Technik durch eine Erfindungshöhe abheben.

Teil VII

Mikro- und Nanoelektronik

Integrierte Schaltungen 17

In diesem Kapitel lernen Sie,

- was eine integrierte Schaltung ist und welche Vorteile sie bietet,
- die wichtigsten Begriffe aus dem Gebiet der integrierten Schaltungen,
- was das vielzitierte Moore'sche Gesetz besagt.

17.1 Überblick

Begriffsbestimmung
Integrierte Schaltungen sind Bausteine, bei denen sich auf demselben Stück Halbleiter mehrere Transistoren befinden. Eine komplette Schaltung ist also auf einem Halbleiterkristall integriert. Ursprünglich umfasste eine integrierte Schaltung einige tausend Transistoren; mittlerweile können bis zu fünfzig Milliarden Transistoren auf einer Fläche von bis zu acht Quadratzentimeter zusammengefasst werden.

Für integrierte Schaltungen sind verschiedene Begriffe gebräuchlich. Sie werden auch als *Mikrochip, Chip, IC* oder *ASIC* bezeichnet. IC steht für „Integrated Circuit", ASIC für „Application Specific Integrated Circuit" also anwendungsspezifische integrierte Schaltung.

Die verschiedenen Begriffe werden meist synonym verwendet. Zwar besteht eigentlich ein Unterschied zwischen IC und ASIC, aber selbst Ingenieure nehmen es damit nicht immer ganz genau. Ein Mikrochip speziell zur MP3-Wiedergabe ist ein ASIC, da er anwendungsspezifisch ist. Ein Speicherbaustein ist kein ASIC, sondern ein IC, da er für viele Anwendungen verwendet werden kann.

M. Winzker, *Elektronik für Entscheider*,
https://doi.org/10.1007/978-3-658-40091-0_17

Vorteile integrierter Schaltungen

Die wesentlichen Vorteile integrierter Schaltungen sind insbesondere eine geringe Baugröße, geringe Kosten, hohe Geschwindigkeit und geringe Parameterabweichungen.

- Durch Verwendung integrierter Schaltungen kann die *Baugröße* eines Gerätes sehr gering sein. Statt mehrerer Bauelemente, die einzeln in Gehäusen verpackt sind, ist nur ein einzelnes Gehäuse erforderlich. So benötigten die frühen Computer noch große Schränke für ihre Elektronik. Viele aktuelle elektronische Geräte, wie Smartphones oder MP3-Player, sind nur möglich, weil eine große Anzahl von Transistoren auf kleiner Baugröße integriert werden können.
- Durch die Zusammenfassung mehrerer Bauelemente können fast immer die *Kosten* für ein elektronisches Gerät reduziert werden. Die wichtigsten Kostenvorteile sind dabei die geringere Anzahl an benötigten Bauelementen, kleinere und damit günstigere Platinen und Gerätegehäuse, sowie kostengünstigere Fertigung durch Verwendung von weniger Komponenten.
- In einer Schaltung mit geringerer Baugröße sind die Verbindungsleitungen zwischen den Transistoren wesentlich kürzer. Dadurch kann die *Geschwindigkeit* der Schaltung erhöht werden, da die Spannungen und Ströme kürzere Strecken zurücklegen müssen.
- Wenn sich die einzelnen Transistoren einer Schaltung auf demselben Halbleiterkristall befinden, haben die Transistoren nur sehr geringe Produktionsschwankungen zueinander. Die geringeren *Parameterabweichungen* können eine bessere Schaltungsqualität bewirken, insbesondere bei analogen Schaltungen.

Mikroelektronik, Nanoelektronik

Die hohen Integrationsdichten heutiger ICs sind nur möglich, da durch stark spezialisierte Herstellungstechniken Transistoren mit sehr kleinen Abmessungen gefertigt werden können.

Ein Transistor aus einer integrierten Schaltung ist in Abb. 17.1 dargestellt. Es handelt sich um den Querschnitt durch einen Feldeffekttransistor, aufgenommen mit einem Elektronenmikroskop. Auf der linken und rechten Seite des Transistors befinden sich die Anschlüsse für Source und Gate. Die elektrische Verbindung zwischen diesen beiden Kontakten kann durch das in der Mitte befindliche Gate geöffnet oder geschlossen werden. Damit arbeitet der Transistor als Schalter und kann Informationen verarbeiten. Durch eine Passivierung wird der Transistor zur Umgebungsluft abgeschlossen.

Als Kenngröße für die Abmessungen eines Transistors dient die *Gate-Länge,* also der Abstand zwischen Source und Drain. Aufgrund der Gate-Länge im Bereich von Mikrometern (μm) spricht man von *Mikroelektronik.* Mittlerweile werden Strukturen im Bereich weniger Nanometer (1 nm = 0,001 μm) verwendet. Die Strukturen sind deutlich kleiner als ein menschliches Haar, welches etwa einen Durchmesser von 80 μm hat.

Die jeweilige Fertigungstechnik für integrierte Schaltungen wird mittels der erzielbaren Gate-Länge eingeordnet. Man spricht beispielsweise von 5nm-Technologie einer Herstellungsanlage sowie der damit produzierten integrierten Schaltungen. Je geringer die Gate-

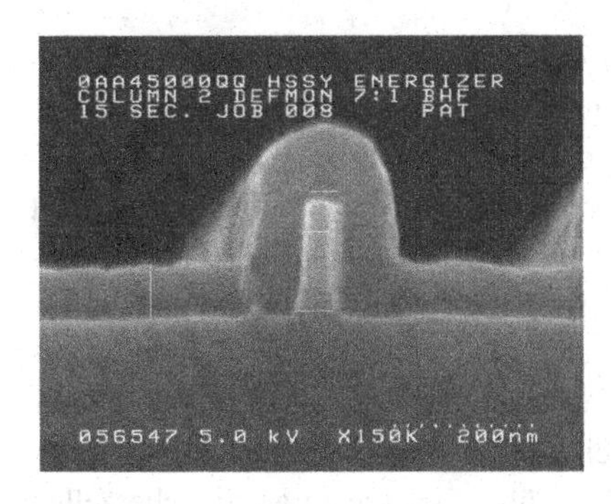

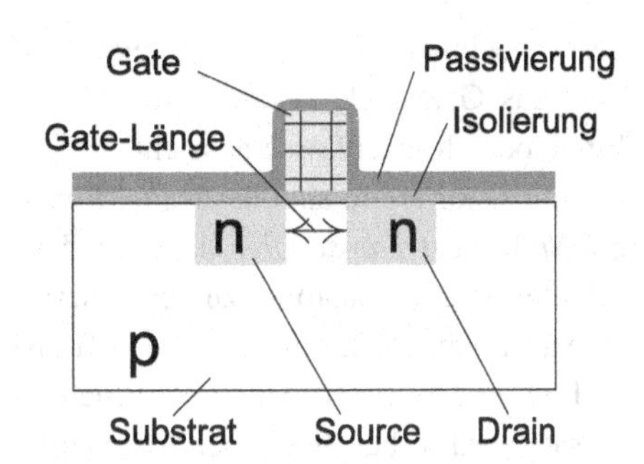

Abb. 17.1 Transistor im Elektronenmikroskop. (Foto: IBM)

Länge, umso mehr Transistoren passen auf einen Mikrochip. Die kleinste Strukturgröße beträgt aktuell 2 Nanometer (Stand 2023).

Die Gesamtgröße einer integrierten Schaltung hat sich in den letzten Jahren kaum verändert. Sie liegt üblicherweise bei etwa einem viertel bis vier Quadratzentimeter, das Gehäuse nicht berücksichtigt. Größere Halbleiterbauelemente lassen sich nicht, oder nur zu unverhältnismäßig hohen Kosten produzieren.

Die steigende Anzahl an Transistoren wird also fast ausschließlich über eine Reduzierung der Gate-Länge durch verbesserte Herstellungstechniken erreicht. Unter einer Gate-Länge von $0{,}1\,\mu\text{m} = 100\,\text{nm}$, also 100 Nanometer, wird von *Nanoelektronik* gesprochen. Nanoelektronik kann also zunächst als Weiterentwicklung der Mikroelektronik angesehen werden. Der in Abb. 17.1 gezeigte Transistor hat eine Gate-Länge von etwa 50 nm, zählt also zur Nanoelektronik.

Bei den kleinen Strukturgrößen im Nanometerbereich gibt es jedoch physikalische Effekte, die berücksichtigt werden müssen. Der Atomdurchmesser eines Siliziumatoms beträgt etwa 0,25 Nanometer, sodass die Gate-Länge in der Größenordnung von hundert Atomen liegt. Als Folge müssen für die Schalteigenschaften der Transistoren zukünftig quantenphysikalische Einflüsse einzelner Atome beachtet werden.

Auch sind die Strukturgrößen der Nanoelektronik kleiner als die Wellenlängen von sichtbarem Licht (rot $\approx 750\,\text{nm}$, violett $\approx 400\,\text{nm}$). Damit kann für die Herstellung nanoelektronischer Schaltungen nicht mehr die in der Mikroelektronik übliche Belichtungstechnik (Lithographie) eingesetzt werden.

Trotz dieser Probleme ist damit zu rechnen, dass die Miniaturisierung in den nächsten Jahren anhält. Bereits in der Vergangenheit wurden Probleme für die Verkleinerung der Strukturgrößen erfolgreich gelöst. Allerdings stellt die Größe der Siliziumatome eine natürliche Barriere für die Miniaturisierung dar.

Neue Technologien in der Nanoelektronik

Durch die kleinen Abmessungen verschlechtern sich die elektrischen Eigenschaften der Transistoren. Darum werden neue Geometrien entwickelt, die für sehr kleine Strukturen besser geeignet sind. Eine erfolgreich eingesetzte Struktur sind *FinFET-Transistoren.* Dabei liegt das Gate nicht oberhalb des Kanals, sondern um einen Steg herum, der wie eine Finne oder Rückenflosse aussieht. Aus dieser Finne und der Abkürzung FET für Feldeffekttransistor ergibt sich der Name *FinFET.* Bei noch kleineren Abmessungen umschließt bei *Nanosheet-Transistoren* das Gate den Kanal von allen vier Seiten, um die Schalteigenschaften von Transistoren zu verbessern. Mehrere parallele Transistor-Kanäle können für eine ausreichende Leitfähigkeit des Transistors sorgen.

Eine andere Entwicklung sind mehrere Schaltungslagen auf einem Mikrochip. Dieser Ansatz wird insbesondere bei Speicherbausteinen eingesetzt, um eine hohe Speicherkapazität bereit zu stellen. Dazu sind aktuell (Stand 2023) über 200 Lagen an Speicherzellen möglich. Da beim Speichern von Daten sehr geringe Verlustleistung anfällt, ist so eine hohe Integration möglich.

Diese Spezialisierung der Schaltungstechnik führt dazu, dass verschiedene Microchips in ein gemeinsames Gehäuse verpackt werden. Dies wird als *Chiplet* bezeichnet. Dadurch kann eine größere Schaltung in mehrere kleinere Dies aufgeteilt und verschiedene Fertigungstechnologien verwendet werden. Eine schnelle Signalverarbeitung kann FinFET-Transistoren nutzen und ein Speicher mehrere Schaltungslagen umfassen.

Ein besonderer Ansatz in der Signalverarbeitung ist ein Chip, der einen ganzen Wafer (siehe nächsten Abschn. 17.2) umfasst. Hierfür sind besondere Maßnahmen zur Redundanz gegenüber Fertigungsfehlern und für Energieversorgung sowie Kühlung nötig. Die hohen Kosten werden für das Anwendungsgebiet „Künstliche Intelligenz“ akzeptiert.

Moore'sches Gesetz

Durch die stetige Miniaturisierung der Mikroelektronik hin zur Nanoelektronik passen immer mehr Transistoren auf eine integrierte Schaltung. Diese Entwicklung wird durch das sogenannte *Moore'sche Gesetz* beschrieben.

Das Moore'sche Gesetz besagt:
Die Anzahl der Transistoren pro integrierter Schaltung verdoppelt sich alle zwei Jahre.

Abb. 17.2 zeigt den Anstieg der Integration. Die vertikale Achse hat eine logarithmische Skala, das heißt, ein Teilstrich der Skala entspricht einem Multiplikationsfaktor von 10 gegenüber dem vorherigen Teilstrich. Die Punkte stellen Einführungsjahr und Transistorenanzahl für einige Computer-Prozessoren dar, angefangen beim Intel 4004, dem ersten in Serie produzierten Mikroprozessor.

Gordon Moore, ein Mitbegründer der Firma Intel, hat die nach ihm benannte Aussage, die eigentlich eine Prognose ist, bereits 1965, also am Anfang der „Geschichte“ integrierter Schaltkreise formuliert. Ursprünglich wurde sogar eine jährliche Verdopplung prognostiziert, 1975 dann auf den Zeitraum von zwei Jahren zurückgenommen.

Das „Moore's Law“ ist oft zitiertes Synonym für das stürmische Wachstum der Halbleiterindustrie. Ein Ende dieser Entwicklung wurde zwar oft vorausgesagt, scheint aber für die nächsten Jahre noch nicht in Sicht.

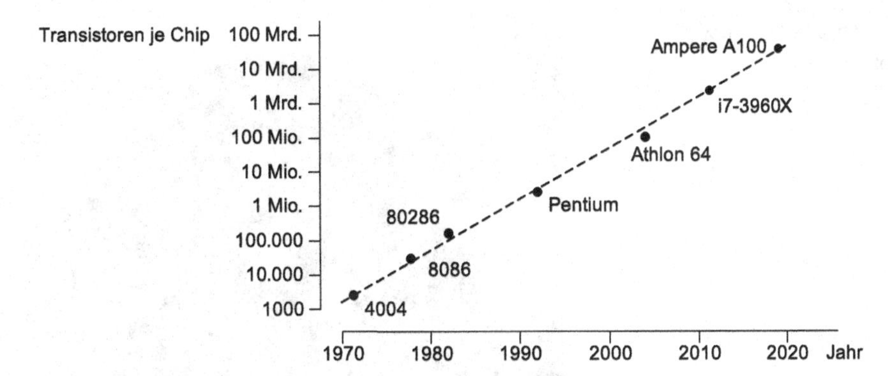

Abb. 17.2 Das Moore'sche Gesetz beschreibt die stetige Zunahme an Transistoren je integrierter Schaltung

17.2 Aufbau integrierter Schaltungen

Chip-Technologie

Als Transistoren in einem IC können Bipolartransistoren und Feldeffekttransistoren benutzt werden. Mit ihnen können sowohl analoge als auch digitale Schaltungen aufgebaut werden. Ein IC mit analogen und digitalen Schaltungsteilen ist ein *Mixed-Signal-IC.* Die für einen IC gewählte Schaltungstechnik wird als *Chip-Technologie* bezeichnet.

Die zurzeit mit Abstand größte Marktbedeutung hat die CMOS-Technologie. Sie wird in Kap. 18 ausführlich erläutert.

Wafer und Die

Als Grundmaterial für die Herstellung von CMOS-Schaltungen wird monokristallines Silizium verwendet, das heißt, die Silizium-Atome bilden ein gleichmäßiges Gitter. Die Herstellung erfolgt auf dünnen Siliziumscheiben, genannt *Wafer.* Ein Wafer ist etwa 1 mm dick und hat einen Durchmesser zwischen 15 und 30 cm. Auf dem Wafer werden durch aufwendige chemische und physikalische Prozesse die Strukturen für die Schaltungen aufgebracht. Ein Wafer mit darauf gefertigten Schaltungen ist in Abb. 17.3 dargestellt.

Die kreisförmige Struktur der Wafer resultiert aus der Herstellungsweise des einkristallinen Siliziums. Es wird erzeugt, indem Silizium als zylinderförmiger Block langsam abgekühlt wird. Durch die langsame Abkühlung richten sich die Atome gleichmäßig aus und bilden das gewünschte Gitter. Der Siliziumzylinder ist ein Einkristall und wird dann in dünne Scheiben gesägt, die Wafer.

Die einzelnen integrierten Schaltungen sind rechteckige, annähernd quadratische Siliziumbereiche. Nach dem Erzeugen der Schaltungsstrukturen werden die Wafer in die einzelnen integrierten Schaltungen zersägt. Diese noch unverpackten Siliziumplättchen werden als *Die* (Aussprache: „Dai“, wie der Vorname „Kai“) bezeichnet. Ein Die hat je nach Komplexität

Abb. 17.3 Silizium-Wafer. (Foto: Intel)

der Schaltung eine Kantenlänge von einigen Millimetern bis etwas über einem Zentimeter. Auf einem Wafer lassen sich also mehrere hundert Schaltungen fertigen.

Beispiel: Die Anzahl an Dies je Wafer kann aus der Fläche berechnet werden. Als Zahlenbeispiel wird von einem Wafer mit 20 cm Durchmesser ausgegangen, auf dem sich Dies mit der Fläche von 1 cm^2 befinden.
Die Kreisfläche ist $\pi \cdot r^2$, also Kreiszahl $\pi = 3,14$ mal Radius zum Quadrat. Der Radius des Wafers ist der halbe Durchmesser, also 10 cm. Damit ist die Kreisfläche $3,14 \cdot (10\,\text{cm})^2 = 314\,\text{cm}^2$. Da jeder Die 1 cm^2 benötigt, ergibt der Wafer theoretisch 314 Dies. An den Kanten, zum Sägen der Dies und für kleine Testflächen geht jedoch Fläche verloren. Praktisch können aus dem Wafer darum etwa 250 Dies hergestellt werden.

Gehäuse
Zum Schutz vor Umwelteinflüssen und zur Abfuhr der Verlustleistung werden die Dies dann in Gehäuse verpackt. Mit dünnen Golddrähtchen werden Die und Gehäuse miteinander verbunden. Die Drähtchen werden als *Bond-Draht* bezeichnet, der Fertigungsschritt als *Bonding.* Abb. 17.4 zeigt, wie in einem geöffneten Gehäuse die Bond-Drähte eine Verbindung zum Die herstellen. Für die Bond-Drähte wird Gold als Material verwendet, weil es ein sehr guter elektrischer Leiter ist und sich für diese Anwendung gut verarbeiten lässt.

Die Anschlussflächen im Inneren des Gehäuses sind mit den Pins außen am Gehäuse verbunden. Mit den Pins erfolgt dann die elektrische Verbindung zur Platine.

Es sind verschiedene Gehäuseformen gebräuchlich. Hauptkriterium für die Auswahl des Gehäuses durch den Hersteller ist die Anzahl der Anschlüsse. Weitere Kriterien sind auftretende Verlustleistung, Platzbedarf und Gehäusekosten.

Abb. 17.4 Die mit Bond-Drähten im geöffneten Gehäuse. (Foto: IMEC, Belgien)

Um die Ausrichtung der ICs zu bestimmen, sind an den Gehäusen Orientierungsmarken angebracht, meist ein eingeprägter Punkt oder eine Kerbe im Gehäuse. Zusätzlich kann sich in einer Ecke ein fehlender oder zusätzlicher Pin befinden.

17.3 Entwicklung

Schaltungsentwurf

Die Entwicklung integrierter Schaltungen erfolgt von der prinzipiellen Vorgehensweise her wie bei elektronischen Schaltungen aus einzelnen Bauelementen. Das heißt, entsprechend der Beschreibung in Kap. 13 wird die geplante Schaltung spezifiziert, konzipiert und entworfen und dann als Prototyp gefertigt.

In den konkreten Entwicklungsschritten ergeben sich jedoch deutliche Unterschiede, insbesondere für komplexe Digitalschaltungen mit Millionen von Transistoren. Die wesentlichen Unterschiede sind:

- Die Grundelemente der Schaltung sind sogenannte *Standardzellen.* Dies sind digitale Schaltungselemente, wie Und-Gatter, Oder-Gatter sowie Flip-Flops in verschiedenen Varianten. Die verfügbaren Elemente bilden eine Bibliothek mit 100 oder mehr Standardzellen. Außerdem sind größere Schaltungsmodule verfügbar, zum Beispiel Speichermodule.
- Es gibt weltweit nur wenige Fertigungsstätten für hochintegrierte Schaltungen. Die meisten Halbleiterfirmen haben keine eigene Fertigung und werden als *fabless* („fab" kurz für „fabrication") bezeichnet.
- Die Standardzellen und Schaltungsmodule sind auf den Fertigungsprozess abgestimmt. Dadurch muss relativ früh in der Entwicklung der Fertigungspartner festgelegt werden. Von ihm wird dann die Bibliothek der Standardzellen zur Verfügung gestellt. Im späteren Projektverlauf ist ein Wechsel nicht oder nur mit sehr hohem Aufwand möglich.

- Die Fertigung von Prototypen ist zeit- und kostenaufwendig. Um Fehler im Prototyp und eine erneute Fertigung zu vermeiden, ist die Verifikation von sehr großer Bedeutung.

Entwurfskomplexität

Aus der großen Anzahl an Transistoren je integrierter Schaltung resultiert eine hohe Entwurfskomplexität. Es ist nicht möglich, jeden Transistor einzeln zu entwerfen. Stattdessen erfolgt der Entwurf mit erheblicher Computer-Unterstützung (*EDA*, „Electronic Design Automation").

Die Schaltungseingabe erfolgt dabei in einer Programmiersprache. Meist wird eine spezielle Sprache für Digitalschaltungen verwendet, eine *Hardwarebeschreibungssprache* (HDL, „Hardware-Description-Language"). Das EDA-Tool übersetzt die Hardwarebeschreibungssprache dann in die Standardzellen, also Und-Gatter, Oder-Gatter, Flip-Flops. Zwei verbreitete Sprachen sind „VHDL" und „Verilog".

Es gibt jedoch auch EDA-Programme, die allgemeine Programmiersprachen wie „C" verwenden. Durch eine spezielle Hardwarebeschreibungssprache kann zwar eine kleinere und schnellere Schaltung erzeugt werden. Dafür verkürzen möglicherweise allgemeine Programmiersprachen die Entwicklungszeit, wenn die Funktion der Schaltung einfacher beschrieben werden kann.

Eine weitere Möglichkeit, die Entwicklungszeit zu verkürzen, ist der Einsatz vorhandener Schaltungsteile. Solche Schaltungsteile können aus vorherigen Projekten stammen. Es gibt jedoch auch Schaltungsmodule kommerziell zu kaufen. Diese *Intellectual Property* (IP) werden bei der Schaltungseingabe in die eigenen Schaltungsteile eingebunden und gemeinsam gefertigt. Ein IP-Modul könnte zum Beispiel ein Prozessor oder ein USB-Interface sein.

Durch die hohe Entwurfskomplexität, die unterschiedlichen Schaltungsteile und die verschiedenen Entwurfsschritte sind an einem Entwicklungsprojekt für eine integrierte Schaltung etliche Entwickler beteiligt, oft mehr als 30 Ingenieure und Informatiker. Sehr komplexe Projekte, wie die Entwicklung eines Computer-Prozessors oder eines Grafikkarten-Controllers, werden auch von deutlich über hundert Personen bearbeitet, möglicherweise verteilt an mehreren Standorten eines Unternehmens. Das Management eines solchen Projektes ist folglich eine ebenso herausfordernde wie verantwortungsvolle Aufgabe.

Auch die Entwicklungszeit vom Projektstart bis zur kommerziellen Verfügbarkeit eines ICs kann sehr lange betragen, nicht selten mehrere Jahre. Oft wird darum während der Laufzeit eines Projektes bereits das Nachfolgeprojekt begonnen.

Investitionen und Risiken

Entsprechend der hohen Anzahl an beteiligten Personen und der Projektlaufzeit sind für das Entwicklungsprojekt einer integrierten Schaltung erhebliche Investitionen erforderlich. Auch die Arbeitsmittel für IC-Projekte sind meist aufwendiger und damit teurer als für die Entwicklung elektronischer Geräte. Einzelne Entwicklungsschritte erfordern spezielle EDA-

Software („Electronic Design Automation“) sowie Computer mit hoher Rechenleistung und genügend Speicherplatz.

Daneben sind auch die NRE-Kosten („Non Recurring Engineering“) für Dienstleistungen und für Prototypen sehr hoch. Die Einmalkosten für eine Prototypenfertigung können über eine Million Euro betragen.

Durch die hohen Investitionen ist auch das Risiko groß, ob das eingesetzte Geld wieder verdient werden kann. Darüber hinaus sind bei Entwicklungsprojekten für integrierte Schaltungen das Entwurfsrisiko und das Risiko von Restbeständen meist höher als bei anderen Projekten.

- Trotz Verifikation können bei der Entwicklung nicht alle möglichen Fehlerursachen ausgeschlossen werden. Das verbleibende Risiko, dass eine Schaltung nicht korrekt funktioniert, wird als *Entwurfsrisiko* bezeichnet. Das besondere Problem bei der Entwicklung integrierter Schaltungen ist, dass die Fehlerbeseitigung durch eine zweite Prototypenfertigung sehr teuer und zeitaufwendig ist. Natürlich müssen Fehler auch bei einem Platinenentwurf vermieden werden. Aber dort kann eher durch einen zusätzlichen Draht ein Fehler behoben werden und möglicherweise sogar eine Serienproduktion anlaufen.
- Integrierte Schaltungen können nur in relativ großen Stückgrößen gefertigt werden. Für eine Produktionscharge werden mehrere Wafer produziert, zum Beispiel ein „Tray“ mit zwölf Wafern. Da ein Wafer mehrere hundert Dies enthält, umfasst eine Produktionscharge somit mindestens mehrere tausend ICs. Um Einrichtkosten zu reduzieren und Lieferengpässe zu vermeiden, werden möglicherweise zehntausende ICs produziert und gelagert, was zunächst Kapital bindet. Falls sich dann der Absatz nicht so entwickelt wie erwartet, können diese *Restbestände* nicht verkauft werden. Schon nach kurzer Zeit sind möglicherweise weiterentwickelte Konkurrenzprodukte auf dem Markt, sodass die produzierten ICs abgeschrieben werden müssen.

Chancen

Trotz der genannten Herausforderungen und Risiken werden natürlich weiterhin IC-Entwicklungen begonnen. Der Grund hierfür ist ganz einfach. Den hohen Risiken stehen auch große Chancen gegenüber.

Eine erfolgreiche integrierte Schaltung, die in vielen Geräten eingesetzt wird, ist sehr profitabel. ASIC-Hersteller können hohe Margen erzielen, wenn ihr Produkt ausreichende Exklusivität genießt. Mögliche Konkurrenten benötigen lange Entwicklungszeiten und hohe Investitionen, um ein Konkurrenzprodukt auf den Markt bringen zu können. Außerdem muss ein etwaiges Konkurrenzprodukt deutliche Vorteile bieten, damit ein Gerätehersteller seine Produktion umstellt.

Die hohen Investitionen für ASIC-Projekte können auch in kleineren Firmen aufgebracht werden, wenn es gelingt, *Risikokapital* („Venture-Capital") einzuwerben. Voraussetzung ist, dass die Markteinschätzung sowie das technische Konzept fundiert sind und die Beteiligten über die nötige Qualifikation und Erfahrung verfügen. Dann kann das Investitionsrisiko durch die möglichen Gewinne gerechtfertigt sein.

Zusammenfassung

Die wichtigsten Vorteile integrierter Schaltungen sind geringe Baugröße, geringe Kosten, hohe Geschwindigkeit und geringe Parameterabweichungen.

Das Moore'sche Gesetz besagt, dass sich die Anzahl der Transistoren pro integrierter Schaltung alle zwei Jahre verdoppelt.

Integrierte Schaltungen werden auf Wafern gefertigt, in einzelne Dies zersägt und dann in Gehäuse verpackt.

Die Gate-Länge ist der Abstand zwischen Source und Drain der Transistoren. Je kleiner die Gate-Länge ist, umso mehr Transistoren können auf einem Chip integriert werden.

Chip-Technologie 18

In diesem Kapitel lernen Sie,

- die Bedeutung und das Einsatzgebiet von CMOS-Schaltungen kennen,
- den prinzipiellen Aufbau von CMOS-Schaltungen,
- wie CMOS-Schaltungen in ein Layout umgesetzt und gefertigt werden.

18.1 CMOS-Technologie

Schaltungstechnik für integrierte Schaltungen
Die für einen IC gewählte Schaltungstechnik wird als Chip-Technologie bezeichnet. Die zurzeit mit Abstand größte Marktbedeutung hat die CMOS-Technologie. Sie soll daher in diesem Kapitel erläutert werden.

Die CMOS-Technologie verwendet Silizium als Halbleitermaterial und das Hauptanwendungsgebiet sind digitale Schaltungen. Sie erlaubt eine sehr hohe Integrationsdichte, das heißt, auf einem Chip können sehr viele Transistoren untergebracht werden. In CMOS-Technologie werden Computer-Prozessoren, Grafikkarten-ICs, Speicherbausteine, MP3-Decoder und viele andere ICs gefertigt.

Der Name CMOS steht für „Complementary Metal-Oxid-Semiconductor" und beschreibt das Grundprinzip. „Complementary" steht für komplementär und meint zwei sich ergänzende Schaltungsteile, die zusammen einen Ausgangswert ergeben. „Metal-Oxid-Semiconductor" steht für Feldeffekttransistoren. Es werden also keine Bipolartransistoren eingesetzt.

Einsatz von CMOS-Schaltungen
Der Vorteil der CMOS-Technologie ist ihre relativ geringe Verlustleistung. Dies spart zum einen Energie, insbesondere bei mobilen Geräten wie Laptop oder Smartphone. Ebenso

M. Winzker, *Elektronik für Entscheider*,
https://doi.org/10.1007/978-3-658-40091-0_18

wichtig ist aber zum anderen, dass die Schaltungen sich nicht zu stark erwärmen, denn die Verlustleistung muss vom Halbleiter auf das Gehäuse und von dort auf die Umgebung abgeführt werden.

Aktuelle Computer und ihre Grafikkarten werden durch große und manchmal störend laute Lüfter gekühlt. Die Aussage, CMOS-Schaltungen hätten eine geringe Verlustleistung, mag darum zunächst nicht offensichtlich sein. Allerdings enthält eine integrierte Schaltung etliche Millionen Transistoren, die mit hoher Geschwindigkeit Berechnungen durchführen. Nur durch die geringe Verlustleistung von CMOS-Schaltungen ist es überhaupt möglich, eine so hohe Integrationsdichte zu erreichen.

18.2 Funktionsprinzip der CMOS-Technologie

NAND-Gatter

Der Aufbau und die Funktionsweise einer CMOS-Schaltung soll am Beispiel eines NAND-Gatters mit zwei Eingängen verdeutlicht werden. Ein NAND-Gatter ist eine digitale Grundschaltung, die auf einem Und-Gatter beruht. Nur wenn beide Eingänge gleich ‚1‘ sind, ist der Ausgang eines Und-Gatters auch ‚1‘.

Das NAND-Gatter ist eine Erweiterung des Und-Gatters um einen Inverter; die Bezeichnung NAND bedeutet „not and“. Wenn beide Eingänge eines NAND-Gatters gleich ‚1‘ sind, ist der Ausgang ‚0‘, ansonsten ist der Ausgang ‚1‘.

Prinzipieller Aufbau

Abb. 18.1 zeigt links den prinzipiellen Aufbau eines NAND-Gatters. Die zwei Eingänge A und B sind an insgesamt vier Schalter angeschlossen. Abhängig von dem Wert der Steuerleitung sind die Schalter geöffnet oder geschlossen.

Für die Schaltung werden zwei verschiedene Schaltertypen verwendet, im oberen Bereich „Öffner“, im unteren Bereich „Schließer“.

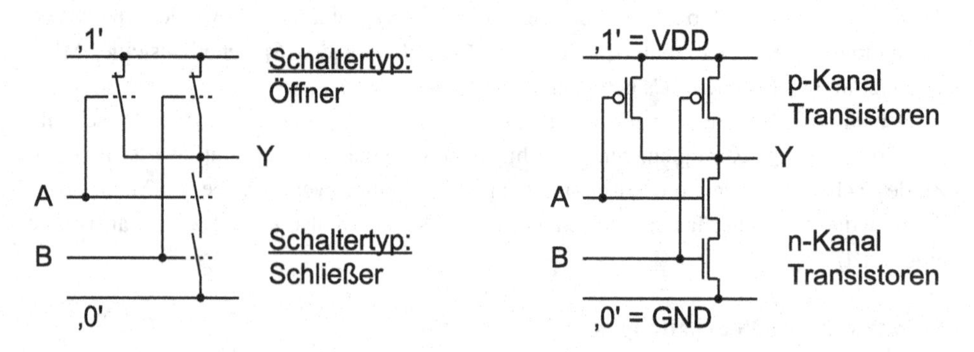

Abb. 18.1 Grundprinzip und reales Schaltbild eines NAND-Gatters

- **Öffner:** Wenn der Eingang ‚1' ist, öffnet der Schalter; sonst ist er geschlossen.
- **Schließer:** Wenn der Eingang ‚1' ist, schließt der Schalter; sonst ist er geöffnet.

Schaltbild

Natürlich werden in integrierten Schaltungen keine mechanischen Schalter eingebaut. Vielmehr werden als Schalter Transistoren verwendet. Bei einem Feldeffekttransistor ist die Verbindung zwischen Source und Drain leitend oder nichtleitend, abhängig von der Ansteuerung des Gate. Somit verhält sich der Feldeffekttransistor ähnlich wie ein mechanischer Schalter.

Abb. 18.1 zeigt auf der rechten Seite das reale Schaltbild des NAND-Gatters. Die beiden Schaltertypen, Öffner und Schließer, werden durch p-Kanal und n-Kanal Transistoren gebildet. Die Masse, also 0 Volt, wird als GND bezeichnet, nach dem englischen „Ground". Die Versorgungsspannung wird als VDD bezeichnet, wobei V für das englische „Voltage" steht und D den Drain-Anschluss des Transistors meint. Typische Werte für die Versorgungsspannung sind zwischen 2,5 V und 1,0 V.

GND und VDD entsprechen den Werten ‚0' und ‚1'. Auch die Eingänge und der Ausgang nehmen Spannungswerte ein, die etwa gleich Masse und Versorgungsspannung sind und als ‚0' und ‚1' interpretiert werden.

Funktion

Zur Erläuterung der genauen Funktion sind in Abb. 18.2 die möglichen Ansteuerungen der Eingänge dargestellt. Da zwei Eingänge jeweils zwei Werte einnehmen können, existieren insgesamt vier Möglichkeiten der Ansteuerung.

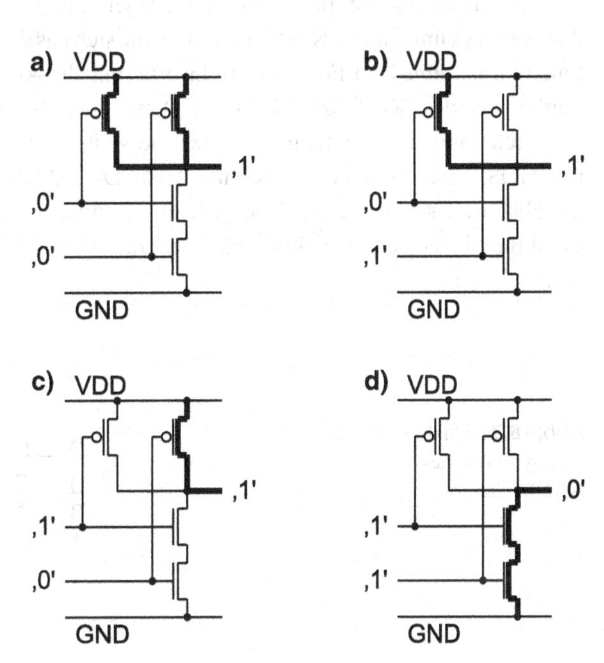

Abb. 18.2 Vier Möglichkeiten der Ansteuerung eines NAND-Gatters

- Abb. 18.2a zeigt den Fall, dass beide Eingänge gleich ‚0‘ sind. Dadurch sind beide p-Kanal Transistoren geöffnet und der Ausgang wird mit Versorgungsspannung verbunden. Durch die Eingangswerte ‚0‘ sind außerdem die n-Kanal Transistoren gesperrt, sodass kein Kurzschluss von Versorgungsspannung nach Masse entsteht.
- Abb. 18.2b und c zeigen die beiden Fälle, bei denen ein Eingang ‚0‘ und der andere ‚1‘ ist. Hierbei ist einer der p-Kanal Transistoren geöffnet und der andere geschlossen. Dennoch ist eine Verbindung des Ausgangs zur Versorgungsspannung vorhanden, da die p-Kanal Transistoren parallel geschaltet sind. Der Ausgang ist somit ‚1‘.
  Die n-Kanal Transistoren werden durch eine ‚1‘ am Eingang geöffnet. Es ist also jeweils ein Transistor zwischen Masse und Ausgang geöffnet. Dennoch kann kein Strom fließen, denn die beiden n-Kanal Transistoren sind in Reihe geschaltet, sodass für eine Verbindung beide Transistoren geöffnet sein müssten.
- Abb. 18.2d zeigt den Fall, dass beide Eingänge ‚1‘ sind. Jetzt sind beide n-Kanal Transistoren geöffnet und der Ausgang ist mit Masse verbunden. Dadurch erscheint bei dieser Kombination an Eingangswerten eine ‚0‘ am Ausgang. Die beiden p-Kanal Transistoren sind geschlossen, sodass der Ausgang nicht mit Versorgungsspannung verbunden ist.

Zusammenfassung der Funktion

Schaut man sich die vier möglichen Eingangskombinationen an, wird deutlich, dass von den beiden Netzwerken aus p-Kanal und n-Kanal Transistoren jeweils eins geöffnet, das andere geschlossen ist. Die Netzwerke ergänzen sich also, was durch das ‚C‘ in CMOS, also den Begriff „komplementär“, ausgedrückt wird.

Die Ausgangswerte für die verschiedenen Möglichkeiten der Ansteuerung sind in Abb. 18.3 zusammengefasst. Die Funktion, die sich aus der Schaltung ergibt, ist eine NAND-Funktion also eine Und-Funktion mit Invertierung des Ausgabewertes. Das Symbol für diese Funktion ist das „Kaufmanns-Und“ (‚&‘) mit einem Invertierungskreis am Ausgang.

Durch ähnliche Schaltungen können die weiteren Grundfunktionen der Digitaltechnik in CMOS-Schaltungstechnik erstellt werden. Die NAND-Funktion wurde hier als Beispiel gewählt, weil sie sehr einfach aufgebaut ist und nur vier Transistoren benötigt. Andere Logikfunktionen benötigen bis etwa zehn Transistoren, Flip-Flops etwa zwanzig Transistoren.

Abb. 18.3 Funktionstabelle und Symbol eines NAND-Gatters

A	B	Y
0	0	1
0	1	1
1	0	1
1	1	0

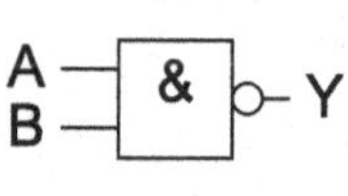

18.3 Physikalischer Aufbau

Aufbau der Transistoren

Bei einer integrierten Schaltung befinden sich sämtliche Transistoren auf einem einzigen Stück Halbleitermaterial aus Silizium. Dieses Grundmaterial wird als *Substrat* bezeichnet.

Für einen n-Kanal Feldeffekttransistor werden zwei n-dotierte Gebiete für die Anschlüsse Source und Drain benötigt. Zwischen diesen Gebieten befindet sich eine p-dotierte Schicht. Getrennt durch eine dünne Isolationsschicht liegt das Gate, mit dem die Verbindung zwischen Source und Drain geöffnet und geschlossen werden kann.

Die Anordnung dieser Gebiete zeigt Abb. 18.4 (siehe auch Abb. 17.1). Als Grundmaterial wird p-dotiertes Substrat verwendet. In diesem Substrat werden zwei Gebiete n-dotiert und bilden Source und Drain. Das dazwischen liegende Gebiet bleibt p-dotiert, sodass hier der p-Kanal Transistor entsteht. Über einer dünnen Isolationsschicht befindet sich das Gate, welches aus polykristallinem Silizium besteht. Source und Drain sind mit dünnen Metallleitungen angeschlossen. Die Isolierung wird durch ein Kontaktloch geöffnet.

Als Metall wird meist Aluminium verwendet, weil es relativ gut leitet und sich gut verarbeiten lässt. Kupfer wäre zwar ein noch besserer Leiter, die Verarbeitung ist jedoch deutlich schwieriger, sodass es nur von einigen Halbleiterherstellern eingesetzt wird.

Layout

Zum Erstellen einer Schaltung müssen die erforderlichen Transistoren auf dem Halbleiterkristall angeordnet und miteinander verbunden werden. Die sich hieraus ergebende Struktur wird als Layout bezeichnet. Die Schaltung wird dabei in der Draufsicht dargestellt. Abb. 18.4 zeigt, wie Querschnitt und Draufsicht eines Transistors korrespondieren.

Das Layout eines kompletten NAND-Gatters ist in Abb. 18.5 dargestellt. Links findet sich zur Orientierung noch einmal der bereits beschriebene Schaltplan. Die Legende gibt die Bedeutung der Graustufen für das Layout an. Die Größe des Layouts liegt etwa zwischen fünf mal zehn und ein mal zwei Mikrometer, je nach Chip-Technologie.

Insgesamt werden vier Transistoren benötigt. Zwei n-Kanal Transistoren sind in Reihe geschaltet und finden sich im unteren Bereich des Layouts. Die Steuerleitungen der Transistoren sind an die beiden Eingänge des Gatters (A, B) angeschlossen. Source und Drain der

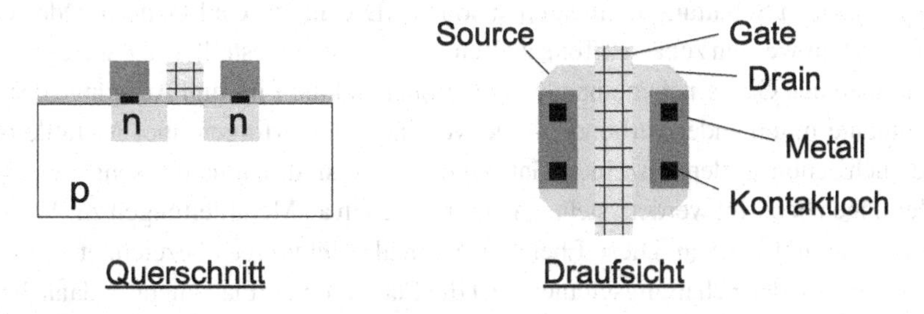

Abb. 18.4 Layout eines n-Kanal Feldeffekttransistors

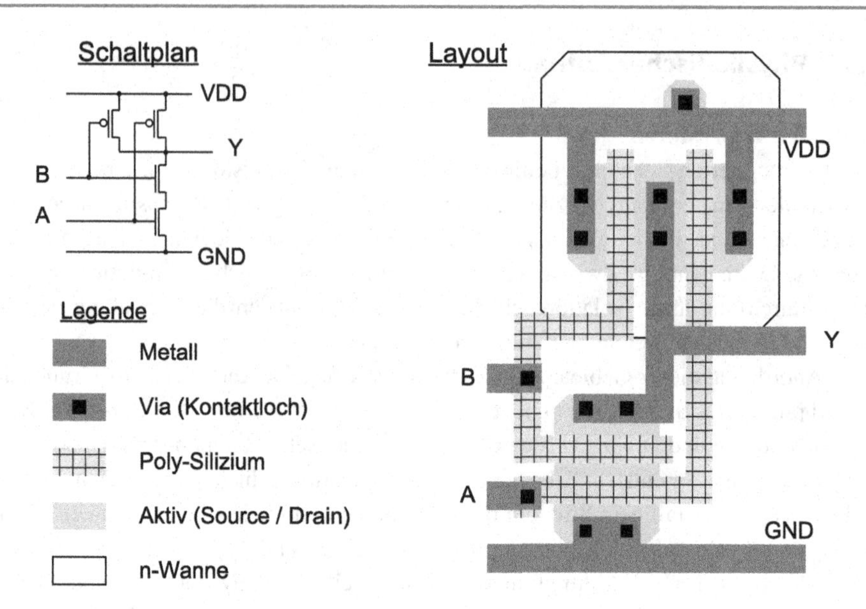

Abb. 18.5 Layout eines NAND-Gatters

Transistoren sind zum einen mit Masse (GND), zum anderen mit dem Ausgang (Y) verbunden. Die Verbindung erfolgt durch Metallleitungen, die durch Kontaktlöcher angeschlossen sind. Die Kontaktlöcher werden auch als Via bezeichnet.

Die beiden anderen Transistoren des NAND-Gatters sind p-Kanal Transistoren, also Transistoren, bei denen die Dotierung der Gebiete vertauscht ist. Dazu befindet sich im oberen Bereich des Layouts ein n-dotierter Bereich, die sogenannte n-Wanne. Die p-Kanal Transistoren verbinden parallel die Versorgungsspannung (VDD) mit dem Ausgang (Y). Die Ansteuerung erfolgt wieder durch die beiden Eingänge (A, B).

Die sich kreuzenden Verbindungen sind durch Leitungen auf verschiedenen Ebenen voneinander getrennt. Poly-Silizium und Metallleitungen sind voneinander isoliert, können jedoch durch Via (Kontaktlöcher) verbunden werden.

Chip-Layout

Aus den einzelnen Schaltungselementen, also NAND-Gattern, Und-Gattern, Oder-Gattern sowie Flip-Flops werden zunächst Teilschaltungen zusammengestellt. Dazu werden die Layouts der einzelnen Gatter nebeneinander angeordnet und die Ein- und Ausgänge der Schaltungselemente miteinander verbunden. Die Verbindungen erfolgen über Metallleitungen, wie sie auch schon in den einzelnen Gattern enthalten sind. Da häufig sehr viele Verbindungsleitungen benötigt werden, stehen mehrere Ebenen an Metallleitungen zur Verfügung, beispielsweise fünf Ebenen. Diese Ebenen werden als *Metalllagen* bezeichnet.

Das Anordnen der Schaltungselemente ist die Platzierung („Placement"), danach erfolgt das Verbinden („Routing"). Diese Entwicklungsschritte können vom Entwickler selbst vor-

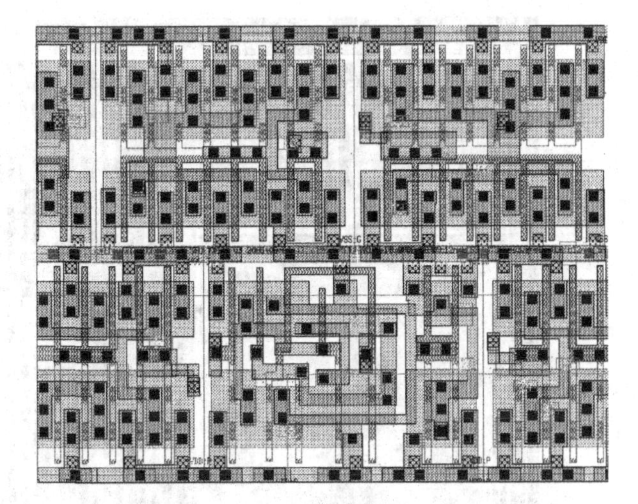

Abb. 18.6 Teil eines Chip-Layouts. (Quelle: Infineon)

genommen werden, was als „Full-Custom-Layout“ bezeichnet wird. Heutzutage werden diese Entwicklungsschritte jedoch häufig durch Computerprogramme übernommen. Dazu werden die Grundelemente, also Und-Gatter, Oder-Gatter, Flip-Flops vom IC-Hersteller als *Standardzellen* zur Verfügung gestellt. Im automatischen „Place & Route“ versucht der Computer durch Ausprobieren eine möglichst geringe Fläche und kurze Verbindungsleitungen zu erzielen.

Abb. 18.6 zeigt das Layout einer automatisch erzeugten Teilschaltung. Zur besseren Übersicht werden die verschiedenen Elemente eines Layouts am Computer oder auf Ausdrucken durch unterschiedliche Farben dargestellt.

Aus den Teilschaltungen wird schließlich die gesamte integrierte Schaltung zusammengestellt. Abb. 18.7 zeigt einen kompletten Computer-Prozessor. In einigen Bereichen ist eine regelmäßige Struktur zu erkennen, zum Beispiel bei der „Floating Point Unit“. In diesen Bereichen wurden die Schaltungselemente zumindest teilweise von Hand platziert. In anderen Bereichen, zum Beispiel dem „Memory Controller“, deutet die gleichmäßige Verteilung der Schaltungselemente auf ein automatisches „Place & Route“ hin.

Der Chip aus Abb. 18.7 enthält über 100 Mio. Transistoren auf etwa 2 cm^2 Fläche. Aktuell (2023) können Chips mit fünfzig Milliarden Transistoren hergestellt werden, allerdings sind dabei die Strukturen so fein, dass Schaltungselemente auf einem Chip-Foto nicht mehr erkennbar sind. Die Fläche eines aktuellen Chips bleibt meist im Bereich von ein bis maximal vier Quadratzentimeter, denn darüber hinaus steigen Aufwand und Kosten für die Fertigung deutlich an.

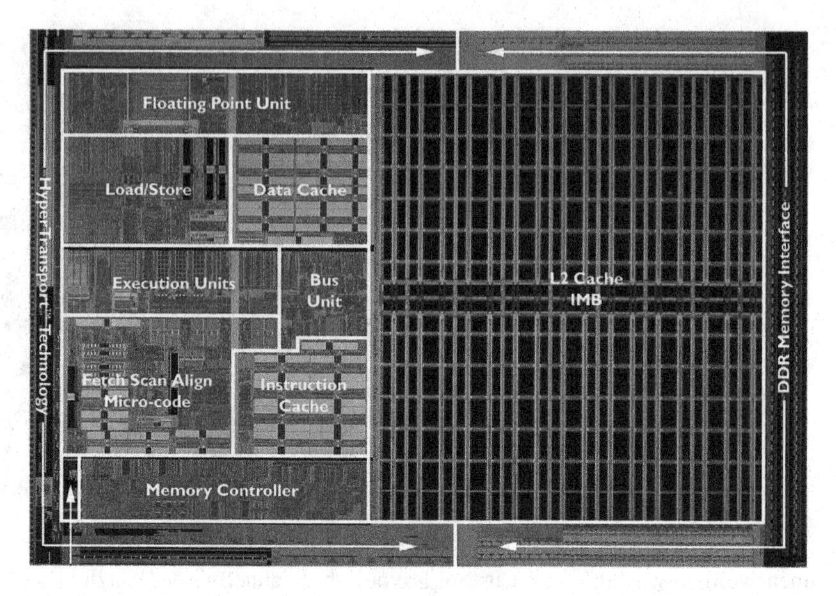

Abb. 18.7 Chip-Foto eines Computer-Prozessors. (Foto: AMD)

18.4 Herstellung

Verarbeitungsschritte

Als Grundmaterial für die Herstellung von CMOS-Schaltungen wird ein Wafer aus monokristallinem Silizium verwendet. Auf diesem Substrat werden durch aufwendige chemische und physikalische Prozesse die Strukturen für die Schaltung aufgebracht. In mehreren Arbeitsschritten werden nacheinander die Strukturen der Transistoren und die darüber liegenden Metalllagen erzeugt.

Abb. 18.8 zeigt die Erzeugung von Source und Drain eines Transistors (vergleiche Abb. 18.4). Das Substrat ist p-dotiert und für Source und Drain sollen zwei n-dotierte Bereiche entstehen. Das Bild zeigt einen kleinen Ausschnitt des Wafers in Seitenansicht.

Zunächst wird die Oberfläche mit Fotolack versehen, mit einer Belichtungsmaske abgedeckt und belichtet. Dieser Verarbeitungsschritt wird als *Lithographie* (auch Belichtungstechnik) bezeichnet. Die nicht belichteten Stellen können entfernt werden und lassen das darunter liegende Substrat frei (Abb. 18.8, links). Dann wird der Halbleiter in eine Atmosphäre mit dem Dotierungsgas gebracht und erhitzt. Für eine n-Dotierung kann die Dotierung zum Beispiel Arsen sein. Die Dotierungsatome dringen in das Substrat ein und bilden Source und Drain (Abb. 18.8, rechts).

Auf diese Art werden Schritt für Schritt die einzelnen Ebenen einer Schaltung erzeugt. Die komplette Bearbeitung eines Wafers benötigt mehrere hundert Verarbeitungsschritte. Dazu gehört immer wieder das Auftragen von Fotolack, Belichten mit einer Fotomaske, Freiätzen

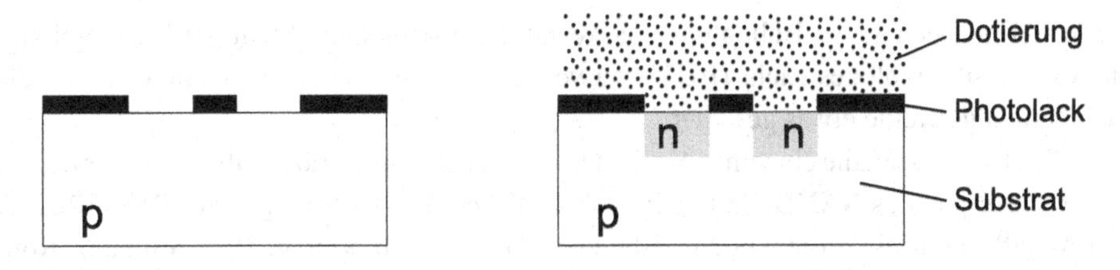

Abb. 18.8 Substrat vor (links) und während (rechts) der Dotierung von Source und Drain eines CMOS-Transistors

unbelichteter Regionen, Dotieren nichtabgedeckter Bereiche und Entfernen des Fotolacks. Für die einzelnen Schaltungsebenen werden 20 bis 30 verschiedene Belichtungsmasken benötigt.

Nach Erstellen der Schaltungsstrukturen wird schließlich der Wafer in einzelne Dies zersägt und, wie in Kap. 17 beschrieben, die einzelnen Dies in Gehäuse verpackt und mit den Bond-Drähten verbunden.

Ausbeute

Aufgrund der sehr feinen Strukturen würde ein Staubkorn oder ein Haar auf dem Wafer die Fertigung stören und das Die an der Stelle des Staubkorns wäre unbrauchbar. Darum findet die Fertigung in einem *Reinraum* statt. Die Mitarbeiter tragen spezielle Schutzkleidung und einen Mundschutz oder werden sogar durch Industrieroboter ersetzt. Dennoch bleibt trotz aller Sorgfalt eine geringe Staubkonzentration, sodass sich Fertigungsfehler nicht komplett vermeiden lassen.

Darum müssen sämtliche ICs nach der Fertigung einzeln getestet werden. Üblicherweise erfolgt dieser *Fertigungstest* zweimal, einmal noch auf dem Wafer, ein anderes Mal nach dem Verpacken. Durch den ersten Test werden Kosten beim Verpacken in die Gehäuse gespart, denn defekte Dies werden nicht weiterverarbeitet. Durch den zweiten Test wird überprüft, ob das Zersägen des Wafers, Verpacken und Bonden zu keinen Fehlern geführt hat.

Der Anteil der korrekt gefertigten ICs wird als *Ausbeute* oder *Yield* bezeichnet. Genaue Werte für den Yield werden von den Halbleiterfirmen als Betriebsgeheimnis gehütet. Typische Werte für eine eingefahrene Fertigung liegen bei etwa 80 bis 90 %. Für eine neue Halbleitertechnologie kann die Ausbeute jedoch auch bei nur 10 % oder noch darunter liegen. Dennoch kann solch eine Fertigung wirtschaftlich sein, wenn die Produkte aufgrund der Leistungsfähigkeit der neuen Technologie einen entsprechend hohen Preis erzielen.

Anforderungen

Eine wesentliche Herausforderung bei der lithographischen Herstellung ist die mechanische Präzision. Die Schaltungsstrukturen liegen im Bereich von einem Mikrometer, bei der Nanoelektronik sogar deutlich darunter. Darum müssen die Belichtungsmasken entsprechend feine Strukturen aufweisen. Ebenfalls treten bei diesen sehr geringen Abmessungen Lichtbeugungseffekte auf. Das heißt, Licht verhält sich nicht wie ein gerichteter Strahl, sondern weitet sich an der Belichtungsmaske auf. Statt sichtbarem Licht wird ultraviolettes und extrem-ultraviolettes Licht (EUV) verwendet, denn bei deren Wellenlängen sind die Lichtbeugungseffekte etwas geringer.

Außerdem müssen die einzelnen Schichten eines Halbleiters präzise übereinander liegen. Bei dem Beispiel des NAND-Gatters in Abb. 18.5 werden die Leitungen aus Poly-Silizium und Metall durch ein Kontaktloch verbunden. Die drei Strukturen, Poly-Silizium, Kontaktloch und Metall werden dabei jeweils durch einen eigenen Belichtungsschritt erzeugt. Wenn aufgrund von Fertigungsabweichungen die drei Belichtungen zu weit voneinander abweichen, entsteht keine elektrische Verbindung und die Schaltung funktioniert nicht.

Eine weitere Herausforderung bei der Fertigung besteht darin, die Parameter für die Erzeugung der einzelnen Schichten einer Schaltung zu ermitteln und stets einzuhalten. Als Beispiel soll noch einmal die in Abb. 18.8 dargestellte Dotierung von Source und Drain dienen. Die Größe und Tiefe der erzeugten Gebiete hängt von der Temperatur, Gasdruck und Dauer der Dotierung ab. Zu große Abweichungen können zu schlechteren Eigenschaften oder Fehlverhalten der Transistoren führen.

Zusammenfassung
Aktuelle integrierte Schaltungen, wie Computer-Prozessoren, Controller für Grafikkarten oder MP3-Decoder werden in CMOS-Technologie gefertigt.

CMOS-Schaltungen bestehen aus Feldeffekttransistoren, die das Ausgangssignal entweder mit Versorgungsspannung oder Masse verbinden.

Die Grundelemente der Digitaltechnik, Gatter und Flip-Flops, können durch Schaltungen mit etwa 4 bis 20 Transistoren aufgebaut werden.

Halbleiterspeicher 19

In diesem Kapitel lernen Sie,

- den Grundaufbau von Halbleiterspeichern,
- das Funktionsprinzip der Datenspeicherung verschiedener Speicherzellen,
- für welche Halbleiterspeicher spezialisierte Herstellungstechniken erforderlich sind.

19.1 Grundstruktur

Überblick
Eine wesentliche Aufgabe integrierter Schaltungen ist die Speicherung von Daten. Hierzu kann prinzipiell das digitale Grundelement Flip-Flop eingesetzt werden. Für größere Datenmengen sind jedoch spezielle Speicherzellen besser geeignet, da sie weniger Platz benötigen. Die wichtigsten Technologien sollen in diesem Kapitel vorgestellt werden.

Die heute wesentlichen Speichertechnologien sind SRAM, DRAM und Flash. Sie verwenden unterschiedliche Speicherzellen, haben jedoch die gleiche Grundstruktur.

Speichermatrix
Abb. 19.1 zeigt die Grundstruktur eines Halbleiterspeichers. Die Speicherzellen sind in einer *Matrixform* in Zeilen und Spalten angeordnet. Auf die einzelnen Speicherzellen wird über eine Adresse zugegriffen. Anhand eines Teils der Speicheradresse wird eine Zeile ausgewählt. Der Rest der Speicheradresse wählt eine Spalte aus.

Die Daten werden über Lese- und Schreibverstärker aus der Speicherzelle gelesen beziehungsweise in die Zelle geschrieben. Über den Lese-/Schreibverstärker erfolgt der Datenaustausch mit der weiteren Schaltung. Durch die Matrixanordnung ist ein Halbleiterspeicher etwa quadratisch und damit kostengünstig herzustellen.

M. Winzker, *Elektronik für Entscheider*,
https://doi.org/10.1007/978-3-658-40091-0_19

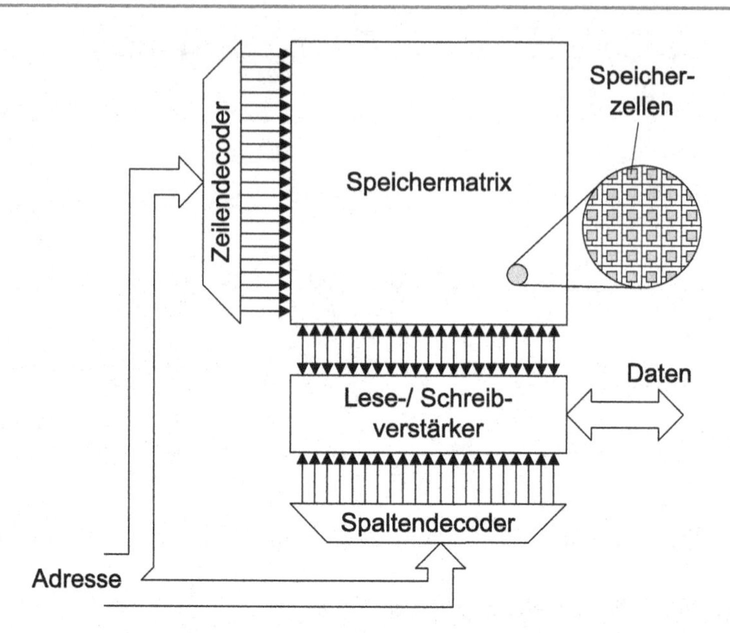

Abb. 19.1 Grundstruktur eines Halbleiterspeichers

Ein Speicher mit der Grundstruktur nach Abb. 19.1 wird auch als RAM („Random Access Memory") bezeichnet, also ein Speicher mit wahlfreiem Zugriff. Damit ist gemeint, dass auf jede Speicherzelle einzeln zugegriffen werden kann. Im Gegensatz zu einem wahlfreien Zugriff gibt es für spezielle Anwendungen auch Speicherstrukturen, bei denen Daten nur in einer bestimmten Reihenfolge abgerufen werden können.

Die einzelnen Speichertechnologien unterscheiden sich durch die Art der in der Matrix verwendeten Speicherzellen.

19.2 Flüchtige Speicher

Statischer Speicher

Ein SRAM („Static Random Access Memory") ist ein flüchtiger Speicher. Das heißt, die gespeicherte Information bleibt nur so lange erhalten, wie eine Versorgungsspannung anliegt.

Die Datenspeicherung wird durch *Rückkopplung* gebildet. Zwei Inverter sind wechselseitig mit ihren Ein- und Ausgängen verbunden. Dadurch wird eine gespeicherte ‚0' oder ‚1' doppelt invertiert und verstärkt, sodass die Information erhalten bleibt. Über zwei Transistoren, die als Schalter arbeiten, kann der vorhandene Wert von außen überschrieben werden. Dieses Prinzip ist in Abb. 19.2 dargestellt.

Je Speicherzelle werden sechs Transistoren benötigt. Vier Transistoren sind für die beiden Inverter nötig, dazu kommen zwei Transistoren für die Schalter. Die Anzahl an Transisto-

Abb. 19.2 SRAM-Speicherzelle

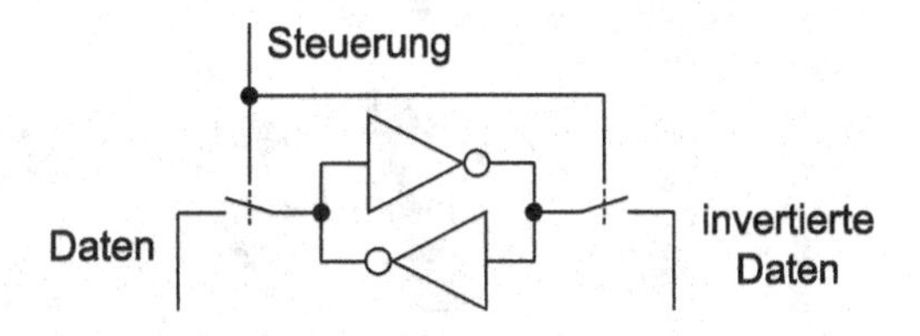

ren eines SRAM-ICs ergibt sich als Produkt aus Speicherkapazität und Transistoren pro Speicherzelle. Ein 8 MBit-SRAM hat somit 48 Mio. Transistoren plus Ansteuerung.

Ein SRAM-Speicher kann in normaler CMOS-Technologie als eigener Chip oder als Teil eines anderen ICs hergestellt werden. Der Cache im rechten Teil von Abb. 18.7 ist ein SRAM-Speicher als Teil eines ICs.

Dynamischer Speicher

Ein anderes Speicherprinzip verwenden dynamische Speicher (DRAM, „Dynamic Random Access Memory"). Dabei werden die Daten nicht durch Rückkopplung, sondern in einem winzigen Kondensator gespeichert. Die Ladung im Kondensator gibt an, ob die Daten ‚0' oder ‚1' sind.

Der Aufbau einer DRAM-Zelle ist in Abb. 19.3 zu sehen. Über einen Transistor als Schalter kann auf den Kondensator zugegriffen werden. Diese „1-Transistor-Zelle" ist wesentlich kleiner als die „6-Transistor-Zelle" eines SRAMs und darum billiger. DRAM-Speicher werden deshalb für die Speicherung großer Datenmengen verwendet, zum Beispiel im Hauptspeicher eines Computers.

Der Nachteil eines DRAMs ist, dass die Ladung im Kondensator nur kurze Zeit gespeichert wird. Darum ist ein ständiges Auffrischen der Information nötig („Refresh"). Die Speicherzeit der Kondensatoren liegt im Bereich einiger Millisekunden, was zunächst als sehr kurze Zeit erscheint. Da die Taktfrequenz aktueller Schaltungen jedoch etliche MHz beträgt, ist ein Refresh erst nach vielen tausend Takten erforderlich.

Für die Informationsspeicherung wird ein Kondensator mit möglichst hoher Kapazität benötigt. Eine Möglichkeit hierzu sind „Trench-Kondensatoren", die tief in das Silizium-Substrat geätzt werden. Abb. 19.4 zeigt einen 75nm DRAM-Prozess, bei dem Gräben (engl. „trench") im Abstand von etwa 0,3 μm über 6 μm senkrecht in das Halbleitermaterial geätzt werden. Hierzu sind spezialisierte Herstellungstechniken erforderlich, die nur wenige Firmen beherrschen.

Abb. 19.3 DRAM-Speicherzelle

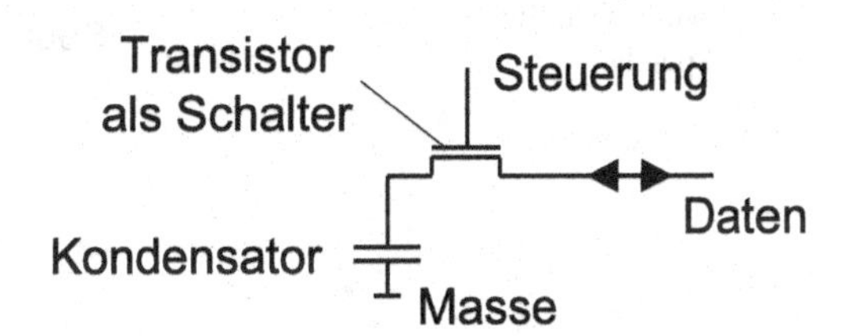

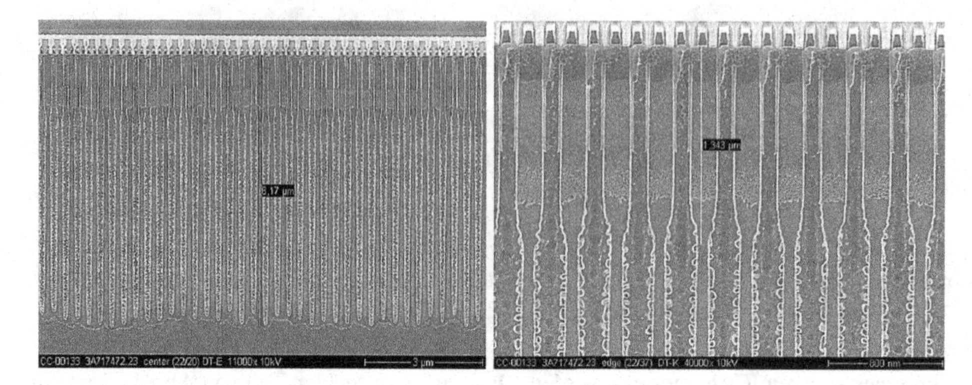

Abb. 19.4 Trench-Kondensator eines DRAMs im Elektronenmikroskop, rechts im Detail. (Fotos: Qimonda/Nanya)

Die Bezeichnung dynamischer Speicher folgt aus dem ständig erforderlichen „Refresh", während ein statischer Speicher lediglich die Versorgungsspannung benötigt, um die Daten zu erhalten.

19.3 Nichtflüchtige Speicher

Flash-Speicher

Flash-Speicher sind nichtflüchtige Speicher. Das heißt, anders als bei SRAM und DRAM bleibt der Speicherinhalt auch nach dem Ausschalten der Versorgungsspannung erhalten. Dadurch eignen sich Flash-Speicher zur permanenten Datenspeicherung in mobilen Geräten wie USB-Stick, MP3-Player oder Digitalkamera.

Grundelement eines Flash-Speichers ist ein CMOS-Transistor mit zusätzlichem isolierten Gate („Floating Gate"). Wie in Abb. 19.5 dargestellt, ist zwischen Gate und Substrat ein weiteres Gate, das mit keinem Anschluss verbunden ist. Durch spezielle Ansteuerung kann auf dem Floating Gate für sehr lange Zeit, typischerweise einige Jahrzehnte, Ladung gespeichert werden. Bei einer negativen Ladung auf dem Floating Gate öffnet der Transistor nicht mehr, was durch eine Auswerteschaltung erkannt wird.

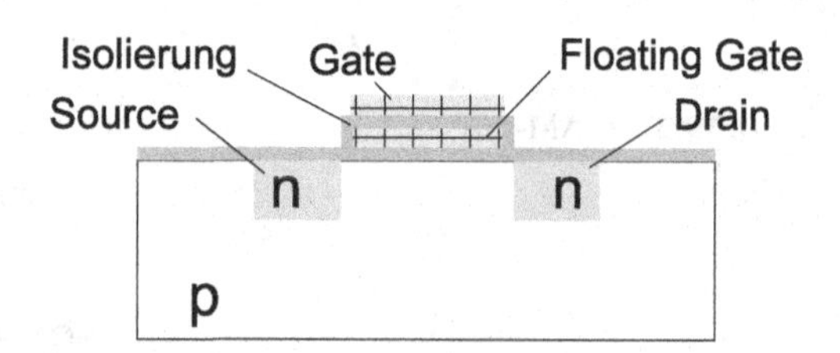

Abb. 19.5 CMOS-Transistor mit Floating-Gate für Flash-Speicher

Das Löschen von Daten erfolgt immer für einen kompletten Block mehrerer Speicherzellen, was zur Bezeichnung Flash führt. Für die Ansteuerung der Transistoren gibt es die Varianten NOR- und NAND-Flash. Das Grundprinzip der Speicherzelle ist jedoch für beide Varianten gleich.

Ähnlich wie bei der DRAM-Fertigung beherrschen auch bei Flash-Speichern nur einige Halbleiterfirmen diese spezialisierte Herstellungstechnik.

Innovative Speichertechniken

Die wirtschaftliche Bedeutung nichtflüchtiger Speicher ist in den letzten Jahren kontinuierlich gestiegen. Ein wesentlicher Grund dafür ist der mittlerweile geringe Aufwand für die Ansteuerung. Frühere Speicherbausteine mussten aus dem Gerät ausgebaut und durch UV-Bestrahlung aufwendig gelöscht werden. Heutige nichtflüchtige Speicher sind direkt im Gerät immer wieder programmierbar. Durch diese einfache Ansteuerung werden sie in steigender Stückzahl eingesetzt.

Die weitere Entwicklung nichtflüchtiger Speicher zielt auf schnellere Programmierung, höhere Anzahl an möglichen Programmierzyklen und höhere Integrationsdichten für höhere Speicherkapazität. Mehrere alternative Technologien werden zurzeit erforscht, um mit der nötigen Zuverlässigkeit Flash-Speicher ergänzen oder ablösen zu können.

Eine bereits eingesetzte Technologie ist *Ferroelectric RAM* (FRAM). Es verwendet ein Material, welches sich abhängig von einem äußeren elektrischen Feld unterschiedlich elektrisch ausrichtet und diese *Polarisation*, also die Richtung des elektrischen Felds, beibehält. Diese Eigenschaft wird als *Ferroelektrizität* bezeichnet. Das Material wird in einem Kondensator verwendet und ergibt je nach Zustand unterschiedliche Spannungen.

Die Ferroelektrizität des FRAM-Speichermaterials entsteht durch eine Kristallstruktur, welche zwei stabile Zustände mit unterschiedlicher Polarisation aufweist und dadurch das unterschiedliche elektrische Feld ergibt. Für das Material Blei-Zirkonat-Titanat ist die Struktur in Abb. 19.6 dargestellt. In der Mitte der Kristallstruktur aus Blei (Pb) und Sauerstoff (O) ist ein Atom aus Zirconium (Zr) oder Titan (Ti), welches sich in der unteren oder oberen

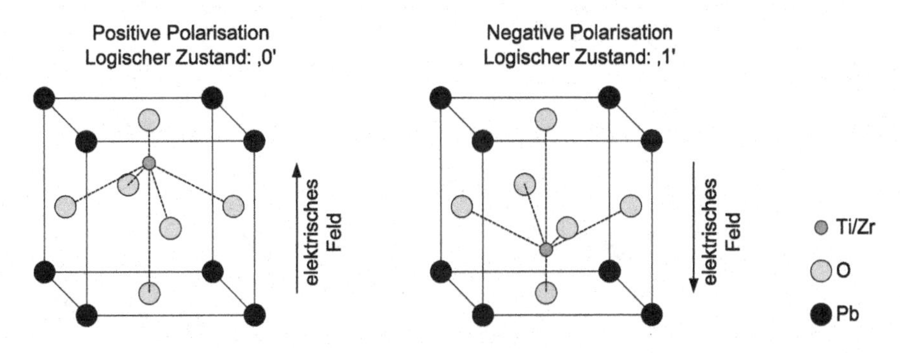

Abb. 19.6 Kristallstruktur eines FRAM-Speichermaterials

Position der kubischen Struktur befinden kann. Durch ein elektrisches Feld lässt sich das zentrale Atom verschieben und so eine Information speichern.

Als besonderer Vorteil sind für das FRAM eine Billion (10^{12}) Zugriffe pro Zelle möglich. Dies ist erforderlich, wenn ein System sehr oft auf den nichtflüchtigen Speicher zugreifen soll. Für Flash-Speicher werden üblicherweise „nur" eine Million (10^6) Schreibvorgänge spezifiziert.

Zusammenfassung

Zur Speicherung großer Datenmengen in elektronischen Schaltungen werden spezielle Halbleiterspeicher eingesetzt.

Halbleiterspeicher bestehen aus einer Matrix an Speicherzellen, die durch Auswahl der Zeile und Spalte beschrieben und gelesen werden können.

Für SRAM, DRAM und Flash-Speicher werden verschiedene Speicherzellen in der Speichermatrix eingesetzt.

DRAM und Flash-Speicher sowie zukünftige innovative Speicher erfordern spezielle Herstellungsverfahren, die nur von wenigen Firmen beherrscht werden.

Teil VIII

Automobilelektronik und Embedded System

Elektronik im Kraftfahrzeug 20

In diesem Kapitel lernen Sie,

- die Bedeutung und wichtigsten Anwendungsgebiete der Automobilelektronik,
- welche besonderen Anforderungen an Elektronik im Kraftfahrzeug bestehen,
- die prinzipielle Arbeitsweise einer elektronischen Regelung.

20.1 Überblick

Elektrik
Bereits seit den Anfängen der Automobiltechnik wird Elektrik für den Betrieb eines Kraftfahrzeugs verwendet, zunächst für elementare Funktionen wie Anlasser, Zündung und Scheinwerfer. Später kamen weitere Einsatzgebiete hinzu, wie Richtungsanzeiger und Scheibenwischer.

Das Bordnetz eines Kraftfahrzeugs war bis etwa in die 1960er Jahre rein elektrisch, bestand also aus Batterie, Lichtmaschine, Anlasser, mechanischen Schaltern und Kontakten sowie Leuchten. Auch der Fahrzeugblinker wurde durch einen mechanischen Blinkgeber ein- und ausgeschaltet, was an einem Klacken des Schalters zu hören war. Die einzelnen Komponenten waren durch direkte Leitungen miteinander elektrisch verbunden.

Elektrik
Mit dem Einzug der Elektronik können komplexere Aufgaben und Informationsverarbeitung ausgeführt werden. Es wurden Module eingeführt, die für bestimmte Aufgaben zuständig sind. Solche Module sind beispielsweise die elektronische Einspritzung oder das Autoradio. Diese Module lassen sich einzeln entwickeln und fertigen. Ein Modul kann dann für mehrere Fahrzeugtypen eingesetzt werden.

M. Winzker, *Elektronik für Entscheider*,
https://doi.org/10.1007/978-3-658-40091-0_20

Die elektronischen Module waren jedoch noch eigenständige Geräte, die nicht oder kaum mit anderen Komponenten verbunden waren. Die elektronische Einspritzung bekam vom Gaspedal einen Eingabewert und regelte danach den Motor. Später kamen Sensoren hinzu, die beispielsweise Abgaswerte ermittelten und in die Motorregelung einbezogen.

Embedded System

Heute ist ein modernes Kraftfahrzeug ein komplexes elektronisches System. Die meisten Module arbeiten nicht mehr unabhängig voneinander, sondern können oder müssen miteinander kommunizieren. Abb. 20.1 zeigt die Wirkung eines elektronischen Fahrstabilitätssystems (ESP) für Nutzfahrzeuge. Als Erweiterung eines Antiblockiersystems (ABS) wird der Fahrzustand des Kraftfahrzeugs ermittelt. Wird ein Fahrzeug übersteuert, können aufeinander abgestimmte Lenk- und Bremseingriffe die Stabilität verbessern.

Nur durch die Verbindung der einzelnen Komponenten, also etwa Lenkung, Bremsen und Abstimmung des Fahrwerks, können die Aktionen kombiniert werden und so wirkungsvoller sein, als wenn die Teilsysteme allein agieren würden.

Um derart komplexe Aufgaben zu erfüllen, sind fast alle Komponenten als *Embedded System* ausgeführt, enthalten also einen kleinen Computer zur Steuerung. Zur Kommunikation sind sie über einen Datenbus mit anderen Komponenten verbunden. Aufgrund der Bedeutung für die Automobiltechnik werden die Themen Bussysteme und Embedded System in den Kap. 21 und 22 ausführlich behandelt.

Abb. 20.1 Ein elektronisches Fahrstabilitätssystem (unten) verbessert die Stabilität in kritischen Fahrsituationen. (Foto: Knorr-Bremse)

Auch in Zukunft werden der Anteil und die Bedeutung der Elektronik weiter steigen, denn viele Anforderungen an Sicherheit, Komfort, Leistung und Schadstoffausstoß sind nur durch elektronische Systeme zu erfüllen.

Beispiel Autoradio
An der Komponente Autoradio kann die Entwicklung des Kraftfahrzeugs zu einem Gesamtsystem beobachtet werden. Früher war das Autoradio eine unabhängige Komponente, die nachträglich gekauft und eingebaut wurde. Als Anschlüsse waren lediglich Stromversorgung, Antenne und Lautsprecher erforderlich.

Heute ist das Autoradio meistens fest in das Fahrzeug integriert und kommuniziert mit anderen Komponenten. Es wird durch Bedienknöpfe im Lenkrad gesteuert und nutzt die Anzeige im Kombiinstrument für die Bedienungsführung. Für die Freisprechfunktion des Smartphones stellt das Autoradio die Lautsprecher zur Verfügung. Das Navigationssystem nutzt neben den Lautsprechern auch die Anzeige für die Benutzerführung.

Die Integration des Autoradios in das System Kraftfahrzeug bietet dem Kunden mehr Komfort, hat aber für die Automobilhersteller auch handfeste wirtschaftliche Gründe. Sie sichern sich so den lukrativen Markt für diese Komponente. Vergleicht man die Preise für Autoradio und Lautsprecher im Zubehörhandel mit den Preisen für ein „Audiopaket" beim Neuwagen, kann der wirtschaftliche Vorteil für den Hersteller abgeschätzt werden, insbesondere wenn man bedenkt, welche Verhandlungsmacht ein Automobilhersteller beim Einkauf der Komponenten hat.

Ein Problem sind die unterschiedlichen Innovationszyklen von Automobil- und Medientechnik. Ein Auto wird 10 Jahre oder länger genutzt. In dieser Zeit können in der Medientechnik jedoch mehrere Systemwechsel auftreten.

- Audio-Kassetten werden durch CDs abgelöst.
- Statt auf CD werden Musik und Hörbücher als MP3-Datei auf USB-Stick gespeichert.
- Das Smartphone streamt Audio über Bluetooth.

Diese Systemwechsel können durch Nachrüstgeräte vollzogen werden, die beispielsweise ein Bluetooth-Signal auf UKW umsetzen, damit dies vom Radio empfangen wird.

20.2 Anforderungen an Automobilelektronik

Umgebungsbedingungen
Anders als viele Haushaltsgeräte, die meist in geschlossenen Räumen betrieben werden, kann die Elektronik eines Kraftfahrzeugs schwierigen Umgebungsbedingungen ausgesetzt sein. Dies betrifft zunächst die Temperatur. Ein Kraftfahrzeug sollte sowohl im russischen Winter als auch in der Mittagshitze von Abu Dhabi zuverlässig funktionieren.

Durch die Temperaturunterschiede treten praktisch bei sämtlichen elektrischen Komponenten Schwankungen auf. Widerstände und Kondensatoren haben bei unterschiedlicher Temperatur nur leicht unterschiedliche Werte. Stärker sind die Schwankungen bei Halbleiterbauelementen, also Dioden, Transistoren und integrierten Schaltungen, denn die Anzahl und die Beweglichkeit der Ladungsträger in Silizium, Germanium und anderen Halbleitern hängen deutlich von der Temperatur ab.

Es kann jedoch bei der Entwicklung ausgenutzt werden, dass bei allen Bauelementen in etwa die gleichen Abweichungen auftreten, da sie jeweils die gleiche Temperatur haben. Dann muss allerdings vermieden werden, dass sich im Betrieb ein Bauteil durch Verlustleistung stark erwärmt, während ein anderes Bauteil möglicherweise eine sehr geringe Temperatur hat.

Eine weitere Herausforderung ist die Kapselung der Elektronik und der Steckverbinder gegen Feuchtigkeit. Sie gelangt durch Spritzwasser in den Motorraum und enthält im Winter noch einen hohen Salzgehalt durch Streusalz. Hinzu kommen Vibrationen, hervorgerufen durch den Motor und die Fahrzeugbewegung.

Zuverlässigkeit

An die Elektronik eines Kraftfahrzeugs bestehen sehr hohe Anforderungen hinsichtlich der Zuverlässigkeit. Eine Störung kann zu einem Unfall mit hohen Sach- und Personenschäden führen.

Die höchsten Anforderungen bestehen dabei an die Systeme, die im Bereich Lenkung und Bremsen arbeiten. Moderne Systeme, zum Beispiel ESP, wirken direkt auf das Fahrverhalten. Eine Gefährdung entsteht darum nicht nur bei einem Ausfall eines Systems, sondern auch dann, wenn auf Grund fehlerhafter Sensoren oder einer ungewöhnlichen Fahrsituation die Stabilität negativ beeinflusst wird.

Erreicht wird die notwendige Zuverlässigkeit durch Verwendung hochwertiger Komponenten und redundante Auslegung sicherheitskritischer Elemente. Bei der Erkennung eines Fehlers oder dem Ausfall eines Teilsystems muss dieses angezeigt werden und das Fahrzeug kontrollierbar bleiben. Beispielsweise muss ein Antiblockiersystem also derart ausgelegt sein, dass bei einem Fehler ein normaler Bremsvorgang weiterhin möglich ist, notfalls mit blockierenden Rädern.

Kosten und Verfügbarkeit

Trotz der hohen Anforderungen durch die Umgebungsbedingungen und der erforderlichen Zuverlässigkeit sollen die Systeme der Automobilelektronik mit möglichst geringen Kosten realisiert werden.

Ein Lösungsansatz für diese widersprüchlichen Anforderungen sind *Plattformen,* also Systeme, die für mehrere Automobiltypen eingesetzt werden. Sie müssen nur einmal entwickelt und verifiziert werden und können durch größere Fertigungszahlen kostengünstiger sein.

Ein besonderes Problem in der Entwicklung stellt die *Verfügbarkeit* der Bauelemente dar. Die Entwicklung eines neuen Kraftfahrzeugs bis zur Serienfertigung dauert mehrere Jahre. Das zur Fertigung freigegebene Fahrzeug soll dann viele Jahre möglichst unverändert gefertigt werden. Und auch nach Einstellung der Produktion werden noch jahrelang Ersatzteile benötigt.

Die erforderliche Verfügbarkeit von über zehn Jahren ist für diskrete Bauelemente, also Widerstände, Dioden und Transistoren, kein großes Problem. Aus der stürmischen Entwicklung der Computertechnik ist jedoch bekannt, dass integrierte Schaltungen schon nach wenigen Jahren technologisch veraltet sind und nicht mehr hergestellt werden. Für die Automobilelektronik werden darum spezielle ASICs angeboten, bei denen die Halbleiterhersteller eine lange Verfügbarkeit garantieren.

Dennoch ist unsicher, ob in 40 Jahren, wenn die heutigen Kraftfahrzeuge „Oldtimer" sind, noch Ersatzteile verfügbar sein werden.

20.3 Steuerung und Regelung

Begriffsbestimmung

Eine wesentliche Funktion der Automobilelektronik sind Steuerung und Regelung verschiedener Größen. Deswegen sollen Bedeutung und Unterschiede dieser beiden Begriffe kurz erläutert werden.

- Bei einer *Steuerung* wird durch einen Eingabewert eine Ausgangsgröße gewählt. Die Wirkung der Ausgangsgröße wird jedoch nicht von der Steuerung berücksichtigt.
- Der Begriff *Regelung* hingegen beschreibt ein System, bei dem die Wirkung der Ausgangsgröße gemessen und für die Ansteuerung berücksichtigt wird. Die Regelung vergleicht aktuellen Wert und vorgegebenen Zielwert und ermittelt daraus die erforderliche Ansteuerung.

Vergleich

Das wesentliche Merkmal einer Regelung ist die *Rückkopplung* eines gemessenen Ergebnisses an die Regelung.

Zur Veranschaulichung sollen zwei Systeme zur Steuerung und zur Regelung der Heizung eines Kraftfahrzeugs betrachtet werden. Die Bedienelemente sind in Abb. 20.2 dargestellt.

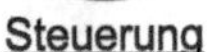

Abb. 20.2 Bedienelemente einer Fahrzeugheizung

Bei der Steuerung wird eine Heizleistung vorgegeben, im Bild gut die Hälfte der möglichen Leistung. Wie warm es dadurch im Fahrzeug wird, hängt von der Außentemperatur und der Lüftung ab. Falls die Innentemperatur nicht angenehm ist, muss durch Fahrer oder Beifahrer der Eingangswert der Steuerung verändert werden.

Bei der Regelung hingegen wird die gewünschte Temperatur gewählt, im Bild sind es 19,5 °C. Die Temperatur im Innenraum wird fortlaufend gemessen und die Heizung so geregelt, dass der gewünschte Wert gehalten wird.

Bei der Heizungssteuerung führen praktisch die Insassen die Regelung durch. Wenn es ihnen zu warm wird, stellen Sie die Heizung herunter; ist es zu kalt, wird die Heizleistung erhöht.

Im Sprachgebrauch wird nicht immer sauber zwischen Steuerung und Regelung unterschieden. So enthält eine Motorsteuerung sowohl eine Steuerung als auch eine Regelung des Motors. Gesteuert wird durch das Gaspedal, geregelt wird durch Messung der Abgase.

20.4 Anwendungsgebiete

Bedeutung
Elektronik findet sich in fast allen Bereichen der Automobiltechnik. An den meisten Innovationen im Automobilbereich ist heute eine elektronische Steuerung oder Regelung beteiligt oder hat sogar den wesentlichen Anteil. Die Automobilelektronik ist somit eine *Schlüsseltechnologie,* denn ihr Einsatz ist für die Hersteller entscheidend für die Wettbewerbsfähigkeit.

Die wichtigsten Anwendungsgebiete sind im Folgenden kurz erläutert. Dabei lassen sich die Kategorien nicht immer streng voneinander abgrenzen.

Antrieb
Die wesentliche Elektronikkomponente für den Antrieb ist die Motorsteuerung. Sie empfängt durch das Gaspedal die vom Fahrer gewünschte Motorleistung. Darüber hinaus werden mehrere Sensoren ausgewertet, darunter die Stellung von Kurbelwelle und Nockenwelle, Temperaturen von Ansaugluft, Kühlmittel und Abgas sowie der Restsauerstoff im Abgas. Mit diesen Signalen wird der Motorzustand überwacht.

Die Ausgänge der Motorsteuerung wirken unter anderem auf die Zündung und Einspritzanlage sowie die Luftführung der Ansaugluft und des Abgases. Die Berechnung dieser Ausgabewerte ist aufwendig und erfolgt durch leistungsstarke Mikrocontroller. Ein Steuergerät für Einspritzpumpe und Einspritzdüse zeigt Abb. 20.3. In der Programmierung des Mikrocontrollers können verschiedene Programme für unterschiedliche Fahrcharakteristika abgelegt werden, beispielsweise sportlich oder sparsam. Für sehr leistungsfähige Kraftfahrzeuge kann außerdem die Höchstgeschwindigkeit begrenzt werden.

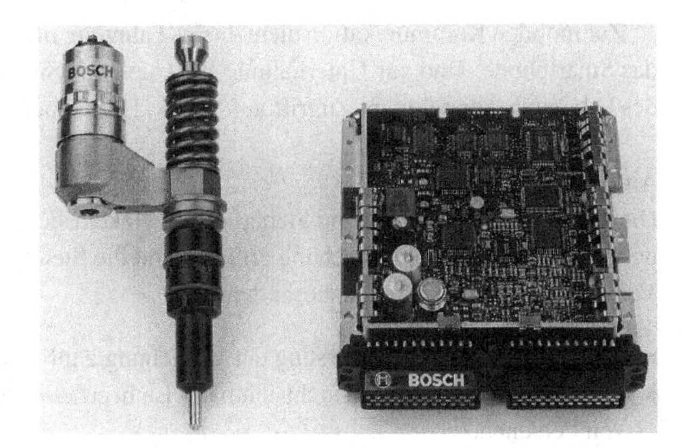

Abb. 20.3 Unit-Injector-System (Einspritzpumpe und Einspritzdüse) mit elektronischem Steuergerät. (Foto: Bosch)

Sicherheit

Verschiedene Systeme sorgen für die Sicherheit von Fahrzeug und Insassen. Zur direkten Vermeidung von Unfällen dienen Antiblockiersystem und elektronisches Stabilitätsprogramm. Bei einem Unfall schützen Airbag und Gurtstraffer die Insassen eines Fahrzeugs. Auch für diese Systeme sind hohe Rechenleistungen eines Mikrocontrollers erforderlich, denn für die Auslösung eines Airbags muss blitzschnell zwischen Unfall und Fahrt durch ein Schlagloch unterschieden werden.

Ebenfalls zum Bereich Sicherheit gehören Beleuchtung und Scheibenreinigung. Im Bereich der Beleuchtung werden vermehrt Leuchtdioden eingesetzt. Ihre Vorteile sind unter anderem höhere Lebensdauer und geringerer Energieverbrauch. Außerdem geben sie neue Möglichkeiten für ein attraktives KFZ-Design.

Zur Senkung der Unfallzahlen werden neue Sicherheitssysteme eingeführt. Dazu gehören Überwachung des Reifendrucks, seitlicher Schwenk des Scheinwerferlichts bei Kurvenfahrten und eine Überwachung des Fahrers auf Übermüdung. Darüber hinaus werden Systeme entwickelt, bei denen sich Fahrzeuge durch Funkkontakt gegenseitig vor Gefahren, wie Verkehrsstau oder Glatteis warnen.

Komfort, Fahrassistenz

Für Fahrkomfort sorgen Fahrassistenzsysteme, wie Geschwindigkeitsregler, adaptive Abstandsregelung und Navigationssystem. Dem Komfort beim Einsteigen und im Innenraum dienen unter anderem Zentralverriegelung, elektrische Fensterheber, Regelung der Heizung und Klimaanlage sowie Sitzverstellung mit Speicherung der Sitzposition für unterschiedliche Fahrer.

Kommunikation und Unterhaltung

Der Bereich der Kommunikation und Unterhaltung im Fahrzeug ist unter dem Schlagwort *Infotainment* (Information und Entertainment) aus einem Kraftfahrzeug nicht mehr wegzudenken. Zusätzlich zum Verkehrsfunk per Autoradio kann das Navigationssystem direkt Informationen über Verkehrsstaus empfangen und Ausweichrouten berechnen.

Zur mobilen Kommunikation dient die ins Fahrzeug integrierte Freisprecheinrichtung für das Smartphone. Und zur Unterhaltung lässt sich das Smartphone mit dem Audio-System des Fahrzeugs koppeln, um Zugriff auf Musik, Hörbücher und Podcasts zu haben.

Autonomes Fahren
Die Bereiche Fahrassistenz und Sicherheit entwickeln sich weiter zu selbstfahrenden Autos, bei denen Sensoren die Umgebung erfassen und die Steuerung des Fahrzeugs übernehmen. Verwendete Sensoren sind insbesondere:

- Kameras für optische Erfassung der Umgebung ähnlich dem menschlichen Auge.
- Infrarotsensoren, die auch nichtsichtbares Licht erfassen, beispielsweise Wärmestrahlung von Personen.
- Radar und Lidar, bei denen der Sensor Funkwellen (Radar, „Radio Detection and Ranging") oder Licht (Lidar, „Light Detection and Ranging") aussendet und Reflexionen erfasst. Durch die Messung der Laufzeit zwischen Senden und Empfang kann die Entfernung zu einem Objekt ermittelt werden.
- Ultraschallsensoren, die ebenfalls ein Signal aussenden, und zwar ein nicht hörbares Schallsignal. Im Unterschied zu Radar und Lidar wird Ultraschall für kurze Abstände eingesetzt, beispielsweise für die Einparkassistenz.

Allerdings können beim Autofahren extrem viele unterschiedliche Situationen auftreten, die ein System korrekt bewerten muss. Dies stellt eine hohe Herausforderung an die „Intelligenz" eines solchen Systems und an die Verifikation vor der Freigabe dar. Dieser Aufwand ist geringer, wenn autonomes Fahren zunächst für bestimmte Fahrsituationen eingesetzt wird, beispielsweise Einparken oder Fahrten auf der Autobahn.

Gleichzeitig zu den technischen Fragen sind jedoch auch ethische und rechtliche Fragen zu klären. Wie soll ein Autopilot entscheiden, wenn ein Unfall unabwendbar ist, jedoch abhängig von der Reaktion verschiedene Personen verletzt werden? Wer ist verantwortlich, wenn ein Autopilot einen Fehler begeht?

Zusammenfassung
In modernen Kraftfahrzeugen arbeiten etliche elektronische Module, die durch ein Bussystem miteinander kommunizieren.

Die wesentlichen Anforderungen an Automobilelektronik sind der Betrieb bei teilweise sehr unterschiedlichen Umgebungsbedingungen sowie eine hohe Zuverlässigkeit gegenüber Störungen.

Kennzeichen einer Regelung ist die Rückkopplung. Dabei werden aktueller Wert und Zielwert verglichen und daraus eine Aktion abgeleitet. Eine Steuerung verfügt über keine Rückkopplung.

Bussysteme in der Automobiltechnik 21

In diesem Kapitel lernen Sie,

- die Gründe für den Einsatz von Bussystemen im Kraftfahrzeug,
- die grundsätzliche Funktionsweise von Bussystemen,
- die wichtigsten Eigenschaften der Bussysteme CAN, LIN und MOST.

21.1 Grundlagen von Bussystemen

Motivation

In einem Kraftfahrzeug werden an vielen Stellen Sensoren, Aktoren und Steuergeräte eingesetzt. Sensoren erfassen Daten, beispielsweise als Bedienelemente für Fahrer und Insassen oder bei einer Temperaturmessung. Aktoren setzen die Informationen der Elektronik um, beispielsweise als Motor des elektrischen Fensterhebers, Höhenverstellung der Scheinwerfer oder als Warnlampe im Cockpit. Die Steuergeräte verarbeiten die Informationen der Sensoren und steuern die Aktoren an.

Zunächst waren die Sensoren und Aktoren unmittelbar miteinander oder mit dem Steuergerät verbunden. Beispielsweise war der Schalter für die Scheinwerfer direkt mit den Glühlampen in Fahrzeugfront und -heck verbunden. Durch die starke Zunahme an Funktionen ist diese direkte Ansteuerung mittlerweile nicht mehr sinnvoll. Zum einen sind sehr viele Leitungen zwischen den Aktoren, Sensoren und Steuergeräten erforderlich. Zum anderen gibt es oft keine direkte Ansteuerung eines Aktors durch einen zugeordneten Sensor mehr. Die Scheinwerfer beispielsweise werden nicht nur durch den Lichtschalter eingeschaltet, sondern leuchten auch bei Betätigung der Zentralverriegelung kurz auf und dienen als Signal für die Alarmanlage.

M. Winzker, *Elektronik für Entscheider*,
https://doi.org/10.1007/978-3-658-40091-0_21

Aufgabe eines Bussystems

Anstelle viele Leitungen der Sensoren und Aktoren einzeln zu einem Steuergerät zu führen, lassen sich die Informationen in einem Bussystem zusammenfassen und über ein oder zwei Leitungen zum Steuergerät übertragen. Außerdem können verschiedene Steuergeräte untereinander Informationen austauschen.

Zur Verdeutlichung der Aufgabe eines Bussystems soll die Fahrertür eines Automobils in Abb. 21.1 betrachtet werden. Sie enthält als Sensoren Taster zum Schließen und Öffnen der Zentralverriegelung sowie Taster für die elektrischen Fensterheber. Ein weiterer Sensor, im Bild nicht sichtbar, ist das äußere Türschloss. Ebenfalls im Bild nicht sichtbar sind die Aktoren der Fahrertür. Dies sind die Türverriegelung, die Motoren für den elektrischen Fensterheber sowie die Motoren zum Einstellen der Seitenspiegel.

Mit direkter Verdrahtung wären über 20 Leitungen zwischen Tür und Fahrzeug erforderlich. Mit jeder zusätzlichen Funktion, beispielsweise einem Schalter für das Schiebedach, würde die Zahl der Leitungen weiter ansteigen.

Durch ein Bussystem kann die Verdrahtung wesentlich einfacher erfolgen. Abb. 21.2 zeigt ein Bussystem für die Steuerfunktionen der Fahrzeugtür. Die Sensoren und Aktoren, also Taster und Motoren, sind innerhalb der Tür mit einem Mikrocontroller verbunden. Dieser Mikrocontroller überträgt die Steuerinformationen zwischen Tür und Fahrzeug. An Verbindungsleitungen sind lediglich zwei Leitungen für die Stromversorgung und ein oder zwei Leitungen für den Datenbus erforderlich.

Sollen weitere Funktionen in der Fahrzeugtür angesteuert werden, braucht die Verbindung zwischen Tür und Fahrzeug nicht verändert zu werden. So sind in manchen Fahrzeugen die hinteren Fenster noch ohne elektrische Fensterheber. Falls hierfür dann Bedienelemente aufgenommen werden sollen, können Sie einfach durch den vorhandenen Mikrocontroller abgefragt werden, wenn noch genügend Eingangsleitungen verfügbar sind. Alternativ kann

Abb. 21.1 Bedienelemente in der Fahrertür eines PKWs. (Foto: Volkswagen)

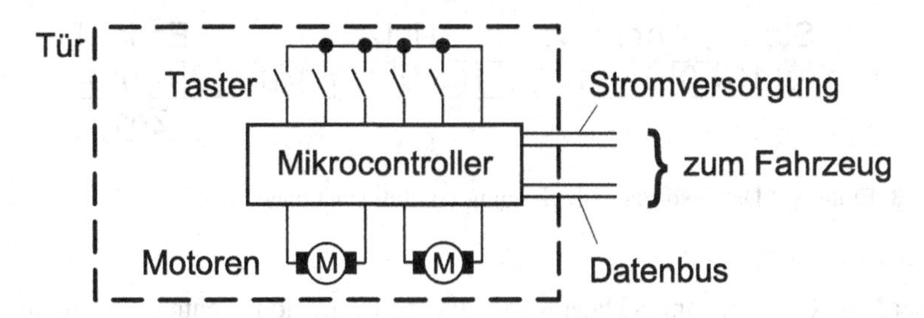

Abb. 21.2 Ansteuerung einer Fahrzeugtür über einen Datenbus

ein weiterer Mikrocontroller an den Datenbus angeschlossen werden, ohne dass die Anzahl der Leitungen zwischen Tür und Fahrzeug geändert werden müssen.

Ebenfalls ist es möglich, dass intelligente Module oder Sensoren bereits einen Controller enthalten und direkt an den Datenbus angeschlossen werden. Beispielsweise könnte der Seitenspiegel einen eigenen Mikrocontroller enthalten. Er würde dann vom Datenbus Kommandos für die Ansteuerung seiner Motoren erhalten.

Bussysteme sind auch für andere technische Anwendungen gebräuchlich, zum Beispiel für die Vernetzung von Computern mittels Ethernet oder für den Anschluss von Computerperipherie mittels USB.

Funktionsprinzip der Datenübertragung

Zur Übertragung der Informationen sendet der Mikrocontroller ein digitales *Datenwort* auf den Datenbus. Das Datenwort besteht aus einer Folge von Nullen und Einsen, die zeitlich nacheinander auf den Busleitungen anliegen. Ein einfaches Datenwort ist in Abb. 21.3 dargestellt. Es besteht aus vier Teilen.

- Zunächst wird der Start des Datenwortes durch eine feste Kombination von Nullen und Einsen signalisiert. Im Beispiel beginnt das Datenwort mit den Werten ‚1010'.
- Dann folgt eine Adresse, die je nach Art des Bussystems, den Sender oder den Empfänger kennzeichnet. Die Folge ‚000111' soll hier „Nachricht von Fahrertür" bedeuten.
- Anschließend werden die Nutzdaten übertragen, also die eigentliche Information. Die Werte ‚11010101' könnten zum Beispiel bedeuten „Taster »Beifahrerfenster runter« gedrückt".
- Schließlich wird das Ende der Übertragung angezeigt, hier durch ‚0000'.

Das Datenwort wird über die Busleitungen an andere Steuergeräte übertragen und dort ausgewertet. Wenn der Mikrocontroller in der Beifahrertür das beschriebene Datenwort empfängt, muss er den Motor für den Fensterheber ansteuern. Andere Mikrocontroller am Bus empfangen das Datenwort ebenfalls, erkennen aber, dass sie auf diese Nachricht nicht reagieren müssen.

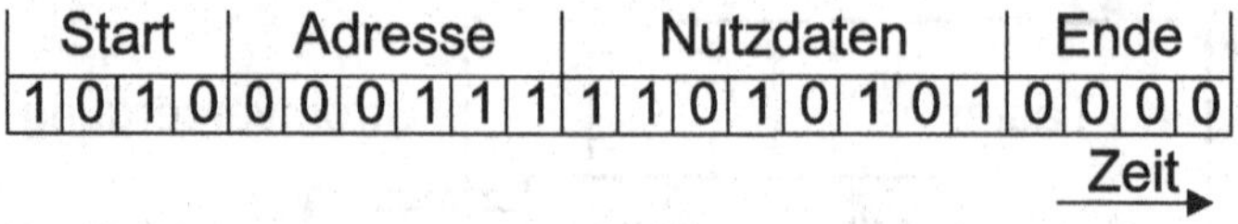

Start				Adresse						Nutzdaten								Ende			
1	0	1	0	0	0	0	1	1	1	1	1	0	1	0	1	0	1	0	0	0	0

Zeit →

Abb. 21.3 Einfaches Datenwort zur Übertragung von Informationen

Außerdem können in einem Datenwort weitere Informationen enthalten sein, um Übertragungsfehler zu erkennen und zu beheben.

21.2 Eigenschaften aktueller Bussysteme

Buszugriffsverfahren

An einem Bussystem befinden sich mehrere Steuergeräte. Für einen sicheren Betrieb muss gewährleistet sein, dass zur gleichen Zeit nur ein Steuergerät Daten auf dem Bus sendet. Dazu dient ein *Buszugriffsverfahren,* für das es mehrere Alternativen gibt.

Bei der *Kollisionserkennung* erkennt ein Steuergerät, dass gleichzeitig ein anderes Steuergerät sendet und bricht die Datenübertragung ab. Nach einer kurzen Wartepause versucht das Steuergerät erneut seine Nachricht zu senden, bis keine Kollision mehr auftritt. Damit sich Steuergeräte nicht immer wieder aufs Neue blockieren, kann sich die Dauer der Wartezeit durch eine Zufallszahl ändern.

Ein anderer Ansatz ist das *Master-Slave-Verfahren.* Hier gibt es im System ein zentrales Steuergerät (Master), welches nacheinander alle weiteren Steuergeräte (Slaves) abfragt. Ein Slave kann also nicht von sich aus eine Nachricht senden, sondern muss warten, bis es vom Master dazu aufgefordert wird.

Das Master-Slave-Verfahren hat den Vorteil, dass die *Latenzzeit,* also die Wartezeit bis ein Steuergerät eine Nachricht senden kann, feststeht. Es ist also garantiert, dass ein Steuergerät innerhalb einer bestimmten Zeit Daten senden kann; das Bussystem ist *echtzeitfähig.* Diese Eigenschaft ist für die Betriebssicherheit eines Kraftfahrzeugs unerlässlich. Ein wichtiges Warnsignal darf nicht mehrfach warten, falls eine Kollision mit einer anderen Nachricht auftritt.

Der Nachteil des Master-Slave-Verfahrens ist, dass die vorhandene Übertragungsbandbreite relativ schlecht genutzt wird. Obwohl die Tasten der Fahrertür nur selten betätigt werden, muss dennoch ständig abgefragt werden, ob ein Tastendruck erfolgt ist.

Beispiele für Bussysteme: CAN, LIN, MOST

Für die verschiedenen Anforderungen bezüglich Übertragungsbandbreite, Echtzeitfähigkeit, Betriebssicherheit und Kosten gibt es verschiedene Bussysteme. Neue Bussysteme werden insbesondere für Multimedia-Anwendungen entwickelt. Hier sollen exemplarisch drei Bussysteme kurz erläutert werden.

- Der *CAN*-Bus („Controller Area Network") ist im Automobilbereich sehr weit verbreitet. Er erlaubt die Datenübertragung mit bis zu 1 MBit/s und hat aufwendige Mechanismen zur Fehlerkorrektur. Für die Kollisionserkennung haben die Steuergeräte verschiedene Prioritäten, um wichtige Nachrichten bevorzugt zu senden. Er verfügt über eine spezielle Kollisionserkennung, bei der die angeschlossenen Steuergeräte verschiedene Prioritäten haben. Bei einer Kollision erkennt dies das Steuergerät mit der geringeren Priorität und beendet seine Übertragung. Das Steuergerät mit höherer Priorität wird nicht beeinträchtigt und kann seine Nachricht ohne Zeitverzögerung fortsetzen.
- Der *LIN*-Bus („Local Interconnect Network") ist einfacher aufgebaut. Mit ihm können Teilsysteme mit geringeren Kosten realisiert werden. So ist nur eine Datenübertragung mit bis zu 20 kBit/s und schwächerer Fehlerkorrektur möglich. Dafür reicht allerdings auch eine einzige Leitung zur Datenübertragung.
- Der *MOST*-Bus („Media Oriented Systems Transport") besitzt eine Übertragungskapazität von bis zu 100 MBit/s und ist damit geeignet, Multimedia-Daten im Fahrzeug zu übertragen. Die Datenübertragung kann auch optisch über Lichtwellenleiter erfolgen.

In einem Fahrzeug können mehrere Bussysteme gleichzeitig verwendet werden. Zum Beispiel können die Hauptfunktionen Antrieb, Lenkung und Bremsen mit einem CAN-Bus gesteuert werden. Für die Türsteuerung, also Zentralverriegelung und Fensterheber, kann ein kostengünstiger LIN-Bus benutzt werden, der mit dem CAN-Bus Informationen austauschen kann. Für das Multimedia-System ist ein MOST-Bus sinnvoll, damit die hohe Bandbreite der Mediendaten die wichtigen Daten auf dem CAN-Bus nicht bremst.

Zusammenfassung

Bussysteme fassen die Informationen für mehrere Sensoren und Aktoren zusammen und übertragen sie auf wenigen Leitungen.

Die Datenübertragung erfolgt als digitales Signal, unterteilt in Adresse, Nutzdaten und gegebenenfalls Informationen zur Fehlerkorrektur.

22 Embedded System und Mikrocontroller

In diesem Kapitel lernen Sie,

- den prinzipiellen Aufbau eines Embedded System mit einem Mikrocontroller,
- Funktionsumfang und Einsatzgebiete von Mikrocontroller,
- Grundbegriffe der Software-Entwicklung für Embedded System.

22.1 Anwendungsgebiete

Mikrocontroller werden in einer Vielzahl von Anwendungsgebieten eingesetzt. Sie übernehmen als kleiner Computer die Steuerung und Regelung vieler Geräte.

In einem typischen Haushalt finden sich heutzutage bestimmt 20, vielleicht sogar 100 Mikrocontroller und in einem Auto können es ebenfalls so viele sein. In beiden Bereichen steigt die Anzahl der Mikrocontroller, denn immer mehr Funktionen werden durch eine elektronische Steuerung vorgenommen.

Ob eine Steuerung durch einen Mikrocontroller immer nötig und sinnvoll ist, kann man sicher diskutieren. Manchen schmeckt der von Hand aufgebrühte Kaffee besser. Andere bevorzugen die vollautomatische Espresso-Maschine. Dennoch ist in vielen Fällen der Einsatz von Mikrocontrollern sinnvoll und kann in einem Rauchmelder oder Antiblockiersystem sogar Leben retten.

Die folgende Liste gibt einige Beispiele eingebetteter Systeme mit Mikrocontrollern aus verschiedenen Bereichen:

- **Automobil:** Autoradio, Motorsteuerung, ABS, ESP, Navigationssystem, …
- **Industrie:** Messgeräte, Automatisierung von Fertigungsanlagen, …
- **Multimedia:** Radiowecker, Digitalkamera, Fernsehgerät, Satellitenreceiver, …
- **Telekommunikation:** Smartphone, Router, Fax, WLAN-Repeater, …

M. Winzker, *Elektronik für Entscheider*,
https://doi.org/10.1007/978-3-658-40091-0_22

- **Haushaltsgeräte:** Waschmaschine, Espresso-Automat, Rauchmelder, …
- **Computer-Komponenten:** Scanner, Drucker, USB-Stick, Festplatte, …
- **Medizintechnik:** Blutdruckmessgerät, Blutzuckermessgerät, Röntgengerät, …
- **Sport:** Fitness-Tracker, Heimtrainer, Fahrradcomputer, …

22.2 Begriffsbestimmung

Aufbau eines Rechners

Der Begriff *Rechner* bezeichnet allgemein Schaltungen, in denen ein programmierbarer Ablauf ausgeführt wird, vom kleinen Mikrocontroller über den Personal-Computer (PC) bis zum Großrechner.

Ein Rechner besteht prinzipiell aus den Grundkomponenten *Verarbeitungseinheit, Speicher* und *Ein-/Ausgabeeinheit,* die über einen *Systembus* miteinander verbunden sind (Abb. 22.1). Diese Grundstruktur wird als *von-Neumann-Architektur* bezeichnet, benannt nach dem Computer-Pionier von Neumann.

Die Funktion der einzelnen Module entspricht ihrer Bezeichnung. Die Verarbeitungseinheit führt Rechenoperationen und logische Operationen aus. Der Speicher enthält die zu verarbeitenden Daten und die Ein-/Ausgabeeinheit kommuniziert mit der Peripherie, also Geräten zur Eingabe und Ausgabe von Daten.

In einem Computer finden sich diese Module wie folgt wieder:

- Die Verarbeitungseinheit ist der Prozessor, beispielsweise ein Intel Core i7-Prozessor.
- Der Speicher findet sich sowohl direkt im Prozessor als auch im Hauptspeicher (als DRAM), dem BIOS und der Festplatte.
- Mehrere Ein-/Ausgabeeinheiten werden verwendet, darunter die Grafikkarte und Controller für USB, Netzwerk, Tastatur und Maus.
- Der Systembus befindet sich auf dem Motherboard. Dazu gehören der Speicherbus, also die Verbindung zwischen Prozessor und Hauptspeicher sowie das Bussystem für Einsteckkarten, zum Beispiel PCI Express.

Mikrocontroller

Ein Mikrocontroller vereint sämtliche Komponenten eines Rechners in einer einzelnen integrierten Schaltung. Damit kann ein kompletter Rechner mit einem einzigen Mikrochip aufgebaut werden.

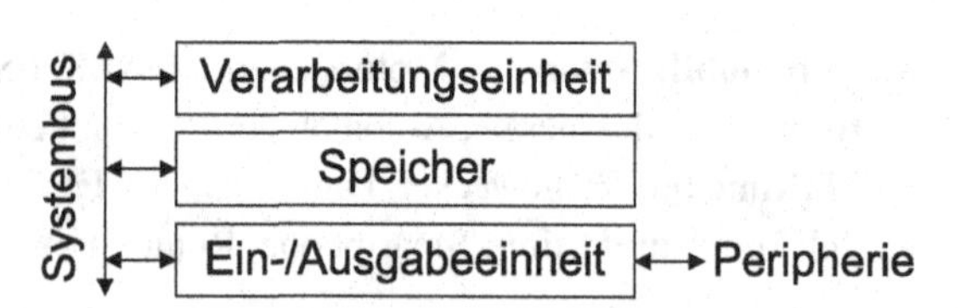

Abb. 22.1 Rechnerarchitektur nach von Neumann

Es gibt Mikrocontroller in verschiedenen Leistungsklassen. Die wesentlichen Unterschiede ergeben sich aus drei Kenngrößen. Dies sind die *Wortbreite* der verarbeiteten Daten, die *Rechengeschwindigkeit* und der *Speicherplatz*.

Ein einfacher Mikrocontroller hat beispielsweise eine Wortbreite von 8 Bit, rechnet mit 4 MHz und hat einen Speicherplatz von 25 Byte für Daten und für 512 Befehle. Ein aktueller Computer-Prozessor hat zum Vergleich eine Wortbreite von 64 Bit, eine Rechengeschwindigkeit von mehreren GHz und Zugriff auf Speicher von mehreren GByte. Ein einfacher Mikrocontroller hat also eine wesentlich geringere Leistungsfähigkeit, kostet allerdings auch nur etwa 0,50 € und reicht aus, um eine Waschmaschine oder einen Rauchmelder zu steuern.

Mikrocontroller im mittleren und oberen Leistungsbereich rechnen mit Wortbreiten von 16 oder 32 Bit bei einer Verarbeitungsgeschwindigkeit von 20 bis über 100 MHz. Als Speicherplatz stehen mehrere kByte Daten zur Verfügung. Derartige Mikrocontroller werden für die Steuerung von Internet-Routern, Druckern oder zur Motorsteuerung verwendet. Sehr leistungsfähige Mikrocontroller reichen von ihrer Rechenleistung an Computer-Prozessoren heran und finden unter anderem Einsatz in Smartphones.

Embedded System

Zur Steuerung einer Maschine oder eines Geräts können Mikrocontroller in das Gerät integriert werden und sind oft von außen nicht als kleiner Computer zu erkennen. Ein solches Gerät wird als *Eingebettetes System* oder *Embedded System* bezeichnet. Beispiele für Embedded Systeme sind am Anfang des Kapitels genannt.

Aufgabe des Mikrocontrollers ist dabei die Abfrage und Ansteuerung von Schnittstellen. Eingangssignale sind beispielsweise Tasten und Sensoren, Ausgangssignale können Leuchtdioden, eine Motoransteuerung oder eine kleine LCD-Anzeige sein. An einem Embedded System sind jedoch üblicherweise weder vollständige Tastatur noch Monitor vorhanden.

Der Übergang zwischen Embedded System und vollwertigem Computer ist fließend, wie Smartphones zeigen. Sie verfügen über Touchscreen oder kleine Tastaturen sowie einen Bildschirm und können damit beiden Kategorien zugeordnet werden.

System-on-Chip und Signalprozessor

Zwei weitere Begriffe aus dem hier behandelten Themenfeld sind System-on-Chip und Signalprozessor.

Um Geräte besonders kompakt und kostengünstig herzustellen, können in einer integrierten Schaltung neben einem Mikrocontroller noch weitere Schaltungsmodule enthalten sein. Diese Schaltungsmodule sind meist für eine spezielle Aufgabe ausgewählt. Das heißt, es sind Module zur Motorsteuerung, für Blu-ray-Player oder LCD-Monitore möglich. Solche komplexen Schaltungen werden als *System-on-Chip* (SoC oder SOC) bezeichnet.

Beispiel: Ein System-on-Chip kann die komplette Steuerung für ein Touch-Screen-Terminal beinhalten. Die integrierte Schaltung umfasst dann die Grafikerzeugung, Ansteuerung des Bildschirms, Auswertung der Touch-Screen-Sensoren, einen Mikrocontroller für die Software zur Benutzerführung und eine Netzwerkschnittstelle zur Kommunikation mit anderen Rechnern.

Signalprozessoren sind spezielle Mikrocontroller, die auf die Verarbeitung von Audio- oder Video-Signalen spezialisiert sind. Sie enthalten besondere Schaltungsmodule für die Ein- und Ausgabe der Audio- oder Video-Daten. Außerdem sind schnelle Recheneinheiten vorhanden, die auf häufig benötigte Signalverarbeitungsalgorithmen optimiert sind.

Herkömmliche Mikrocontroller sind für die Verarbeitung von Audio- und Video-Signalen nicht geeignet, denn Datentransfer und Rechenleistung sind für diese Anwendungen zu gering.

22.3 Software-Entwicklung für Embedded System

Randbedingungen

Für den Einsatz eines Embedded Systems ist neben der elektronischen Schaltung, der *Hardware,* auch eine Programmierung des Mikrocontrollers, die *Software,* erforderlich. Die in einem Embedded System eingesetzte Software unterscheidet sich üblicherweise in mehreren Eigenschaften von Anwendungsprogrammen für einen Computer:

- Die Programme in einem Embedded System laufen meist „endlos“, also vom Start des Systems bis zum Abschalten der Versorgungsspannung.
- Fast immer werden mehrere Teilprogramme, bezeichnet als *Task,* quasi gleichzeitig ausgeführt *(Multitasking).* Tasks sind zum Beispiel „Tasten abfragen“, „Temperatur überwachen“, „Daten vom CAN-Bus auswerten“.
- Ein Embedded System muss *echtzeitfähig* sein. Das heißt, es muss garantiert sein, dass innerhalb einer festgelegten Zeit eine Reaktion erfolgt. Eine Motorsteuerung beispielsweise muss mehrere tausend Mal pro Sekunde die Zündung auslösen.
- Es stehen wenig Ressourcen zur Verfügung. So hat etwa der oben erwähnte einfache Mikrocontroller nur 25 Byte Arbeitsspeicher.
- *Entwicklungssystem* und *Zielsystem* sind unterschiedlich. Das heißt, dass die Entwicklung nicht auf dem Rechner stattfindet, auf dem das Programm ausgeführt wird. Das Entwicklungssystem ist ein Personal Computer, das Zielsystem der Mikrocontroller.

Entwicklung und Inbetriebnahme

Die Anordnung von Entwicklungssystem und Zielsystem ist in Abb. 22.2 dargestellt. Für den Mikrocontroller in einer Fahrzeugtür soll Software entwickelt werden. Aufgabe der

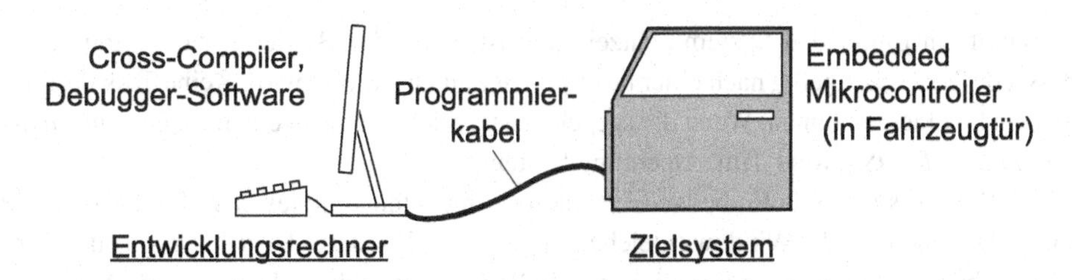

Abb. 22.2 Software-Entwicklung mit Entwicklungsrechner und Zielsystem

Software ist die Abfrage der Taster in der Tür, Ansteuerung der Motoren für Fensterheber und Seitenspiegeleinstellung sowie die Kommunikation mit dem Fahrzeug über ein Bussystem.

Die Programmentwicklung erfolgt auf einem Computer, dem Entwicklungsrechner. Ausgehend von einem Konzept des Programmablaufs, einem *Ablaufdiagramm,* wird das Programm, der Code, mit einem Texteditor eingegeben. Als Programmiersprache werden häufig „C", die Variante „C++" (Aussprache: „C-plus-plus") oder Java verwendet. Ein ausführliches Beispiel für eine Embedded-Software mit Ablaufdiagramm und C-Code ist in Anhang C.4 erläutert.

Das Programm wird dann im Entwicklungsrechner übersetzt. Dies erfolgt mit einem *Cross-Compiler,* also einem Compiler, der nicht für den Prozessor des Computers, sondern für einen anderen Prozessor, den *Mikroprozessor* im Mikrocontroller, übersetzt. Das übersetzte Programm ist eine Datei mit Binärwerten und dieses sogenannte „Binary" wird dann mit einem Programmierkabel in das Zielsystem übertragen und dort ausgeführt.

Ein Problem bei der Entwicklung ist, dass der Programmablauf im Mikrocontroller oft nur schwer zu beobachten ist. Die Fahrzeugtür verfügt über keine Anzeige, mit der Zwischenwerte oder der Status des Programmablaufs bei der Fehlersuche angezeigt werden können.

Abhilfe schafft ein *In-Circuit Debugger,* der in vielen Mikrocontrollern enthalten ist. Dies ist ein spezielles Schaltungsmodul, mit dem der Entwicklungsrechner den Mikrocontroller bei der Programmausführung beobachten und kontrollieren kann. „In-Circuit" bezieht sich darauf, dass sich das Modul im Mikrocontroller befindet. „Debugger" meint das Entfernen von *Bugs,* also Programmierfehlern.

Durch das Programmierkabel kann der Entwicklungsrechner mit einer Debugger-Software auf den Mikrocontroller zugreifen. Es können Speicherinhalte im Mikrocontroller abgefragt oder beschrieben werden. Mit dem Setzen eines *Breakpoints* kann das Programm gezielt angehalten werden, zum Beispiel bei Erreichen einer bestimmten Programmzeile oder beim Zugriff auf eine Speicherzelle.

Betriebssysteme für Embedded System

Für komplexe Aufgaben ist der Einsatz eines Betriebssystems sinnvoll. Das Betriebssystem kümmert sich um die saubere Trennung und Koordination der verschiedenen, gleichzeitig ablaufenden Tasks.

Damit ein Embedded System echtzeitfähig ist, muss das Betriebssystem garantieren, dass jede Task regelmäßig nach einer bestimmten Zeit ausgeführt wird. Keine Task darf das System blockieren können. Wenn dies gegeben ist, spricht man von einem *Echtzeitbetriebssystem* oder *RTOS* („Real-Time Operating System").

Ein Betriebssystem für Embedded System sollte nicht mit komplexen Systemen wie einer Linux-Distribution oder Windows gleichgesetzt werden. Zu Linux-Distributionen oder Windows gehören umfangreiche Funktionen, wie Benutzeroberfläche, Dateisystem, Netzwerk und Texteditor.

Ein RTOS hingegen kann mit wenigen kByte Speicher auskommen und ist darum auch für Mikrocontroller im mittleren Leistungsbereich geeignet. Für aufwendige eingebettete Systeme wie Smartphones werden jedoch auch komplexe Betriebssysteme verwendet, zum Beispiel Android.

Zusammenfassung

Die Grundbestandteile eines Rechnersystems sind Verarbeitungseinheit, Speicher, Ein-/Ausgabeeinheit und Systembus.

Mikrocontroller vereinen die wesentlichen Teile eines Rechnersystems auf einem einzelnen Chip. Sie übernehmen die Steuerung vieler elektrischer Geräte, bezeichnet als Embedded System.

Für komplexe Embedded Systeme werden spezielle echtzeitfähige Betriebssysteme eingesetzt. Diese werden als RTOS („Real-Time Operating System") bezeichnet.

Fragen zur Selbstkontrolle

A

Im Folgenden finden Sie Fragen zu den Inhalten der einzelnen Kapitel, mit denen Sie das Verständnis der beschriebenen Inhalte überprüfen können. Die Antworten ergeben sich aus dem entsprechenden Kapitel und sind darum nicht angegeben.

Bei den mit ★ gekennzeichneten Fragen handelt es sich um Transferfragen, die über den Text hinausgehen und zur weiteren Beschäftigung mit dem Thema anregen sollen. Für Transferfragen können mehrere Antworten möglich sein.

1 Bedeutung der Elektronik

- Erläutern Sie den Unterschied zwischen Elektrik und Elektronik.
- In welchen Marktsektoren sorgen elektronische Bauelemente für die Wettbewerbsfähigkeit von Industrieprodukten? Nennen Sie ein Beispiel.
- Nennen Sie Geräte oder Gerätefunktionen, die vor etwa 20 Jahren noch mechanisch und heute elektrisch oder elektronisch ausgeführt werden. Wo ist diese Umstellung eine wesentliche Verbesserung, wo ist sie gleichwertig oder sogar schlechter? ★
- In immer mehr Gebäuden und an öffentlichen Plätzen werden Überwachungskameras eingesetzt. Nennen Sie Vor- und Nachteile dieser Überwachung. ★

2 Elektrische Ladung, Strom, Spannung

- Welche elektrische Ladung haben Protonen, Neutronen und Elektronen?
- Welche Kraftwirkung haben zwei Elektronen aufeinander? Ziehen sie sich an oder stoßen sie sich ab?
- Was versteht man unter elektrischem Strom und elektrischer Spannung?
- Zeichnen Sie den Schaltplan einer Taschenlampe.

M. Winzker, *Elektronik für Entscheider*,
https://doi.org/10.1007/978-3-658-40091-0

3 Bauelemente der Elektronik

- Was sind aktive und passive Bauelemente? Nennen Sie für jede Kategorie zwei Beispiele.
- Erläutern Sie die Funktion von Diode und Transistor.
- Was ist eine Platine und wofür wird sie benötigt? Was sind Verdrahtungslagen und Via?
- Wie werden Bauelemente mit einer Platine verbunden?

4 Analoge Signale

- Welches ist die Grundform analoger Signale? Skizzieren Sie den Zeitverlauf.
- Erläutern Sie die Begriffe Frequenz und Amplitude.
- Ordnen Sie die folgenden elektromagnetischen Wellen nach ansteigender Frequenz: Röntgenstrahlung, Mobiltelefonie, Energieversorgung, Radio.

5 Grundschaltungen der Analogtechnik

- Geben Sie die Schaltsymbole für Widerstand, Kondensator und Spule an.
- Geben Sie die Schaltsymbole für Diode und Transistor an. Welche Bedeutung haben die Anschlüsse?
- Wofür wird eine Gleichrichtschaltung benötigt und wie ist die prinzipielle Funktion?
- Wofür wird eine Verstärkerschaltung benötigt und wie ist die prinzipielle Funktion?

6 Digitale Signale

- Was ist der Unterschied zwischen wertkontinuierlich und wertdiskret? Geben Sie jeweils ein Beispiel an.
- Was ist der Unterschied zwischen zeitkontinuierlich und zeitdiskret? Geben Sie jeweils ein Beispiel an.
- Was versteht man in der Digitalelektronik unter einem Code? Nennen Sie zwei Beispiele für Codes.
- Erläutern Sie, wie digitale Signale in elektronischen Schaltungen dargestellt werden.
- Erläutern Sie, warum für die Ansteuerung von Druckern heutzutage meist USB und nicht mehr die früher übliche parallele Schnittstelle benutzt wird. ★

7 Grundschaltungen der Digitaltechnik

- Erläutern Sie drei Grundfunktionen der Digitaltechnik.
- Was ist der Unterschied zwischen der Oder-Funktion sowie der Exklusiv-Oder-Funktion?
- Wozu dient ein Flip-Flop? Erläutern Sie seine Grundfunktion.
- Wofür wird in elektronischen Schaltungen ein Takt benötigt? Welche Geschwindigkeit kann ein Takt haben?

8 Halbleitertechnik und Dotierung

- Aus welchen (drei) Elementarteilchen sind Atome aufgebaut? Welche befinden sich im Atomkern, welche in der Atomhülle?
- Welche Materialien können als Halbleiter eingesetzt werden? Wodurch zeichnen sich diese Materialien aus?
- Erläutern Sie die Begriffe Elektronenleitung und Donator. Welche Materialien werden eingesetzt?
- Erläutern Sie die Begriffe Löcherleitung und Akzeptor. Welche Materialien werden eingesetzt?

9 Dioden und Transistoren

- Erläutern Sie die Begriffe pn-Übergang und Sperrschicht.
- Was passiert beim Anlegen einer Spannung an eine Halbleiterdiode? Erläutern Sie die beiden möglichen Fälle.
- Skizzieren Sie die Kennlinie einer Diode. Beschriften Sie die Achsen.
- Welche beiden Transistortypen sind möglich? Wie lauten die Bezeichnungen für die Anschlüsse.
- Skizzieren Sie den Aufbau eines Transistors und kennzeichnen Sie die Anschlüsse. Um welchen Typ handelt es sich?

10 Optoelektronik

- Erläutern Sie die Funktion einer Leuchtdiode.
- Erläutern Sie die Funktion einer Photodiode.
- Wie unterscheidet sich die Funktionsweise von LCD- und OLED-Bildschirmen?

11 Energietechnik

- Erläutern Sie das Grundprinzip eines elektrischen Generators.
- Welche Bedeutung haben Wechselstrom, Drehstrom und Gleichstrom für die Energieübertragung?
- Nennen Sie drei Möglichkeiten zur Speicherung von Energie.
- Was bedeutet die Bezeichnung „grüner Wasserstoff"?

12 Energieelektronik

- Erläutern Sie das Grundprinzip einer Phasenanschnittsteuerung.
- Wie ist der prinzipielle Aufbau einer Solarzelle? Welche Materialien werden verwendet?
- Erläutern Sie die Begriffe monokristallin, polykristallin und amorph. Welche Bedeutung haben diese Begriffe für Solarzellen?

- Welches sind die beiden Ausführungen eines Stromrichters? Nennen Sie jeweils einen Anwendungsfall.

13 Entwicklung elektronischer Systeme

- Erläutern Sie das „magische Dreieck“ aus Qualität, Kosten und Zeit.
- Erläutern Sie die Entwicklungsschritte der Schaltungseingabe. Welche Entwicklungsschritte erfolgen vor und nach der Schaltungseingabe?
- Was wird mit dem Begriff Verifikation bezeichnet? Wie kann eine Verifikation erfolgen?
- Was versteht man bei der Spezifikation unter Produktausstattung? Geben Sie für das Beispiel Smartphone fünf verschiedene Produktmerkmale an. ★

14 Fertigung

- Was bedeuten die Begriffe Verfügbarkeit, Allokation und Abkündigung für elektronische Komponenten?
- Erläutern Sie die Fertigungsschritte Platinenfertigung, Bestückung und Löten.
- Erläutern Sie den zeitlichen Verlauf der Ausfallrate elektronischer Geräte. Was sind Ausfallursachen?
- Nennen Sie Vor- und Nachteile einer Auslagerung von Fertigungsschritten. ★

15 Inbetriebnahme

- Was ist mit der Inbetriebnahme eines elektronischen Gerätes gemeint?
- Nennen Sie zwei Geräte zum Messen einer analogen Spannung. Wodurch unterscheiden sie sich?
- Vergleichen Sie die Funktion von Oszilloskop, Logikanalysator und Protokollanalysator.
- Erläutern Sie die schrittweise Inbetriebnahme elektronischer Geräte. Nennen Sie für das Beispiel der Inbetriebnahme eines Fahrradcomputers verschiedene Schritte. ★

16 Wirtschaftliche Betrachtungen

- Erläutern Sie die Begriffe Design-Win und Design-In.
- Was versteht man in der Elektronikentwicklung unter Einmalkosten (NRE)? Geben Sie ein Beispiel.
- Welche Probleme bestehen bei der Einführung einer disruptiven Technologie?
- Geben Sie ein (im Text nicht genanntes) Beispiel für die erfolgreiche oder erfolglose Einführung einer disruptiven Technologie. Können Sie Gründe für Erfolg oder Misserfolg angeben? ★

17 Integrierte Schaltungen

- Was bezeichnet man als integrierte Schaltung? Was sind die Vorteile einer integrierten Schaltung?
- Was besagt das Moore'sche Gesetz?
- Erläutern Sie die Begriffe Wafer und Die. Wie groß sind Wafer und Die etwa?
- Was wird mit dem Begriff Gate-Länge bezeichnet? Welche Größe hat sie etwa?

18 Chip-Technologie

- Wofür wird die CMOS-Technologie eingesetzt? Was sind ihre Vorteile?
- Erläutern Sie das Grundprinzip eines CMOS-Gatters. Wofür steht das „C"?
- Was wird als Layout und Platzierung einer integrierten Schaltung bezeichnet?
- Erläutern Sie den Begriff Lithographie.

19 Halbleiterspeicher

- Erläutern Sie die Grundstruktur eines Halbleiterspeichers.
- Wie unterscheiden sich flüchtige und nichtflüchtige Halbleiterspeicher?
- Wie werden in einem DRAM Daten gespeichert?
- Nennen Sie einige Beispiele für den Einsatz nichtflüchtiger Halbleiterspeicher.

20 Elektronik im Kraftfahrzeug

- Erläutern Sie den Unterschied zwischen Elektrik, Elektronik und Embedded System am Beispiel der Automobilelektronik.
- Welche besonderen Anforderungen werden an eine Automobilelektronik gestellt?
- Erläutern Sie den Unterschied zwischen Steuerung und Regelung.
- Die Wahl der Fahrtgeschwindigkeit eines Automobils kann durch Gaspedal oder Tempomat erfolgen. Erläutern Sie, ob dies jeweils eine Steuerung oder Regelung ist. ★

21 Bussysteme in der Automobiltechnik

- Welche Vorteile bietet ein Bussystem für den Einsatz im Kraftfahrzeug?
- Aus welchen Teilen besteht ein Datenwort zur Informationsübertragung? Erläutern Sie die Bedeutung der Teile.
- Welche Aufgabe hat ein Buszugriffsverfahren?
- Nennen Sie je zwei Beispiele für Bussysteme im Automobilbereich und in der Computertechnik.

22 Embedded System und Mikrocontroller

- Nennen Sie Geräte, die von einem Mikrocontroller gesteuert werden.
- Was bezeichnet man als von-Neumann-Architektur? Skizzieren Sie den Aufbau.
- Erläutern Sie die Begriffe Mikrocontroller und Embedded System.
- Nennen Sie einige besondere Randbedingungen der Softwareentwicklung für ein Embedded System.
- Wie viele Mikrocontroller befinden sich in Ihrer Wohnung? Gehen Sie gedanklich oder real durch die Räume und geben Sie an, in welchem Gerät sich Ihrer Meinung nach ein Mikrocontroller befindet. ★

★ = Transferfrage

Rechnen in der Elektronik

B

Zur Bewertung von Zusammenhängen und Zahlenangaben kann ein Umgang mit Zahlen notwendig sein. Darum soll hier ein kleiner Ausflug in die Mathematik stattfinden. Betrachtet wird das Rechnen mit Zehnerpotenzen und Zweierpotenzen. Zehnerpotenzen werden verwendet, um mit den teilweise sehr kleinen oder sehr großen Zahlenwerten in der Elektronik umzugehen. Zweierpotenzen werden in der Digitaltechnik benötigt.

Meist sind für einen Entscheider nur Überschlagsrechnungen nötig, mit denen Plausibilität oder Machbarkeit abgeschätzt wird. Alle Aufgaben können (und sollten) darum mit Stift und Papier und ohne Taschenrechner gerechnet werden. Gegebenenfalls können Sie runden oder etwas vereinfachen.

Für alle Aufgaben finden sich die Lösungen mit Rechenweg ab S. 224.

Rechnen mit Zehnerpotenzen

Eine Zahl in Exponentialschreibweise (z. B. $5 \cdot 10^3$) besteht aus einem Faktor (5) und einer Zehnerpotenz (10^3).

Zur Addition und Subtraktion werden die Zahlen auf gleiche Zehnerpotenzen gebracht und die Faktoren dann addiert oder subtrahiert.

Für Multiplikation und Division können Faktoren und Zehnerpotenzen einzeln miteinander multipliziert oder dividiert werden. Bei der Multiplikation von Zehnerpotenzen werden die Potenzwerte addiert, also $10^2 \cdot 10^3 = 10^5$. Bei der Division wird die Zehnerpotenz unter dem Bruchstrich (der Nenner) negativ gerechnet, also $10^7/10^4 = 10^{7-4} = 10^3$.

Aufgabe A-1 Formen Sie folgende Zahlen in Exponentialschreibweise um.
Beispiel: $700 = 7 \cdot 10^2$

a) 30	b) 5000
c) 0,7	d) 0,002

M. Winzker, *Elektronik für Entscheider*,
https://doi.org/10.1007/978-3-658-40091-0

Aufgabe A-2 Formen Sie folgende Zahlen in Dezimalschreibweise um.
Beispiel: $4 \cdot 10^4 = 40\,000$

a) $3 \cdot 10^5$ b) $2 \cdot 10^3$
c) $2{,}9 \cdot 10^{-3}$ d) $550 \cdot 10^{-6}$

Aufgabe A-3 Geben Sie die Ergebnisse folgender Rechnungen in Exponentialschreibweise an.
Beispiel: $3 \cdot 10^5 + 7 \cdot 10^4 = 3 \cdot 10^5 + 0{,}7 \cdot 10^5 = 3{,}7 \cdot 10^5$

a) $19 \cdot 10^6 - 2{,}5 \cdot 10^7$ b) $3 \cdot 10^{-3} \cdot 4 \cdot 10^6$
c) $(15 \cdot 10^3)/(3 \cdot 10^6)$ d) $(4 \cdot 10^{-6})/(5 \cdot 10^{-3})$

Aufgabe A-4 Wandeln Sie die folgenden Werte in Einheiten mit passenden Vorsätzen (kilo, milli, …), sodass der Zahlenwert im Bereich von 1–1000 liegt.
Beispiel: 0,027 A = 27 mA

a) 0,000 35 A b) 0,000 000 008 8 m
c) 0,000 000 000 06 m d) 3000 V
e) 24 000 000 Ω f) 10 000 000 000 W

Aufgabe A-5 Schreiben Sie die folgenden Werte in Dezimalschreibweise mit der Grundeinheit ohne Vorsatz.
Beispiel: 61 MV = 61 000 000 V

a) 13 µA b) 9,5 nA
c) 720 pm d) 39 fm
e) 5,4 kV f) 0,21 GΩ

Aufgabe A-6 Eine integrierte Schaltung enthält 50 Mio. Transistoren, von denen jeder im Mittel 40 nW (Nanowatt) Verlustleistung erzeugt. Wie groß ist die Verlustleistung der gesamten Schaltung?

Aufgabe A-7 Auf einer integrierten Schaltung von $2\,\text{cm}^2$ Fläche befinden sich 100 Mio. Transistoren. Welche Fläche hat ein einzelner Transistor?

Aufgabe A-8 Für eine Sinusschwingung ist die Periodendauer T gegeben. Ermitteln Sie die Frequenz f entsprechend der Formel $f = 1/T$.

Wählen Sie Einheiten mit passenden Vorsätzen (kilo, milli, …), sodass der Zahlenwert im Bereich von 1–1000 liegt.

Beispiel: $T = 0{,}02\,\text{s} \quad \Rightarrow \quad f = 50\,\text{Hz}$

a) $T = 0{,}01\,\text{s}$
b) $T = 5\,\text{ms}$
c) $T = 40\,\text{ns}$
d) $T = 20\,\mu\text{s}$

Aufgabe A-9 Für eine Sinusschwingung ist die Frequenz f gegeben. Ermitteln Sie die Periodendauer T entsprechend der Formel $T = 1/f$.

Wählen Sie Einheiten mit passenden Vorsätzen (kilo, milli, ...), sodass der Zahlenwert im Bereich von 1–1000 liegt.

Beispiel: $f = 1000\,\text{Hz} \Rightarrow T = 1\,\text{ms}$

a) $f = 500\,\text{Hz}$
b) $f = 40\,\text{MHz}$
c) $f = 3\,\text{GHz}$
d) $f = 1{,}25\,\text{kHz}$

Rechnen mit Zweierpotenzen

Das Rechnen mit Zweierpotenzen wird in Abschn. 6.2 erläutert. Die wichtigsten Rechenregeln sind:

- Beginnend vom Wert $2^1 = 2$ ergibt sich jede folgende Zweierpotenz durch Verdopplung.
- Gerundet gilt: $2^{10} \approx 1000$.
- Der Exponent einer Zweierpotenz kann in mehrere Teile aufgeteilt werden: $2^{m+n} = 2^m \cdot 2^n$

Aufgabe B-1 Wie viele verschiedene Codewörter können dargestellt werden mit:

a) 6 Stellen?
b) 12 Stellen?
c) 20 Stellen?
d) 24 Stellen?

Aufgabe B-2 Die Größe eines Menschen in mm soll als digitaler Wert abgespeichert werden. Schätzen Sie die Anzahl der benötigten Stellen ab und erläutern Sie Ihre Rechnung.

Aufgabe B-3 Ein MP3-Player wird beworben mit der Aussage „Speicherplatz für 1000 Musikstücke". Schätzen Sie den Speicherplatz ab und erläutern Sie Ihre Rechnung.

Eine MP3-Datei benötigt etwa 2 bis 6 MByte, je nach Länge des Musikstücks und Qualität der Codierung.

Aufgabe B-4 Für ein elektrisches Gerät soll die Betriebszeit in Sekunden als digitaler Wert gespeichert werden. Wie viele Stellen muss das Codewort haben, wenn eine maximale Betriebszeit von 20 Jahren angenommen wird? Schätzen Sie die Anzahl der Stellen ab und erläutern Sie Ihre Rechnung.

Lösungen

Lösung A-1

a) $30 = 3 \cdot 10^1$
b) $5000 = 5 \cdot 10^3$
c) $0{,}7 = 7 \cdot 10^{-1}$
d) $0{,}002 = 2 \cdot 10^{-3}$

Lösung A-2

a) $3 \cdot 10^5 = 300\,000$
b) $2 \cdot 10^3 = 2000$
c) $2{,}9 \cdot 10^{-3} = 0{,}002\,9$
d) $550 \cdot 10^{-6} = 0{,}000\,55$

Lösung A-3

a) $19 \cdot 10^6 - 2{,}5 \cdot 10^7 = 19 \cdot 10^6 - 25 \cdot 10^6 = -6 \cdot 10^6$
b) $3 \cdot 10^{-3} \cdot 4 \cdot 10^6 = 3 \cdot 4 \cdot 10^{-3} \cdot 10^6 = 12 \cdot 10^{6-3} = 12 \cdot 10^3 = 1{,}2 \cdot 10^4$
c) $(15 \cdot 10^3)/(3 \cdot 10^6) = (15/3) \cdot (10^3/10^6) = 5 \cdot 10^{3-6} = 5 \cdot 10^{-3}$
d) $(4 \cdot 10^{-6})/(5 \cdot 10^{-3}) = (4/5) \cdot 10^{-6-(-3)} = 0{,}8 \cdot 10^{-3} = 8 \cdot 10^{-4}$

Lösung A-4

a) 0,000 35 A = 350 μA
b) 0,000 000 008 8 m = 8,8 nm
c) 0,000 000 000 06 m = 60 pm
d) 3000 V = 3 kV
e) 24 000 000 Ω = 24 MΩ
f) 10 000 000 000 W = 10 GW

Lösung A-5

a) 13 μA = 0,000 013 A
b) 9,5 nA = 0,000 000 009 5 A
c) 720 pm = 0,000 000 000 72 m
d) 39 fm = 0,000 000 000 000 039 m
e) 5,4 kV = 5 400 V
f) 0,21 GΩ = 210 000 000 Ω

Lösung A-6 Die Verlustleistung berechnet sich als 50 Mio. mal 40 nW:

$$50 \cdot 10^6 \cdot 40 \cdot 10^{-9}\,\text{W} = 50 \cdot 40 \cdot 10^{6-9}\,\text{W} = 2000 \cdot 10^{-3}\,\text{W} = 2\,\text{W}.$$

Die gesamte Verlustleistung beträgt also 2 Watt.

Lösung A-7 Die Fläche eines Transistors berechnet sich als $2\,\text{cm}^2$ geteilt durch 100 Mio. Bei der Berechnung der Einheiten muss beachtet werden, dass der Vorsatz „zenti" (10^{-2}) in Quadratzentimetern quadratisch als 10^{-4} zählt. Die Berechnung lautet:

$$2\,\text{cm}^2/(100 \cdot 10^6) = 2 \cdot 10^{-4}\,\text{m}^2/10^8 = 2 \cdot 10^{-12}\,\text{m}^2$$

Auch bei der Rückübersetzung von Zehnerpotenz in Vorsatz muss der Vorsatz quadratisch berücksichtigt werden. 10^{-12}m^2 sind deshalb $(10^{-6}\text{m})^2 = \mu\text{m}^2$. Die Fläche eines Transistors beträgt folglich $2\,\mu\text{m}^2$.

Dies entspricht einer rechteckigen Fläche mit den Kanten $1\,\mu\text{m}$ und $2\,\mu\text{m}$.

Lösung A-8

a) $T = 0{,}01\,\text{s} \Rightarrow f = 100\,\text{Hz}$
b) $T = 5\,\text{ms} \Rightarrow f = 200\,\text{Hz}$
c) $T = 40\,\text{ns} \Rightarrow f = 25\,\text{MHz}$
d) $T = 20\,\mu\text{s} \Rightarrow f = 50\,\text{kHz}$

Lösung A-9

a) $f = 500\,\text{Hz} \Rightarrow T = 2\,\text{ms}$
b) $f = 40\,\text{MHz} \Rightarrow T = 25\,\text{ns}$
c) $f = 3\,\text{GHz} \Rightarrow T = 333\,\text{ps}$
d) $f = 1{,}25\,\text{kHz} \Rightarrow T = 800\,\mu\text{s}$

Lösung B-1 Die Anzahl der Codewörter entspricht der Zweierpotenz.

a) $2^6 = 64$
b) $2^{12} = 2^2 \cdot 2^{10} \approx 4 \cdot 1000 = 4000$
c) $2^{20} = 2^{10} \cdot 2^{10} \approx 1000 \cdot 1000 = 1\,000\,000$
d) $2^{24} = 2^4 \cdot 2^{10} \cdot 2^{10} \approx 16 \cdot 1000 \cdot 1000 = 16\,000\,000$

Lösung B-2 Ein Mensch kann etwas über 2 m also über 2000 mm groß sein. Mit 11 Stellen können Zahlen bis 2000 dargestellt werden, was nicht ganz ausreicht. 12 Stellen können Zahlen bis etwa 4000 darstellen, also einen ausreichenden Wert von 4 m. Das Codewort für die Größe eines Menschen in mm sollte also 12 Bit (oder mehr) umfassen.

Lösung B-3 Ein MP3-Player mit 1000 Musikstücken zu 4 MByte benötigt 4 GByte Speicherplatz. Falls die Ankündigung werbewirksam von Musikstücken mit 2 MByte ausgeht, hat der MP3-Player nur 2 GByte Speicherplatz. Es ist nicht anzunehmen, dass der ungünstige Wert von 6 MByte je Lied für das Marketing angenommen wird.

Tipp: Wenn Sie ein Gefühl für Datenmengen entwickeln wollen, achten Sie im alltäglichen Umgang mit Daten auf Dateigrößen. Wie viel Speicherplatz benötigt eine Textdatei, ein Bild der Digitalkamera, ein Videoclip? Zu wie viel Prozent ist der USB-Stick oder die Festplatte gefüllt? Wie viele Bilder passen in den Speicher der Digitalkamera?

Lösung B-4 Die Zahl errechnet sich prinzipiell aus der Anzahl an Sekunden in 20 Jahren. Um ohne Taschenrechner die Zahl abzuschätzen können, werden die Stellen für die Sekunden, Minuten, ...ermittelt und addiert.

Zeitraum	Stellen	Wertebereich
60 s	6	$2^6 = 64$
60 min	6	$2^6 = 64$
24 h	5	$2^5 = 32$
31 Tage	5	$2^5 = 32$
12 Monate	4	$2^4 = 16$
20 Jahre	5	$2^5 = 32$
Summe:	**31**	

Um eine Zeitdauer von 20 Jahren in der Auflösung von Sekunden abzuspeichern, werden somit schätzungsweise 31 Bit benötigt.

Die genaue Rechnung mit der Anzahl an Sekunden in 20 Jahren ergibt, dass bereits 30 Bit ausreichen würden. Das obige Ergebnis ist trotzdem eine sehr gute Abschätzung.

Ausführliche Anwendungsbeispiele

C

C.1 Analogtechnik – Dämmerungsschalter

Kurzbeschreibung

An diesem Beispiel wird die Verstärkungsfunktion des Transistors erläutert. Dazu wird eine einfache Schaltung für eine automatische Grundstückslampe betrachtet.

Bei Dunkelheit soll sich die Lampe selbsttätig einschalten. Als Sensor dient ein Fotowiderstand, dessen Widerstand abhängig von der Lichtstärke ist. Der Fotowiderstand kann allerdings die Leuchtdiode nicht direkt ein- und ausschalten. Darum muss das Ergebnis des Fotowiderstands durch einen Transistor verstärkt werden.

Verwendete Bauelemente

Der Fotowiderstand hat, wie ein normaler Widerstand, zwei Anschlüsse. Bei Dunkelheit beträgt der Widerstand zwischen den Anschlüssen etwa 20 MΩ. Durch Lichteinfall verbessert sich die Leitfähigkeit des Materials und der Widerstand sinkt, je nach Helligkeit, bis auf etwa 5 kΩ.

Als Transistor wird der Typ BC546 verwendet. Dies ist ein npn-Bipolartransistor aus Silizium. Bei einem Transistor wird der Widerstand zwischen Emitter und Kollektor durch die Ansteuerung der Basis verändert.

Als Lampe dient eine Leuchtdiode. Außerdem werden zwei Widerstände mit 220 kΩ und 270 Ω verwendet.

Schaltung und Funktion

Die Schaltung ist in Abb. C.1 dargestellt. Der Transistor wird so angesteuert, dass er entweder einen sehr hohen oder einen sehr niedrigen Widerstand hat. Dadurch arbeitet der Transistor praktisch als Schalter. Bei einer Basisspannung von unter 0,6 V ist der Widerstand zwischen

M. Winzker, *Elektronik für Entscheider*,
https://doi.org/10.1007/978-3-658-40091-0

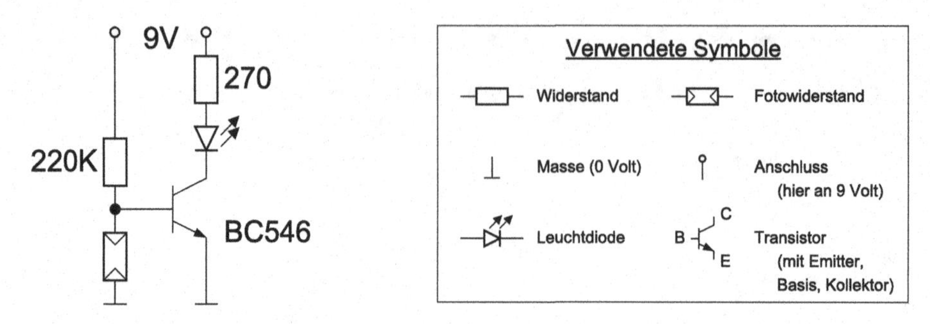

Abb. C.1 Dämmerungsschalter mit Transistorverstärker

Emitter und Kollektor sehr hoch; der Transistor sperrt. Bei einer Basisspannung von über 0,8 V ist der Widerstand zwischen Emitter und Kollektor sehr niedrig; der Transistor leitet.

Der hier nicht benutzte Bereich zwischen 0,6 V und 0,8 V Eingangsspannung wird für Verstärkerschaltungen verwendet, die nicht nur als Ein-/Ausschalter arbeiten, sondern bei denen der Transistor die Eingangswerte linear verstärkt.

Der Widerstand 220 kΩ und der Fotowiderstand liegen zwischen der Versorgungsspannung von 9 V und der Masse von 0 V. Sie bilden die Eingangsspannung zur Ansteuerung des Transistors. Zwei Fälle sind möglich und in Abb. C.2 illustriert.

- **Fall 1, Helligkeit:** Es fällt Licht auf den Fotowiderstand und er hat einen Widerstand von etwa 5 kΩ. Dies ist viel kleiner als der Widerstand von 220 kΩ, sodass die Basis des Transistors hauptsächlich mit der Masse (0 V) verbunden ist. Dadurch ist der Transistor gesperrt und die LED leuchtet nicht.
- **Fall 2, Dunkelheit:** Jetzt hat der Fotowiderstand einen Widerstand von etwa 20 MΩ, ist also viel größer als der Widerstand 220 kΩ. Damit ist die Basis des Transistors eher mit der Versorgungsspannung von 9 V verbunden. Durch den Widerstand 220 kΩ fließt ein kleiner Basisstrom in den Transistor. Die Strecke zwischen Emitter und Kollektor wird geöffnet und die LED leuchtet auf.

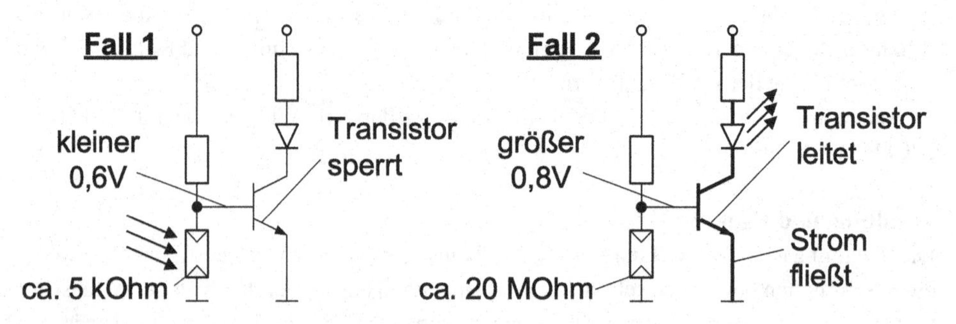

Abb. C.2 Zwei mögliche Fälle der Ansteuerung des Transistorverstärkers

Der Widerstand von 270 Ω sorgt dafür, dass der Strom durch die Leuchtdiode nicht zu hoch wird. Er verhindert praktisch ein „Durchbrennen“.

C.2 Digitaltechnik – Elektronischer Würfel

Kurzbeschreibung

In diesem Abschnitt wird ein elektronischer Würfel als Beispiel für eine Digitalschaltung vorgestellt.

Der aktuelle Würfelstand wird in Flip-Flops gespeichert. Falls eine Eingabetaste gedrückt ist, wird durch Logikgatter der Würfelstand weitergezählt. Ebenfalls wird durch Logikgatter der aktuelle Würfelstand auf Leuchtdioden (LEDs) ausgegeben.

Spezifikation des Würfels

Damit das hier erläuterte Beispiel nicht zu umfangreich ist, wird ein etwas vereinfachter Würfel als Schaltung umgesetzt. Der Würfel soll vier mögliche Ergebnisse haben. Diese vier Werte sollen durch Aufleuchten jeweils einer zugeordneten Leuchtdiode A, B, C, D angezeigt werden.

Die vier Leuchtdioden entsprechen den Ausgängen der Schaltung. Bei einer ‚1‘ am Ausgang leuchtet die LED, bei einer ‚0‘ leuchtet die LED nicht.

Als Eingabe wird ein Taster benötigt, mit dem das Würfeln erfolgt. Dieser Eingang wird mit dem Buchstaben T gekennzeichnet. Wie fast alle Digitalschaltungen arbeitet auch die hier vorgestellte Schaltung mit einem Taktsignal. Der Takt ist ein weiterer Eingang der Schaltung, bezeichnet als CLK (von „clock“).

Für die Speicherung des aktuellen Würfelstandes wird ein Speicher benötigt. Der Speicherinhalt wird auch als *Zustand* der Digitalschaltung bezeichnet. Er erhält die Bezeichnung S (von „state“).

Schaltungskonzept

Aufgabe des Würfels ist die zufällige Ausgabe eines der vier möglichen Ergebnisse. Dies wird dadurch erreicht, dass bei gedrücktem Taster sehr schnell zwischen den vier möglichen Würfelständen umgeschaltet wird. Beim Loslassen des Tasters wird der jeweilige Würfelstand angehalten und nicht mehr verändert. Der angezeigte Wert ist abhängig von der genauen Dauer des Drückens.

Das Umschalten zwischen den Würfelständen muss so schnell erfolgen, dass ein Mensch das Schalten nicht mehr nachvollziehen kann. Dies kann durch einen Takt, der mit mehreren Kilohertz oder sogar Megahertz arbeitet, erreicht werden. Da eine Person nicht in der Lage ist, den Taster auf Bruchteile einer Millisekunde präzise zu betätigen, ist das Ergebnis zufällig.

Die Funktion kann auch graphisch, durch ein sogenanntes *Zustandsübergangsdiagramm* angegeben werden. In Abb. C.3 sind die vier möglichen Zustände durch Kreise dargestellt. Ein Pfeil entspricht dem Übergang von einem Zustand zu einem anderen Zustand bei einem Takt. Wie zu sehen, werden bei gedrücktem Taster (T=1) die Zustände A, B, C, D zyklisch durchlaufen. Wird der Taster losgelassen (T=0), verbleibt die Schaltung im jeweiligen Zustand.

Der aktuelle Würfelstand wird in Flip-Flops gespeichert. Da es vier mögliche Zustände gibt, muss der Speicher zwei Stellen umfassen. Der Zustand S hat also zwei Bit, bezeichnet als S[1] und S[0].

Die Zuordnung von Speicherinhalt und Bedeutung wird als *Codierung* bezeichnet. Hier werden die vier möglichen Würfelstände A, B, C, D nacheinander mit den Werten ‚00', ‚01', ‚10', ‚11' codiert (Tab. C.1).

Umsetzung der Schaltung

Die Digitalschaltung besteht aus drei Teilen:

- Einige Gatter berechnen aus dem aktuellen Zustand den nächsten Zustand, abhängig davon, ob der Taster T gedrückt ist.
- Zwei Flip-Flops speichern den Zustand, also den aktuellen Würfelstand. Bei jedem Takt wird der Wert vom Eingang D der Flip-Flops übernommen.
- Weitere Gatter berechnen die Ausgabe der Schaltung. Sie bestimmen aus dem aktuellen Zustand, welcher Ausgang auf ‚1' gesetzt werden soll.

Abb. C.4 zeigt die Schaltung für den elektronischen Würfel. Das Symbol „&" kennzeichnet ein Und-Gatter; das Symbol „=1" ein EXOR-Gatter. Nicht dargestellt sind der Taster, die Takterzeugung und die Leuchtdioden zur Ausgabe. Diese Schaltungselemente gehören nicht zur eigentlichen Digitalschaltung und werden darum meist nicht angegeben.

Funktionsbeispiel

Die Funktion der Schaltung soll beispielhaft anhand eines Zustands nachvollzogen werden. Es wird angenommen, dass sich die Digitalschaltung gerade im Zustand B mit der Codie-

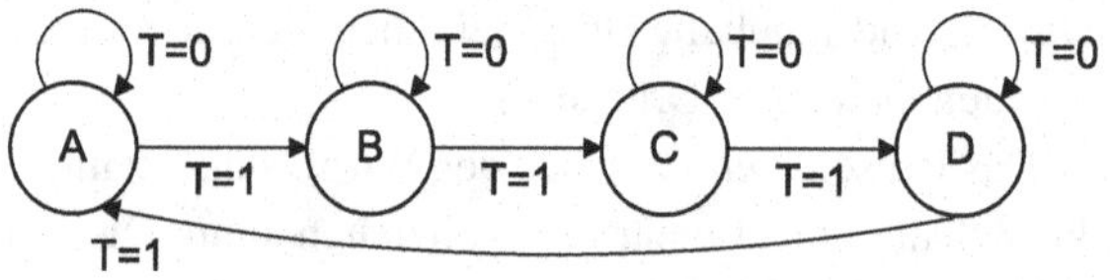

Abb. C.3 Zustandsübergangsdiagramm des Würfels

Tab. C.1 Zustandscodierung des Würfels

Zustand:	A	B	C	D
Codierung (S[1], S[0]):	00	01	10	11

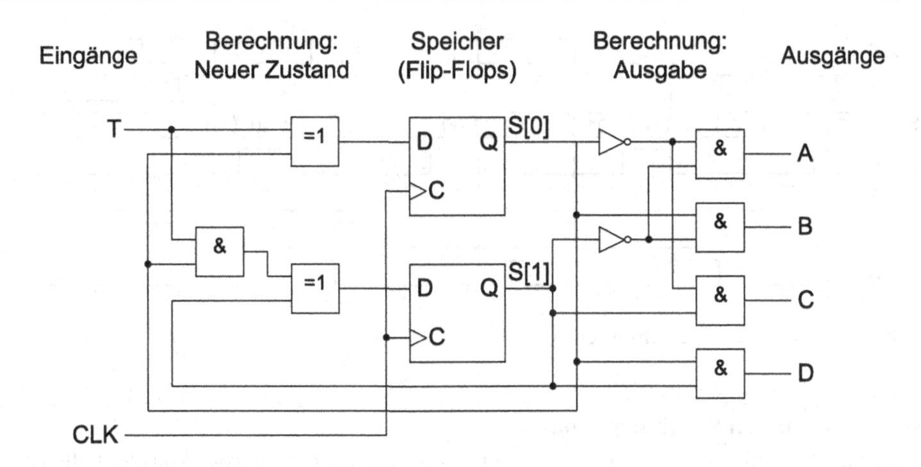

Abb. C.4 Elektronischer Würfel als Digitalschaltung

rung ‚01' befindet. Der Taster T ist gedrückt, das heißt, es wird gewürfelt. Abb. C.5 zeigt, welche Werte die einzelnen Signale, also die Leitungen der Schaltung einnehmen.

- Der Ausgang der Flip-Flops ist ‚01', was dem Zustand B entspricht.
- Die Berechnung der Ausgabe erzeugt eine ‚1' für Ausgang B und eine ‚0' für alle anderen Ausgänge.
- Die Berechnung des neuen Zustands berechnet die Codierung ‚10'. Bei der nächsten Taktflanke am Takt CLK wird dieser Wert von den Flip-Flops übernommen. Damit wechselt die Digitalschaltung in den Zustand C.

Als Übung können Sie für den nächsten Zustand C die Werte für die Ausgabe und den neuen Zustand berechnen.

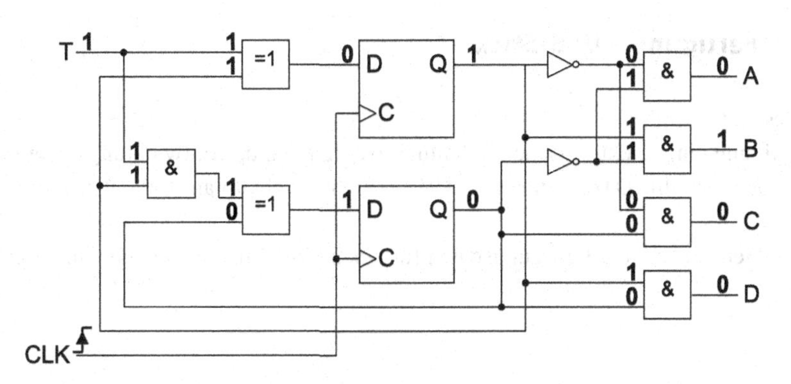

Abb. C.5 Werte der Digitalschaltung im Zustand B mit der Codierung ‚10'

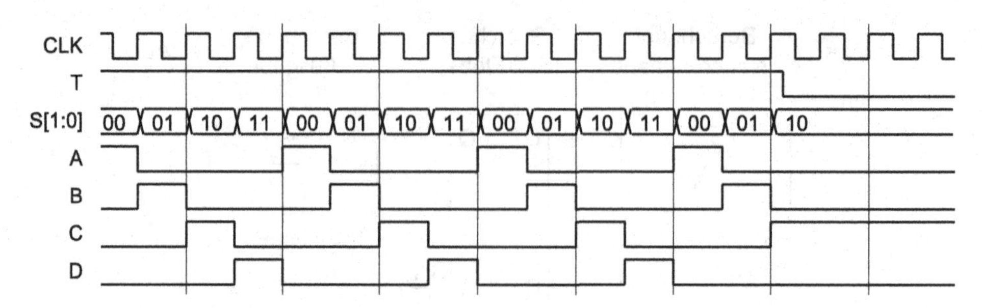

Abb. C.6 Simulation des elektronischen Würfels

Verifikation durch Schaltungssimulation

Prinzipiell kann für weitere Kombinationen von Zustand und Eingangswert das Verhalten der Schaltung von Hand berechnet werden. In der Praxis wird dies natürlich von Computerprogrammen, EDA-Tools, übernommen. Eine solche *Schaltungssimulation* ist die häufigste Art der Verifikation. Die Schaltung und die Eingangssignale werden im Computer beschrieben und das Simulationsprogramm berechnet die Zustände und die Ausgabe der Schaltung.

Abb. C.6 zeigt das Ergebnis einer Schaltungssimulation. In den beiden oberen Zeilen sind die Eingänge, also der Takt CLK und der Taster T, dargestellt. Die horizontale Achse entspricht der fortlaufenden Zeit. Der Takt wechselt regelmäßig zwischen ‚0' und ‚1'. Am Anfang der Simulation ist der Taster ‚1', also gedrückt. Er wird später losgelassen, also ‚0'.

Darunter sind die Werte für den Zustand und die Ausgänge dargestellt. Solange der Taster gedrückt ist, wechselt der Zustand regelmäßig von ‚00' nach ‚01', ‚10', ‚11' und wieder nach ‚00'. Das bedeutet, es werden nacheinander die vier Zustände durchlaufen. Dadurch sind auch die Ausgänge A, B, C, D jeweils kurzzeitig ‚1'.

Dann wird in der Simulation der Taster losgelassen und der Zustand bleibt auf C, codiert als ‚10'. Entsprechend bleibt der Ausgang C auf ‚1'. Die anderen Ausgänge sind ‚0'.

C.3 Fertigung – USB-Stick

Kurzbeschreibung

Zur Fertigung einer elektronischen Schaltung werden von der Entwicklungsabteilung Fertigungsdaten erstellt. Dazu gehören im Wesentlichen Schaltplan, Layout der Platine und Stückliste.

Im Folgenden sind die Fertigungsdaten für einen USB-Stick angegeben und erläutert.

Beschreibung der Schaltung

Die hier beschriebene Schaltung ist das Referenzdesign eines USB-Sticks unter Verwendung des Freescale-Mikrocontrollers MC9S12UF32 [17]. Freescale war ein Hersteller integrierter Schaltungen, der mittlerweile von NXP übernommen wurde. Die Firma stellt Referenzdesigns zur Verfügung, um ihren Kunden die Verwendung der ICs zu vereinfachen.

Die wesentlichen Bauelemente des USB-Sticks sind der Mikrocontroller, ein Flash-Speicher, eine Platine sowie etwa vierzig kleinere Bauelemente, hauptsächlich Widerstände und Kondensatoren (vergleiche auch Abb. 15.1. Für die meisten Bauelemente wird die SMD-Bauweise („Surface Mount Device") zur Oberflächenmontage verwendet.

Abb. C.7 zeigt die Oberseite des USB-Sticks mit dem Mikrocontroller. Die Komponentenbezeichnungen der Bauelemente sind als Bestückungsaufdruck auf der Platine angegeben. Der Flash-Speicher befindet sich auf der Unterseite.

Schaltplan

Die elektrische Verschaltung der einzelnen Bauelemente wird im Schaltplan angegeben (Abb. C.8 auf folgender Doppelseite). Auf der linken Seite sind in den gestrichelten Kästen Teilschaltungen dargestellt. Sie dienen beispielsweise zur Takterzeugung („XTAL OSC"), Rücksetzen der Schaltung beim Einschalten („RESET"), Anschluss der USB-Signale („USB Input") und zur Erzeugung einer Betriebsspannung von 3,3 V aus der USB-Spannung von 5 V („Power Supply").

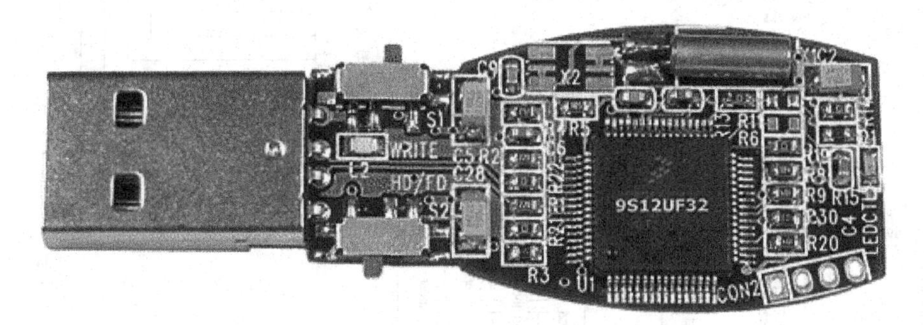

Abb. C.7 Im Referenzdesign beschriebener USB-Stick. (Foto: Freescale, jetzt NXP)

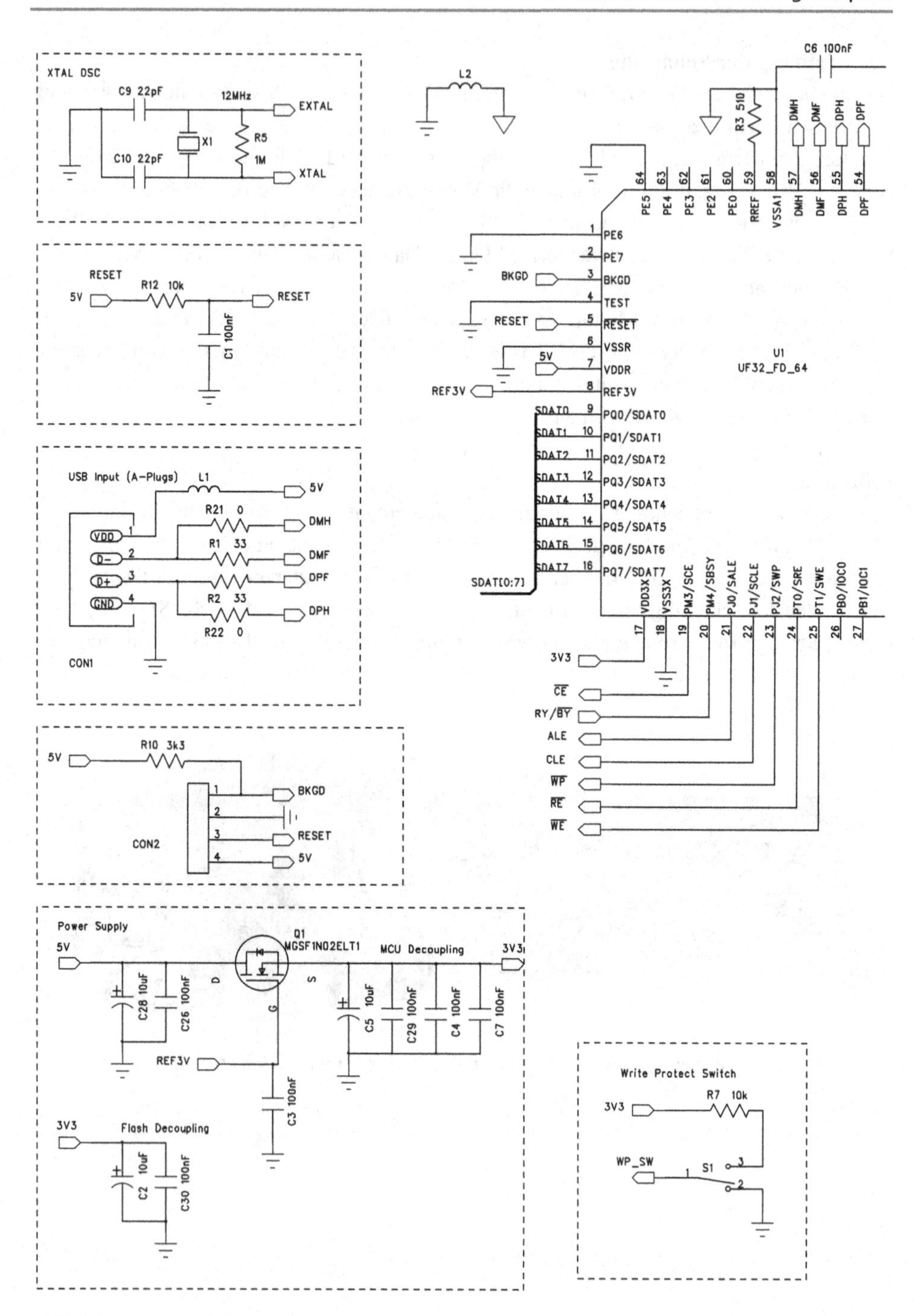

Abb. C.8 Schaltplan des Referenzdesigns für den USB-Stick. (Quelle: Freescale, jetzt NXP)

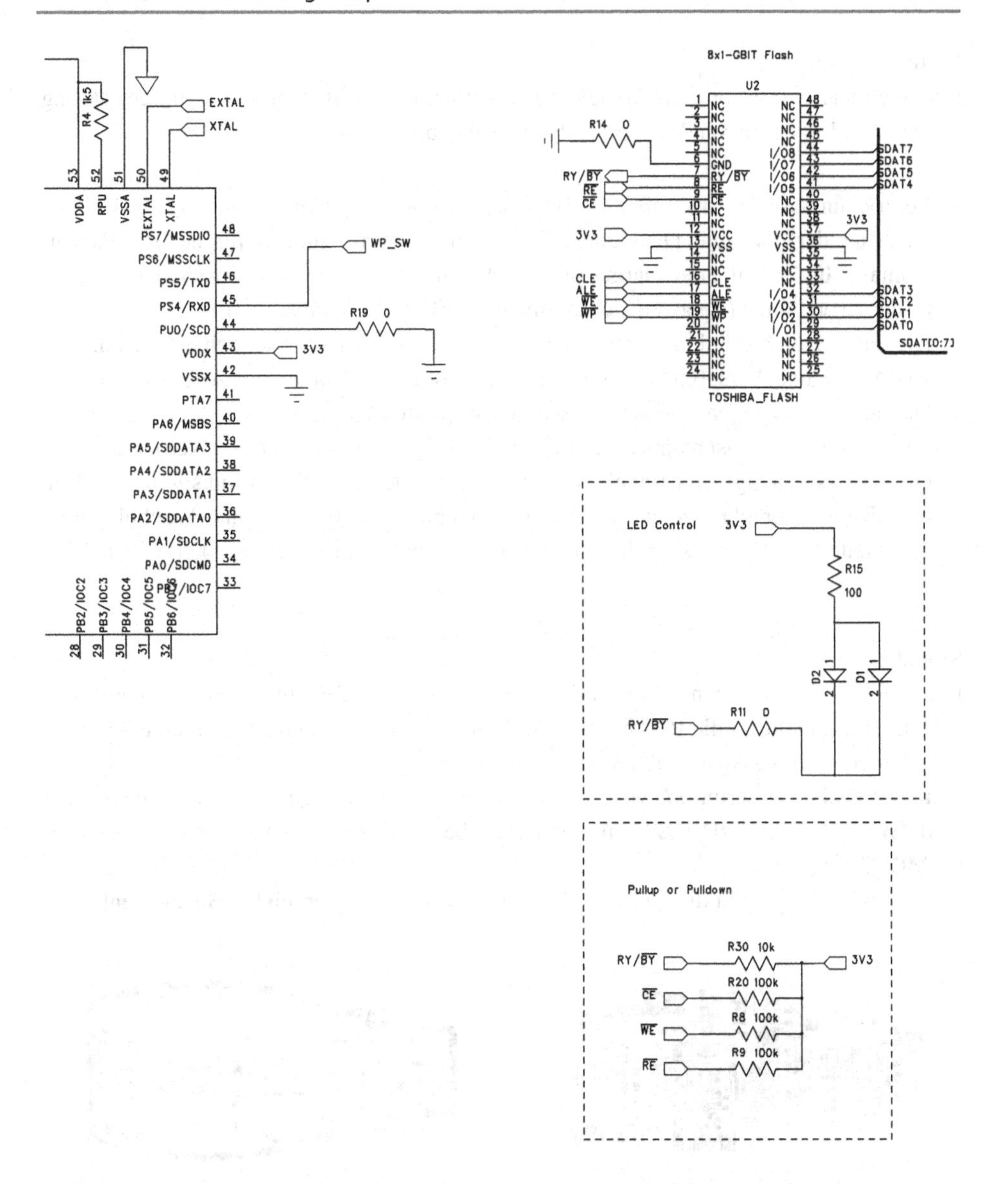

In der Mitte des Schaltplans befindet sich das Symbol für den Mikrocontroller mit der Komponentenbezeichnung „U1". Rechts oben ist das Symbol für den Flash-Speicher mit der Komponentenbezeichnung „U2". Die Verbindung zwischen den einzelnen Komponenten ist durch Leitungen angegeben. Leitungen mit gleichem Namen sind miteinander verbunden. Die etwas dickere Leitung „SDAT[0:7]" links am Mikrocontroller und rechts am Flash-Speicher ist ein Bus, der mehrere Leitungen (hier acht) zwecks besserer Übersicht zusammenfasst.

Platinenlayout

Der Schaltplan wurde von den Entwicklern in ein Platinenlayout umgesetzt. Zur Verdrahtung werden vier Lagen verwendet, die in Abb. C.9 abgebildet sind.

- Verdrahtungslage 1, links oben im Bild, dient zur elektrischen Verbindung der Bauelemente auf der Oberseite. Die kleinen Flächen sind Lötverbindungen für die Oberflächenmontage. In der Mitte der Platine sind die Anschlüsse für den quadratischen Mikrocontroller zu erkennen (siehe auch das Foto des USB-Sticks in Abb. C.7).
- Die Lagen 2 und 3 sind im Inneren der Platine und dienen hauptsächlich der Verbindung von Masse und Versorgungsspannung. Die schwarzen Punkte sind Aussparungen für Durchkontaktierungen („Vias") zwischen den anderen Lagen.
- Verdrahtungslage 4 ist rechts unten in Abb. C.9 dargestellt. Sie dient zur Verbindung und Oberflächenmontage von Bauelementen auf der Unterseite. Etwas links von der Mitte befindet sich der Flash-Speicher. Er hat ein rechteckiges Gehäuse mit Anschlüssen an zwei Seiten. Im Layout sind die Lötflächen als zwei vertikale Reihen zu erkennen.

Stückliste

Die benötigten Bauelemente sind in der Stückliste (BOM, „Bill of Material") angegeben (Tab. C.2). Sie dient für die Beschaffung der Bauelemente und kann auch für eine Abschätzung der Herstellungskosten herangezogen werden.

In der Spalte „Description" wird die Art des Bauelements angegeben, zum Beispiel ein SMD-Widerstand („SMD RES") in der Baugröße „0603" oder ein Keramikkondensator („SMD CER CAP").

Die Spalte „Qty" gibt die Anzahl („Quantity") der jeweils benötigten Bauelemente an.

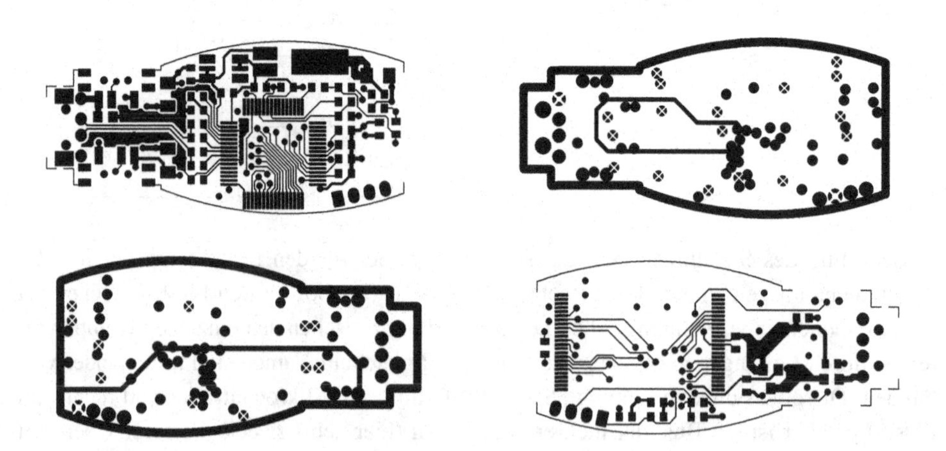

Abb. C.9 Platinenlayout des USB-Sticks mit vier Lagen. (Quelle: Freescale, jetzt NXP)

Tab. C.2 Stückliste des USB-Sticks. (Quelle: Freescale, jetzt NXP)

BOM for UF32 Thumb Drive (Rev 02, JUN 21, 2004)			
Description	Qty	Value	Reference
SMD RES (0603)	5	0	R11 R14 R19 R21-22
SMD RES (0603)	1	100	R15
SMD RES (0603)	3	100k	R8-9 R20
SMD RES (0603)	3	10k	R7 R12 R30
SMD RES (0603)	1	1 M	R5
SMD RES (0603)	1	1k5	R4
SMD RES (0603)	2	33	R1-2
SMD RES (0603)	1	3k3	R10
SMD RES (0603)	1	510	R3
SMD CER CAP (0603)	8	100nF	C1 C3-4 C6 C7 C26 C29-30
SMD CER CAP (0603)	2	22pF	C9-10
SMD CAP	3	10uF	C2 C28 C5
SMD N-CHANNEL MOSFET	1	MGSF1N02ELT1	Q1
SMD Crystal	1	SMD 12MHz	X1
SMD FERRITE INDUCTOR	2	SMD FERRITE	L1-2
SMD LED	2	Green Color	D1-2
USB Connector	1	A Plug	CON1
Mini Switch	1	SMD switch	S1
TOSHIBA NAND FLASH	1	TC58DVG02A1FT00	U2
MC9S12UF32	1	TQFP64	U1
4 PIN HEADER	1	1 × 4 pin header (2 mm pitch)	CON2

„Value“ steht für den Wert oder Typ eines Bauelements, in den ersten Zeilen also des Widerstandswertes 0 Ω, 100 Ω, 100 kΩ. Etwas tiefer, in der sechsten Zeile von unten, findet sich zum Beispiel die Angabe, dass grüne LEDs eingesetzt werden sollen.

Die letzte Spalte schließlich, „Reference“, bezieht sich auf die Komponentenbezeichnungen aus dem Schaltplan.

Etwas überraschend mag zunächst sein, dass fünf Widerstände mit dem Widerstandswert 0 Ω benötigt werden. Sie werden verwendet, um elektrische Verbindungen über andere Leitungen auf der Platine hinweg zu führen. Solche „Brücken“ sind günstiger, als weitere Verdrahtungslagen auf der Platine vorzusehen.

C.4 Embedded System – Stoppuhr

Kurzbeschreibung

Ein Embedded System ist nur funktionsfähig, wenn der Mikrocontroller durch eine Software die geforderte Funktion ausführt. In diesem Beispiel wird die Software eines einfachen Embedded Systems erläutert. Als Anwendung wird eine elektronische Stoppuhr betrachtet.

Bitte schrecken Sie nicht vor dem Programmcode zurück. Das Funktionsprinzip eines vorhandenen Programms zu verstehen, ist deutlich einfacher als selbst ein Programm zu schreiben.

Funktion der Stoppuhr

Die Stoppuhr soll folgende Eigenschaften haben (Abb. C.10):

- Die Stoppuhr soll Zeiten bis zu einer Stunde in 1/100 s messen.
- Die Bedienung erfolgt über zwei Taster: „Start/Stop" und „Reset".
- Die gemessene Zeit wird auf einem kleinen LCD angezeigt.

Programmablauf als Flussdiagramm

Zur Programmierung muss dem Mikrocontroller Schritt für Schritt vorgeschrieben werden, welche Operationen er ausführen soll. Dieser Programmablauf kann zunächst graphisch in einem *Flussdiagramm* dargestellt werden.

Es gibt verschiedene Arten von Flussdiagrammen und Programmablaufplänen. Bei der hier gezeigten, häufig verwendeten Variante werden folgende Symbole verwendet:

- Bei einem Oval startet oder endet die Programmausführung.
- Pfeile geben den Programmablauf an.
- Rechtecke enthalten Operationen des Mikrocontrollers.
- An Rauten verzweigt der Programmablauf je nach Ergebnis einer Abfrage.

Abb. C.10 Stoppuhr

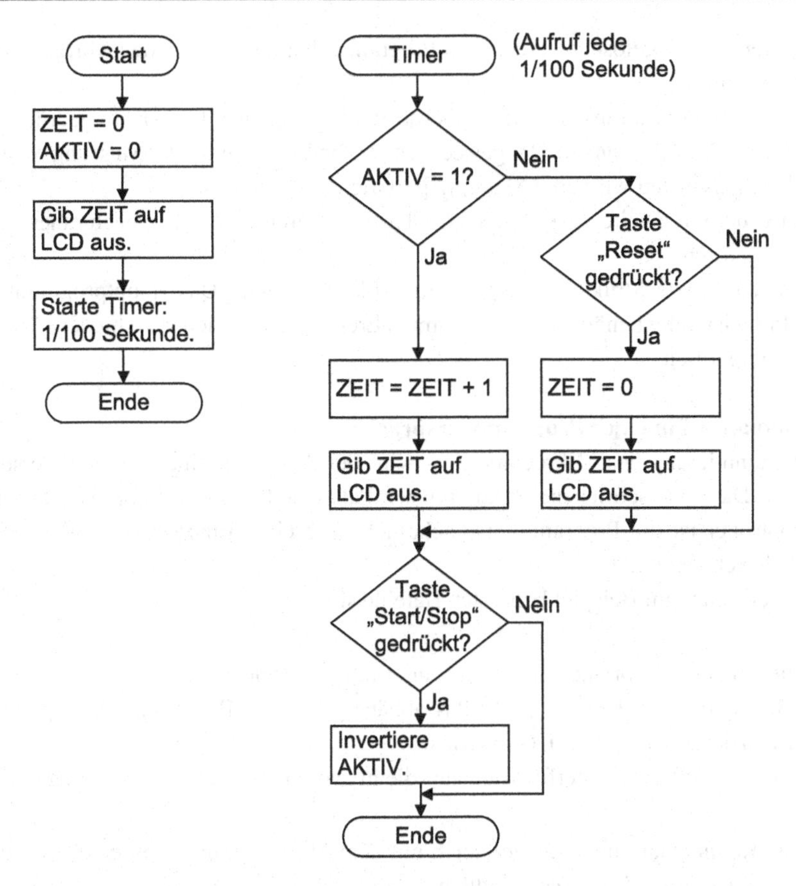

Abb. C.11 Flussdiagramm für die Software einer Stoppuhr

Das Flussdiagramm für die Stoppuhr zeigt Abb. C.11. Es besteht aus zwei Teilen, auch als *Task* bezeichnet.

Die Task auf der linken Seite dient der Initialisierung und kann mit einem „Booten“ des Systems verglichen werden. Zwei Variable ZEIT und AKTIV werden auf die Werte Null initialisiert. ZEIT speichert die abgelaufene Zeit und AKTIV merkt sich, ob eine Zeitmessung erfolgt. Auch die LCD-Ausgabe wird erstmals beschrieben. Dann wird als letzter Schritt der Initialisierung ein Timer des Mikrocontrollers gestartet. Dieser Timer dient zur Zeitmessung und gibt jede 1/100 s ein Steuersignal aus, einen sogenannten *Interrupt*.

Die andere Task wird durch den Interrupt jede 1/100 s aufgerufen und führt die eigentliche Zeitmessung durch. Der Programmablauf der zweiten Task ist auf der rechten Seite von Abb. C.11 abgebildet.

In dieser Task wird zunächst abgefragt, ob gerade eine Zeitmessung erfolgt. Wenn ja, wird die Zeit um 1/100 s erhöht. Wenn nein, kann durch Drücken der „Reset“-Taste eine zuvor gestoppte Zeit gelöscht werden. Der Programmablauf wird nach den Abfragen wieder zusammengeführt.

Als nächster Programmschritt wird überprüft, ob die „Start/Stop"-Taste gedrückt wird. Wenn ja, wird der Wert von AKTIV gewechselt, das heißt, bei laufender Messung wird diese angehalten. Ansonsten wird eine Messung gestartet.

Dann endet die zweite Task. Sie wird allerdings durch den Timer nach einer 1/100 s wieder aufgerufen.

Die hier benutzte Struktur ist typisch für Mikrocontroller. Das Hauptprogramm wird nur zur Initialisierung benötigt. Bei bestimmten Ereignissen werden verschiedene Tasks per Interrupt aufgerufen.

Programmablauf in einer Programmiersprache

Zur Programmierung des Mikrocontrollers wird der Ablauf in eine Programmiersprache umgesetzt. Das so beschriebene Programm wird als Quelltext oder Code bezeichnet. Für Mikrocontroller ist die Programmiersprache „C" verbreitet. Eine Variante wird im Programmbeispiel benutzt.

Die wichtigsten im Beispiel benutzten Befehle sind:

- „//" beginnt einen Kommentar, der bis zum Ende der Zeile geht.
- „if (Bedingung) {...} else {...}" führt abhängig von der Bedingung die Operationen innerhalb der geschweiften Klammern aus.
- „funktion()" ruft eine Unterfunktion auf, die in „void funktion()" beschrieben ist.

Durch die Kommentare und den Vergleich mit dem Flussdiagramm sollte der Programmcode, zumindest im Prinzip, verständlich sein. An dieser Stelle soll bewusst nicht jede einzelne Zeile erläutert werden, sondern ein Praxisbeispiel für ein Embedded System Programm dargestellt werden.

Noch einige Hinweise zum Programm:

- Die Task zur Initialisierung (links im Flussdiagramm) ist „main()".
- Die durch den Timer jede 1/100 s aufgerufene Task (rechts im Flussdiagramm) ist „timer_schleife()".
- Die Zeit wird nicht in einer einzelnen Variablen gespeichert, sondern in sechs Variablen für Zehner- und Einser-Stellen von Minute, Sekunde und Hundertstelsekunde. Grund ist, dass dann die Ausgabe auf dem LCD sehr einfach wird, denn es wird keine Umrechnung von Dualzahlen in Dezimalziffern erforderlich.
- Bei der Abfrage der „Start/Stop"-Taste wird überprüft, ob die Taste neu gedrückt wurde, oder schon beim letzten Durchlauf gedrückt war. Ansonsten würde selbst bei kurzem Drücken der Taste die Uhr mehrfach ein- und wieder ausgeschaltet.

- Die Kommunikation mit dem LCD-Modul erfolgt durch hier nicht wiedergegebene Unterprogramme. Mit „lcd_init()“ wird das LCD-Modul initialisiert, mit „lcd_out()“ wird die in den Variablen gespeicherte Zeit ausgegeben.

C-Programm der Stoppuhr

```
// stoppuhr.c
// Programmcode fuer einfache Stoppuhr, (c) M. Winzker

// Einbinden der Definitionsdatei fuer die Ein- und Ausgangssignale
#include "stoppuhr.h"

// globale Variablen
int1 aktiv;
int1 reset_taste;
int1 start_taste;
int1 start_speicher;

// globale Variablen fuer Zeitmessung
int8 min_z; // Minuten, Zehner
int8 min_e; // Minuten, Einer
int8 sek_z; // Sekunden, Zehner
int8 sek_e; // Sekunden, Einer
int8 hun_z; // Hunderstel, Zehner
int8 hun_e; // Hunderstel, Einer

// Einbinden von Unterroutinen fuer Timer und LCD-Ansteuerung
#include "uhr_routinen.c"

//------------------------------------------------------------
// Hauptprogramm
//------------------------------------------------------------

void main()
{
   // Initialisiere LCD
   lcd_init();

   // Setze Zeit auf Null
   time_reset();

   // Stoppuhr ist beim Start nicht aktiv
   aktiv = 0;

   // Ausgabe von Zeit auf LCD
   lcd_out();

   // Starte Timer
```

```
   start_timer();

   // Endlosschleife, Programmablauf dieser Task endet hier
   for(;;) {}
}

//———————————————————————————————————————————
// Routine fuer Timer–Interrupt
//———————————————————————————————————————————

#int_timer2 // Aufruf durch Timer
void timer_schleife()
{
   if (aktiv==1) {
      // inkrementiere Zeit
      time_incr();
      // Ausgabe von Zeit auf LCD
      lcd_out();
   }
   else {
      // Abfrage des Eingangs fuer Reset–Taste
      reset_taste = input(taster_re);
      if (reset_taste==1) {
         // Setze Zeit auf Null
         time_reset();
         // Ausgabe von Zeit auf LCD
         lcd_out();
      }
   }
   // Speichere alten Wert der Start/Stop–Taste
   start_speicher = start_taste;

   // Abfrage des neuen Wertes der Start/Stop–Taste
   start_taste     = input(taster_st);

   // Taste Start/Stop jetzt gedrueckt und letztes Mal noch nicht?
   if ( (start_taste==1) && (start_speicher==0) ) {
      // Invertiere aktiv (Ausrufezeichen ist Nicht–Funktion)
      aktiv = !aktiv;
   }
}

//———————————————————————————————————————————
// Weitere Unterroutinen
//———————————————————————————————————————————

// Setze Zeit auf Null
void time_reset()
{
```

```
    min_z = 0;
    min_e = 0;
    sek_z = 0;
    sek_e = 0;
    hun_z = 0;
    hun_e = 0;
}

// Erhoehe Zeit um eine 1/100 Sekunde
void time_incr()
{
    hun_e += 1;
    if (hun_e==10) {
        hun_e  = 0;
        hun_z += 1;
        if (hun_z==10) {
            hun_z  = 0;
            sek_e += 1;
            if (sek_e==10) {
                sek_e  = 0;
                sek_z += 1;
                if (sek_z==6) {
                    sek_z  = 0;
                    min_e += 1;
                    if (min_e==10) {
                        min_e  = 0;
                        min_z += 1;
                        if (min_z==6) {
                            min_z  = 0;
                        }
                    }
                }
            }
        }
    }
}
```

Mögliche Erweiterungen

Die Programmierung der Stoppuhr kann noch verbessert werden. Für folgende Änderungen können Sie überlegen, wie Sie das Flussdiagramm und den Programmcode ändern würden.

- **„Reset"-Taste:** Ein Zurücksetzen der gemessenen Zeit erfolgt momentan nur bei angehaltener Zeitmessung. Modifizieren Sie das Programm derart, dass bei laufender Zeitmessung ein Druck auf die Reset-Taste die Zeitmessung neu startet. Das heißt, die Zeit wird auf Null gesetzt und weiter erhöht.

- **Zwischenzeit:** Durch Druck auf die „Reset"-Taste soll bei laufender Zeitmessung eine Zwischenzeit genommen werden. Durch die „Reset"-Taste wird die Zwischenzeit angezeigt, die Messung läuft aber im Hintergrund weiter. Ein erneuter Druck auf die „Reset"-Taste zeigt wieder die laufende Zeit an.

Literaturverzeichnis

Zeitschriften
In diesen Zeitschriften über Technik, Wirtschaft und Wissenschaft finden Sie regelmäßig aktuelle Informationen zu Themen der Elektronik und ihrer wirtschaftlichen Bedeutung.

[1] VDI-Nachrichten, VDI Verlag. https://www.vdi-nachrichten.com
[2] Technology Review, heise Verlag. https://www.heise.de/tr
[3] Markt & Technik, WEKA Fachmedien. https://www.elektroniknet.de/markt-technik

Bücher zur Vertiefung
Hier erhalten Sie vertiefende technische Informationen zur Elektronik und ihren Teilbereichen. Die Zielgruppe dieser Bücher sind hauptsächlich Ingenieure und Informatiker.

[4] E. Hering, J. Endres, J. Gutekunst, „Elektronik für Ingenieure und Naturwissenschaftler", Springer Vieweg, 2021.
[5] R. Zahoransky, „Energietechnik", Springer Vieweg, 2022.
[6] M. Kaltschmitt, W. Streicher, A. Wiese (Hrsg.), „Erneuerbare Energien", Springer, 2020.
[7] K. Reif, „Automobilelektronik – Eine Einführung für Ingenieure", Springer Vieweg, 2014.

Experimentiersets
Wenn Sie Ihr theoretisches Wissen über Elektronik durch praktische Experimente ergänzen möchten, sind verschiedene Experimentiersets verfügbar.

Das Franzis Lernpaket Elektronik enthält ein kleines Laborsteckbrett und einige elektronische Bauteile. Damit können einfache Elektronikschaltungen leicht aufgebaut und ausprobiert werden.

Zusätzlich kann ein einfaches Multimeter (siehe Abschn. 15.3) sinnvoll sein, erhältlich im Elektronikgeschäft oder Baumarkt für etwa 10 €.

[8] „Das Franzis Lernpaket Elektronik", Franzis-Verlag.

Zum Kennenlernen von Embedded Systemen und ihrer Programmierung ist das Arduino System gut geeignet. Es gibt Starter Kits mit der Grundplatine und elektronischen Bauelementen für verschiedene Beispielprojekte.

[9] Arduino Starter Kit, deutsche Ausgabe verfügbar: http://www.arduino.cc/en/Main/ArduinoStarterKit

Weitere Literatur

[10] ZVEI, „Die deutsche Elektro- und Digitalindustrie – Daten, Zahlen und Fakten", Zentralverband Elektrotechnik- und Elektronikindustrie e. V., 2022.
[11] VDE-Studie, „VDE-Trendreport 2016 Internet der Dinge/Industrie 4.0", Verband der Elektrotechnik Elektronik Informationstechnik e. V., 2016.
[12] H. Meyer, H.-J. Reher, „Projektmanagement", Springer, 2020.
[13] C. Aichele, M. Schönberger, „IT-Projektmanagement", essentials, Springer Vieweg, 2014.
[14] T. DeMarco, T. Lister, „Wien wartet auf Dich!", Hanser, 3. Auflage, 2014.
[15] M. Csikszentmihalyi, „Flow im Beruf: Das Geheimnis des Glücks am Arbeitsplatz", Klett-Cotta, 2012.
[16] G. A. Moore, „Crossing the Chasm", HarperBusiness, 2014.
[17] Freescale (jetzt NXP), „RDHCS12UF32TD: USB Thumb Drive Reference Design", *Webseite nicht mehr verfügbar*

Online-Ressourcen

[18] EE Times: https://www.eetimes.com/
[19] eeNews Europe: https://www.eenewseurope.com/en/
[20] Deutsches Patent- und Markenamt: https://www.dpma.de
[21] Espacenet Patentdatenbank: https://www.epo.org/searching-for-patents/technical/espacenet.html

Informationen im Internet können sich ändern. Oft werden neue Informationen zur Verfügung gestellt, manchmal werden aber auch Internet-Adressen geändert oder Webseiten verschwinden komplett. Die Aktualität der angegebenen Adressen kann darum nicht gewährleistet werden.
Trotz sorgfältiger inhaltlicher Kontrolle wird keine Haftung für die Inhalte der angegebenen Internet-Adressen übernommen. Für den Inhalt der angegebenen Seiten sind ausschließlich deren Betreiber verantwortlich.

Stichwortverzeichnis

M. Winzker, *Elektronik für Entscheider*,
https://doi.org/10.1007/978-3-658-40091-0